À la découverte de la nature sauvage

Soixante ans d'explorations

Collection *Là-bas*
dirigée par Jérôme Martin

Déjà parus

Henri BOURDEREAU, *Le périple du Sirius. L'Odyssée d'un cargo entre le Pérou et l'Europe*, 2015.
Gérard LECLERC, *Le Désir de voyage et la quête de l'Autre*, 2015.
Gérard PLOMMEE, *Tanna, Kwérya, Itonga. Histoires océaniennes au Vanuatu*, 2012.
Pierre-Georges DESPIERRES, *L'homme qui voulait voir le monde*, 2012.
Michel BOURGIN, *Chroniques touarègues*, 2011.
Marcel LAUGEL, *Nomades, fils des nuages*, 2010.
Suzanne LALLEMAND, *Routards en Asie*, 2010.
Omer LUFTI, *D'Istanbul à Capetown. Pérégrinations d'un Turc en Afrique du Sud (1862-1866)*, 2010.
Jean-Marc HUGUET, *Voyager l'Arctique (Préface de Jean Malaurie)*, 2010.
Maria LANCEROTTO, *Voyageurs français en A.E.F. (1919-1939)*, 2009.
Jaël GRAVE, *L'imaginaire du désert au XXe siècle*, 2009.
Annie BLONDEL-LOISEL, *La compagnie maritime* Allan *de l'Écosse au Canada au XIXe siècle*, 2009.
Marcel G. LAUGEL, *Sur le vif*, 2008.
Bruno LECOQUIERRE, *Parcourir la terre*, 2007.
Eric DESCHAMPS, *La cuisine des révoltés du Bounty*, 2007.
J. A. MEIJN VAN SPANBROEK, *Le voyage d'un gentilhomme d'ambassade d'Utrech à Constantinople*. Texte présenté et annoté par C. VIGNE, 2007.
Louis GIGOUT, *Syracuse*, 2007.
Aline DUREL, *L'imaginaire des épices*, 2006.
Henri BOURDEREAU, *Des hommes, des ports, des femmes*, 2006.
Gérard PERRIER, *Le pays des mille eaux*, 2006.
Fabien LACOUDRE, *Une saison en Bolivie*, 2006.
Arnaud NOUÏ, *Beijing Baby*, 2005.

Aline Raynal-Roques & Albert Roguenant

À la découverte de la nature sauvage

Soixante ans d'explorations

L'Harmattan

Des mêmes auteurs

Lyon, l'argent, le commerce et la soie, A. ROGUENANT, 1986, La Manufacture, Lyon.

La botanique redécouverte, A. RAYNAL-ROQUES, 1994, Editions Belin.

Les peintres de fleurs, les vélins du Muséum, A. RAYNAL-ROQUES & J. - C. JOLINON, 1998, Bibliothèque de l'Image.

Les Tillandsia et les Racinaea, A. ROGUENANT, 2001, Editions Belin.

La culture des Orchidées et des Broméliacées, A. ROGUENANT et al., 2002, Editions Belin.

Un amour d'Orchidée, A. ROGUENANT, A. RAYNAL-ROQUES & Y. SELL, 2005, Editions Belin.

Actes du 18e congrès mondial et exposition d'orchidées (18th World Orchid Conference, Proceedings), A. RAYNAL-ROQUES, A. ROGUENANT & D. PRAT, éditeurs. 2005, Naturalia.

Peut-on classer le vivant ? Linné et la systématique aujourd'hui, A. ROGUENANT, A. RAYNAL-ROQUES & D. PRAT, éditeurs. 2007, Editions Belin..

Agenda botanique 2010, A. RAYNAL-ROQUES, Editions Belin.

Dessiner et photographier des fleurs, A. RAYNAL-ROQUES & A. ROGUENANT, 2015, Editions Belin.

Les Broméliacées, A. ROGUENANT, M. LECOUFLE & A. RAYNAL-ROQUES, 2016, Editions Belin.

Adaptations d'ouvrages et collaborations :

Les Lycastes, 2004, par P. BERTAUX, contrib. A. RAYNAL-ROQUES & A. ROGUENANT, Editions Belin.

Mille et une MiniOrchidées, 2008, par C. ROGUENANT, contrib. A. ROGUENANT & A. RAYNAL-ROQUES, Editions Belin.

Plantes carnivores, biologie et culture, 2008, par W. BARTHLOTT et al., rév. A. RAYNAL-ROQUES & A. ROGUENANT, Editions Belin.

Les Maxillarias, 2009, par P. SAUVÊTRE, contrib. A. ROGUENANT & A. RAYNAL-ROQUES, Editions Belin.

Les Coelogynes, 2011, par E. & J. - C. GEORGE, contrib. A. RAYNAL-ROQUES & A. ROGUENANT, Editions Belin.

5-7, rue de l'Ecole-Polytechnique, 75005 Paris
http://www.editions-harmattan.fr
ISBN : 978-2-343-21100-8
EAN : 9782343211008

Sommaire

Avant-propos

A l'heure où se manifeste la prise de conscience générale de la richesse, de la diversité et surtout de la fragilité du monde vivant, un coup d'œil en arrière, sur les vies et les carrières de naturalistes professionnels et amateurs, révèle combien l'approche de la nature sauvage (ou presque) a évolué au cours des six dernières décennies. Les conditions et les méthodes de travail ont évolué, la pensée collective aussi ; la nécessité de protéger la biodiversité est désormais impérative.
Les auteurs, Aline et Albert, ont vécu la mutation intervenue au cours de leurs carrières. Cet ouvrage évoque les conditions de travail qu'ils ont connues au début de leur carrière, quand il n'y avait ni GPS, ni téléphone portable, ni climatisation dans les voitures. Ces conditions paraîtront d'un autre âge au lecteur.

Abréviations utilisées dans le texte

- AR : Albert Roguenant
- ARR : Aline Raynal-Roques
- CR : Claudie Roguenant
- CSIRO : *Commonwealth Scientific and Industrial Research Organisation*, Australia
- *del.* : « a dessiné »
- IFAN : *Institut Français d'Afrique Noire*, devenu *Institut Fondamental d'Afrique Noire*, Dakar
- IRD : *Institut pour la Recherche et le Développement*
- MNHN : *Muséum National d'Histoire Naturelle*, Paris
- ORSTOM : *Office de la Recherche Scientifique et Technique Outre-Mer*, devenu *IRD*

N.B. : les noms scientifiques des plantes et animaux sont en *italiques*.

Avertissement

La botanique de terrain avant le GPS et le téléphone satellite

Aline. Toi et moi avons exploré la nature pendant 60 ans ; nous avons beaucoup découvert, appris, compris.
Nous avons exploré des continents bien différents à la recherche de plantes peu connues, ou inconnues alors ; et rapporté des souvenirs, des observations et des images.
Nos objectifs n'étaient pas ceux du touriste curieux de la nature, ils étaient un approfondissement des connaissances afin de les mettre à disposition du monde scientifique et de les partager avec le public, pour mieux connaître et mieux protéger la vie sauvage.
Nos objectifs étaient scientifiques ; cependant, dans les pages qui suivent nous tenterons d'éviter les digressions savantes ; il nous a fallu, toutefois, évoquer les contraintes et les plaisirs de la recherche et de la découverte, qui aboutissent à faire connaître mieux la réalité et la fragilité du monde où nous vivons.

Albert. Les aventures, les expériences que nous vous contons, nous les avons vécues, certaines amusantes, d'autres dramatiques parfois. Nous en gardons des souvenirs souvent heureux, tous fructueux et inoubliables.
L'un comme l'autre, nous avons fait nos premières armes de naturalistes de terrain en France ; nous avons compris combien seule une connaissance scientifique préalable des plantes et des animaux permet de contribuer à la nécessaire protection de la nature.
Nous savons que le lecteur, intéressé par les plantes et les animaux de nos contrées, les connaît bien. Nous présenterons surtout nos prospections lointaines.
Nous vous invitons donc à nous accompagner dans une nature telle que nous l'avons connue, à participer à nos aventures botaniques, avec les conditions d'exploration qu'on imagine mal à notre époque…
Ami lecteur, installez-vous dans la machine à remonter le temps et partons ensemble pour de beaux voyages lointains.

Aline. Au cours de six décennies, toi et moi avons vu évoluer les modes vie, les relations entre l'homme et une nature sur laquelle nous avons vu peser de plus en plus l'emprise de l'homme. Les conditions de vie et de travail du naturaliste de terrain se sont modifiées, depuis l'absence de toute assistance possible au cas de problème, jusqu'à l'apparition du téléphone satellite et du GPS. Pour mémoriser nos observations, nous sommes passés du film Kodachrome développé en usine au retour, à la photographie numérique ; carnet de notes, crayons, croquis ou dessins, n'ont pas changé.

Albert. Combien de voyages professionnels as-tu faits ?

Aline. Eh bien j'ai fait, entre autres, 17 séjours en Afrique Occidentale et Centrale, totalisant près de 5 ans. Une cinquantaine d'autres voyages m'ont menée dans de nombreuses régions du globe, où j'ai effectué des prospections botaniques ; dans certains cas j'ai donné des enseignements universitaires ou des conférences.
Nous avons partagé, toi et moi, certains de ces voyages, en Equateur, au Brésil, en Australie, en Nouvelle-Zélande, aux États-Unis...
J'ai fait bon nombre de ces voyages en compagnie de Jean, mon mari, botaniste à l'ORSTOM puis au Muséum.
Et toi, dans quelles régions es-tu allé ?

Albert. J'ai visité plusieurs pays d'Afrique méditerranéenne et tropicale où j'ai photographié des animaux et des plantes ; en Amérique tropicale j'ai observé des plantes qui m'intéressent particulièrement, comme les Broméliacées et les Orchidées. J'ai sillonné les déserts d'Amérique du Nord. En France et en Espagne, j'ai recherché des plantes peu communes, des Orchidées et... des Lépidoptères. J'ai dû faire entre 25 et 30 voyages consacrés à l'étude de la nature.
Je voyageais en compagnie de mon épouse, Claudie, enseignante. Mon ami Jean-Claude Hayon, professeur de botanique aux Universités de Nancy et de Luxembourg, m'a accompagné, avec son épouse Colette, enseignante elle aussi, dans de nombreux périples.
De ton côté, tu as passé de nombreuses années à prospecter dans la nature et à travailler dans les herbiers de grandes institutions, pour étudier des plantes peu connues ou en découvrir de nouvelles. Y a-t-il vraiment encore des plantes inconnues, dans le monde ?

Aline. Il reste beaucoup à découvrir : notre planète est encore imparfaitement connue.

Certes, la majorité des espèces de plantes à fleurs sauvages en France, et même en Europe, est décrite depuis plusieurs siècles. Leur écologie, même, est relativement bien connue depuis près de 100 ans.
Mais nous sommes encore bien loin d'avoir découvert toutes les plantes ; chaque année, on décrit et nomme dans le monde près de 2 000 plantes à fleurs jusque-là inconnues. Sur le seul continent africain, on décrit encore plus de 300 espèces nouvelles par an.
Malheureusement l'accroissement de la population humaine, l'extension des zones habitées, cultivées et industrielles, l'évolution rapide des modes de vie ont entrainé et entrainent encore la destruction de grandes surfaces de végétation naturelle ; les activités humaines ont pour conséquence la disparition de nombreuses plantes, dont beaucoup resteront inconnues pour la science.

Fig. 1. Les auteurs photographient une rare petite orchidée sur le terrain, en Australie. *Cliché CR.*

Albert. Il s'agissait pour toi de découvrir des plantes encore inconnues, ou insuffisamment connues, dans des régions jamais encore visitées par des botanistes. Tu observais l'écologie des biotopes, pour déceler des modifications de la végétation dues à l'évolution du peuplement humain et/ou des conditions climatiques.

Aline. Oui, j'ai arpenté le monde, pendant 60 ans. Et j'ai vu tellement de belles plantes, surprenantes, passionnantes... Mon objectif était botanique, mais j'ai eu l'occasion de rencontrer beaucoup d'animaux ; des animaux qu'on ne rencontre plus désormais.
Dans les années 1950 et 1960, les voyages botaniques tenaient de l'exploration et de l'aventure, mais la recherche et la collecte de plantes peu connues ou inconnues sont tellement passionnantes pour le botaniste, qu'ils ne craignaient pas les difficultés qu'ils savaient pouvoir surmonter.

Albert. Aviez-vous des cartes géographiques renseignées, à jour ?

Aline. Dans les années 1960, nous disposions de cartes d'état-major, mais la cartographie déjà ancienne des grandes régions inhabitées n'était pas toujours fiable. Nous utilisions des cartes dressées d'après quelques relevés faits par des géographes itinérants qui voyageaient à pied ; elles étaient imprimées en noir sur papier blanc. Heureusement il existait quelques cartes de régions bien explorées, précisant des points stratégiques, dressées d'après des photographies aériennes, imprimées en couleurs ; notre guide : la boussole et l'intuition.
Dans les contrées reculées, très peu peuplées, nous ne pouvions compter que sur nous-mêmes, notre expérience, notre flair, et les rares cartes plus ou moins exactes. L'idée même d'un tourisme de type « Terres d'aventure », et d'un minimum d'assistance organisée, n'existait pas.
Heureusement les villageois nous donnaient des indications sur la route à suivre pour atteindre la destination que nous avions choisie, mais les échanges étaient souvent difficiles (ou parfois impossibles) en raison des barrières linguistiques ; les repères qu'ils nous donnaient n'étaient pas toujours compréhensibles par nos esprits cartésiens formés dans une culture profondément différente de celle des brousses africaines. Par exemple pour une expédition à pied, leur évaluation de la distance à parcourir était subjective ; s'ils nous disaient que notre destination était « un peu loin », il fallait comprendre qu'une pleine journée de marche ne suffirait probablement pas...

Albert. Ces voyages ne sont jamais de tout repos, ce n'est vraiment ni du tourisme, ni un séjour au club Med !

Aline. Bien entendu, c'est un travail qui demande des connaissances approfondies et bien des efforts, mais il est passionnant et enrichissant. Il implique également de prendre parfois des risques physiques…
Le travail se prolonge dès le retour à la « maison mère », le Muséum National d'Histoire Naturelle, à Paris. L'étude des végétaux se poursuit en laboratoire, par l'observation fine de l'organisation et du fonctionnement des organes du végétal ; elle conduit à la publication des résultats obtenus pour diffuser les connaissances nouvelles acquises.

Chapitre 1

Un demi-siècle d'explorations botaniques en Afrique

L'extrême nord du continent avait déjà été exploré par les Romains, deux siècles avant notre ère : les historiens parlent d'« Afrique romaine » jusqu'au 5e siècle de notre ère. La marche des Romains vers le sud a buté sur l'aridité du Sahara.
De la nature africaine on ne connaissait guère que quelques animaux comme le lion, le guépard, le léopard ; c'est seulement à l'époque romaine que le dromadaire a été introduit en Afrique saharienne. Ce n'est qu'au 15e siècle que des expéditions portugaises, à visée commerciale, ont commencé à faire connaître le littoral ouest-africain.

Aline. Les botanistes ont eu bien des difficultés pour explorer les grandes étendues de brousse inhospitalière, à l'intérieur de ce continent massif.

Albert. « Brousse » est un terme spécifiquement africain. A quoi s'applique ce mot ?

Aline. En Afrique, on appelle « brousse » la végétation des zones arides ou semi-arides, pauvre en arbres mais encombrée de broussailles et de grandes herbes, généralement surpâturée, souvent reconstituée après une déforestation ou un incendie. Les « feux de brousse » y passent souvent en saison sèche. La « brousse » est une nature sauvage.
Les plantes des régions couvertes de brousse étaient encore mal connues au milieu du 20e siècle ; les pluies n'y tombent que pendant une courte période au cours de laquelle les plantes fleurissent et… les pistes étroites, défoncées et inondées limitent les possibilités de déplacements pendant la saison humide. Paysages inhospitaliers, chaleur et sécheresse : la brousse n'est pas un milieu de villégiature.
Prospecter la brousse était notre quotidien, au cours des missions.
Par extension, on appelle « brousse » les lieux non domestiqués, à l'écart des villes et des villages.

La végétation y varie selon le climat et on peut dire qu'il n'y a pas « une brousse », mais « de nombreuses brousses », depuis les plus arides jusqu'aux plus humides. Qu'on chemine dans une steppe aride ou dans une forêt, on dit volontiers aux compagnons de rencontre :« je vais à la brousse » !

Au sud du Maghreb méditerranéen se déploie l'immense Sahara, le plus grand des « vrais déserts » ; il s'étend de l'océan Atlantique à la mer Rouge, sur 5 000 km et couvre une superficie de 9 millions de km^2 , soit plus de 160 fois la France.
Le Sahara est caractérisé par la faiblesse de la pluviométrie annuelle, 0,5 à 2 mm, et surtout par le fait que les pluies tombent sans aucune régularité. Si la température est élevée dans la journée, en moyenne 40 °C, une petite gelée blanche se dépose souvent au matin.
Au sud du Sahara, la steppe subsaharienne est une zone imprécise où la pluviométrie annuelle varie de quelques millimètres à 200 mm selon les années ; les pluies peuvent tomber pendant 1 ou 2 mois. La végétation est rare, souvent réduite à quelques maigres buissons sur un sol nu, sans tapis herbacé : c'est souvent presque un désert.

Fig. 2. Femmes au désert, lourdement chargées ; d'où viennent-elles, où vont-elles ? *ARR. del., 1991.*

Au sud de la steppe subsaharienne, la steppe sahélienne reçoit des pluies plus fréquentes et plus abondantes, elles s'échelonnent sur 2 à 5 mois consécutifs ; la pluviométrie annuelle est de l'ordre de 200 à 700 mm. La végétation, maigre et discontinue, comporte quelques petits arbres, des broussailles et des zones tapissées de petites herbes annuelles qui apparaissent dès les premières pluies ; ces petites herbes disparaîtront à la prochaine saison sèche. L'impact des sécheresses qui sévissent depuis le début du 21e siècle est très sensible dans cette zone climatique où les arbres meurent en bien des endroits. En outre, la végétation est appauvrie par le surpâturage qui freine la régénération et par la coupe de branches et de rejets des arbres et buissons pour nourrir le bétail.

Au sud du Sahel la pluviométrie est plus importante, elle peut dépasser 1 300 mm par an, en 4 à 6 mois, entre mai et octobre. La végétation est une savane relativement humide, dite « savane soudanienne ». A la saison des pluies, sa physionomie est celle d'une prairie portant des arbres épars. Le couvert herbeux comprend de grandes graminées vivaces ; ce sont des *Andropogon* et des *Cymbopogon* (Poacées) dont les touffes robustes peuvent dépasser 2 m de hauteur. Avec l'arrivée de la saison sèche, les herbes jaunissent puis souvent brûlent ; après le passage du feu, les grands *Andropogon* produisent de jeunes feuilles, en pleine saison sèche. Les éleveurs de bétail mettent le feu à la savane pour que leurs bêtes profitent d'un peu d'herbe fraîche au cœur de la saison sèche.

Au sud de la savane soudanienne, en allant vers l'équateur, les pluies sont importantes, réparties sur presque toute l'année ; la pluviométrie annuelle est de l'ordre de 1 300 à 1 600 mm. Les arbres sont de plus en plus nombreux, diversifiés et de grande taille : la végétation passe progressivement à la forêt équatoriale ; si les plus grands arbres sont distants les uns des autres, des arbres de moyenne hauteur forment un couvert continu. La densité de la végétation maintient une hygrométrie très élevée ; elle contribue aussi, par l'abondance des feuilles mortes, à une certaine richesse du sol qui permet à la forêt de s'auto-entretenir. La déforestation et l'absence de renouvellement de la litière de feuilles mortes laissent un sol d'une grande pauvreté, lessivé par les pluies abondantes.

Albert. En Afrique, les espaces sont immenses ; tu décris une succession de milieux très variés, depuis le grand désert au nord, jusqu'à la grande forêt, à l'équateur. Les peuplements végétaux et

humains sont très différents. Les naturalistes, dont tu étais, devaient se rendre sur place pour observer leurs sujets d'études, souvent situés dans des régions rarement visitées, éloignées les unes des autres.
Rappelle-moi la distance qui sépare le sud du Sahara de l'équateur ?

Aline. Environ 2 000 km.

Albert. Les distances à parcourir sont importantes.
En pratique, comment se déroulaient les premières prospections ?

Aline. Jusqu'au milieu du 20e siècle, elles se faisaient à pied, avec une colonne de porteurs, en parcourant des régions inconnues ou peu connues des Occidentaux ; il n'existait bien entendu aucune carte détaillée de l'intérieur du continent : les prospecteurs, quelles que soient leurs spécialités, contribuaient, avec des moyens très simples, à fournir des informations et des documents cartographiques. Les premières photographies aériennes destinées à une cartographie ont été prises par l'aviation américaine entre 1940 et 1942, elles couvraient des zones stratégiques littorales.

Albert. L'automobile, le camion ont dû changer profondément les conditions du travail de terrain.

Aline. Ce n'est qu'après la dernière guerre que les véhicules motorisés ont facilité le transport du matériel nécessaire, mais… ils ont parfois limité l'exploration aux seules régions accessibles par des pistes à peu près carrossables.
Au cours de mes missions en Afrique à partir de 1959, j'ai toujours profité d'un véhicule, mis à ma disposition par le Ministère de l'Agriculture du Mali ou du Burkina Faso, par l'ORSTOM ou encore les Eaux et Forêts du Cameroun. Lorsque le passage du véhicule devenait impossible, on poursuivait à pied, comme autrefois…
Les explorateurs scientifiques prospectaient sans assistance ni moyens de liaison, ils n'hésitaient pas à prendre des risques ; ils disposaient de cartes très incomplètes, vivaient sans aucun confort, dormaient sous une petite tente, à la belle étoile, ou sur le sol d'une minuscule case dans un village perdu. Ils emportaient leur nourriture, généralement réduite à un gros sac de riz, l'eau dans des jerrycans et n'oubliaient jamais les comprimés pour l'aseptisation de l'eau de boisson ; une petite pharmacie de secours était nécessaire en raison du climat et de

l'insalubrité de l'eau, sans compter les risques d'accidents ; il nous fallait prendre garde aux parasites, omniprésents, parmi lesquels les nombreuses filaires dont certaines provoquent l'onchocercose (« cécité des rivières ») ; d'autres vers parasites donnent la bilharziose ; des protozoaires sont responsables de la trypanosomiase (maladie du sommeil) ou du paludisme… Le risque de contracter l'une de ces parasitoses est plus grand lorsqu'on travaille sur les plantes des marais, comme c'était mon cas ; je prenais toujours soin de désinfecter bras et jambes à l'alcool.

Albert. Dans les régions reculées où vous alliez, quelles étaient vos relations avec les gens du pays ?

Aline. Nos relations avec les villageois ont été faciles et agréables ; ils se sont toujours montrés amicaux et disposés à nous rendre service. Lorsque nous arrivions dans des régions très isolées, bien des habitants n'avaient encore jamais vu d'Européen, nous établissions rapidement des bons contacts. Souvent ils riaient bruyamment et très amicalement, s'amusant de nos vêtements, de nos peaux claires et nos cheveux lisses. Ils nous proposaient spontanément de partager leur nourriture.

Albert. Tu parlais donc leur langue ?

Aline. Bien sûr que non !
Il nous fallait souvent plusieurs traducteurs successifs. Par exemple un homme parlait la langue de son ethnie, isolée sur une montagne ; un second traduisait dans une autre langue, parlée au bas de la montagne ; un autre intervenant traduisait en « foulbé », langue véhiculaire ; un dernier nous donnait la version française…

Albert. Pas facile de discuter dans ces conditions…
Aviez-vous un bon véhicule ?

Aline. Pour nous déplacer, nous disposions de véhicules 4x4, lourds, gros consommateurs de gasoil, ce qui nous obligeait parfois à transporter un fût (ou deux !) de 200 litres de carburant. Les véhicules étaient des Hanomag, des DKW, parfois même une Jeep Willis qui avait « fait » la guerre de 39-45. La climatisation des véhicules n'existait pas alors ; le moteur mal isolé chauffait la cabine alors que la température extérieure dépassait largement les 40 °C.

Les véhicules tous terrains étaient généralement très âgés et particulièrement inconfortables, la suspension très dure encaissait mal les cahots. Mais ils étaient d'une robustesse à toute épreuve et... leur mécanique simple permettait bien des réparations de fortune.
A la fin des années 1990, les Institutions concernées par nos travaux ont mis à notre disposition des véhicules plus confortables – mais plus fragiles.

Le botaniste et les fauves

Albert. As-tu vécu des histoires amusantes ?

Aline. Bien sûr, en voici une, mais « amusante » n'est pas vraiment le mot !
Au début des années 1960, nous sommes cinq : deux forestiers camerounais, Jean mon mari et moi, et un chauffeur. Nous sommes en mission de prospection des savanes sèches du Nord-Cameroun, en route pour le Lac Tchad, à travers les collines, au nord de Poli.
Le camion 4x4 roule hors-piste dans la savane, lentement, le chauffeur évite habilement les trous, les souches, les blocs rocheux ; nous nous dirigeons à la boussole.
Nous sommes en mars, c'est la saison sèche, il n'a pas plu depuis plus de 3 mois ; la savane a brûlé il y a peu.

Albert. Des feux sauvages passent donc dans la savane ? Ont-ils une utilité ?

Aline. La saison sèche avance, les troupeaux de zébus n'ont plus grand-chose à brouter... les éleveurs itinérants vont allumer des feux qui parcourront vite la végétation éparse de la savane. Les herbes, les broussailles, seront détruites ; les arbres ont déjà perdu leurs feuilles, troncs et grosses branches sont assez bien protégés par des écorces épaisses, seuls leurs rameaux pourront être endommagés.
Après le passage du feu, le sol, souvent formé de gravillons brun-rouge, porte des traînées de cendres. Les tiges noircies des grandes graminées vivaces, *Andropogon* et *Cymbopogon*, subsistent, vite brisées par un

coup de vent ; à leur base de jeunes pousses vertes apparaîtront bientôt : le passage d'un incendie provoque en effet un nouveau départ de la végétation chez ces plantes robustes ; les pasteurs itinérants mettent donc le feu à la savane pour que leur bétail trouve peu après, en pleine saison sèche, un peu de nourriture fraîche.

Des fleurs sont apparues çà et là sur des plantes pyrophiles, « qui aiment le feu », la plupart au ras du sol. Ces plantes, adaptées à ces savanes sèches qui brûlent chaque année ou presque, sont devenues, au cours des millénaires, dépendantes du feu : elles ont évolué de telle sorte que cet élément généralement destructeur de vie leur est devenu utile, voire indispensable pour certaines espèces qui ne fleurissent que les années où le feu est passé.

Toutes les plantes pyrophiles portent leurs bourgeons sur une souche souterraine. Dès le début de la saison des pluies, la souche produit des tiges feuillées, mais pas de fleurs ; le métabolisme actif des feuilles produit des substances nutritives qui s'accumulent dans la souche, puis les feuilles jaunissent, toute la savane se dessèche, et souvent brûle. Et pourtant des fleurs apparaîtront, au plus chaud de la saison sèche, dans une brousse qui semble morte.

Le sol est exposé à la lumière et à la chaleur du soleil qui stimulent la repousse de la végétation. Des fleurs s'épanouissent au ras du sol, parmi les cendres ; elles sont produites par des plantes dont les feuilles n'apparaîtront que bien plus tard, quand il pleuvra. Des étoiles brunes à cœur blanc (*Cynanchum praecox*, Apocynacée) s'épanouissent ; de petits tapis verts à fleurs blanches (*Lelya prostrata*, Rubiacée) s'étalent sur la latérite ; les fleurs jaunes ou roses des *Margaretta rosea* (Apocynacée) s'ouvrent.

Nous voulons voir de près ces petites plantes qui ne craignent pas le feu, nous nous arrêtons ; mes compagnons, chauffeur compris, se dispersent pour prospecter.

Je pars avec le matériel photo et me dirige seule vers un buisson de *Protea* (Protéacée) aux larges capitules blanc-rosé, à 2 ou 300 m du camion. Agenouillée pour prendre sous le bon angle quelques photos de fleurs bien fraîches, je ne me presse pas, j'attends que le vent se calme… enfin, quelques bonnes photos.

En retournant vers le camion, je découvre que, sur des empreintes de Pataugas taille 39, les miennes donc, se superposent des empreintes

arrondies, larges comme des soucoupes ; je distingue même les coussinets ronds de grosses pattes… celles d'un lion.
J'appelle mes compagnons, ils me rejoignent et se rendent à l'évidence, ce sont bien des traces de lion. Nous suivons ces traces : le lion a tourné autour du camion vide, a piétiné un moment à l'arrière, puis a suivi mes pas, parfois posant ses pattes sur mes empreintes. Il est venu à… moins de deux mètres derrière moi, a dû s'arrêter un court moment, puis s'en est allé. Je ne l'ai ni vu, ni entendu. Les animaux sauvages ne sont pas délibérément agressifs, ils n'attaquent que leurs proies habituelles, et seulement lorsqu'ils ont faim, ou bien s'ils sont effrayés.
Au début des années 1960, la rencontre de grands fauves, dans les régions très reculées, n'était pas vraiment exceptionnelle. Une cinquantaine d'années plus tard, dans ces mêmes régions, ils avaient disparu.

Albert. Ce lion que tu n'as pas vu n'est probablement pas le seul fauve que tu as croisé dans tes voyages ?

Aline. En effet, peu après mon arrivée en Afrique, en décembre 1959, j'ai fait une rencontre qui m'a émerveillée…
Dans le Parc national du Niokolo-Koba, à l'est du Sénégal, au début de la saison sèche, mon mari et moi sommes à la recherche de plantes en fleurs. A cette époque, les mares temporaires s'assèchent, les hautes graminées de la savane jaunissent, les *Faidherbia albida* (Fabacée, Mimosoïdée) se couvrent de jeunes feuilles ; à la différence des autres arbres de la région, les feuilles de ce *Faidherbia* apparaissent en début de saison sèche et tombent au début de la saison des pluies : l'arbre est défeuillé à la saison où toute la végétation est verdoyante, il vit en contre-saison.
Des feux de brousse passent ici ou là, suivis par la floraison de petites plantes pyrophiles.
Des *Cochlospermum tinctorium* (Cochlospermacée) épanouissent leurs larges fleurs jaunes sur le sol caillouteux nu où affleurent des dalles rouge-brique de latérite ; les feux de brousse passent souvent, seules quelques rares plantes, pyrophiles, peuvent survivre dans ce milieu ; les dalles de latérite s'échauffent au soleil, elles peuvent atteindre des températures de l'ordre de 60 ou 70 °C. Les *Cochlospermum* ne produiront des tiges feuillées que plus tard, à l'arrivée des pluies. Le rhizome, cette grosse tige souterraine charnue qui produit de nouvelles pousses chaque année, fournit un colorant jaune foncé utilisé

localement en teinturerie. La médecine traditionnelle l'emploie à des fins multiples, pour soigner le foie, le paludisme, les plaies ; ses propriétés antibactériennes, anti-inflammatoires, analgésiques, hépato-protectrices ont d'ailleurs été validées par la science.
Nous quittons la savane ouverte et lumineuse ; les herbes crissent sous nos pas ; nous entrons dans un peuplement de bambous, des *Oxytenanthera abyssinisas* (Graminée) ; une forêt dense de tiges grêles, touffues, hautes de cinq à six mètres. Elles sont utilisées pour dresser des clôtures, tresser des nasses, des nattes, des corbeilles ; on en fait des manches d'outils, des flèches, du charbon de bois pour alimenter les foyers domestiques. En marchant entre les cannes de bambou, nous voyons à peine à deux mètres à travers le feuillage. Parfois un grand arbre dont le tronc se perd dans la canopée, parfois une éclaircie.
Soudain, un bruissement au-dessus de moi… je lève la tête, un long corps pâle tacheté de rosettes brunes, pattes avant et arrière allongées, longue queue, passe à deux mètres juste au-dessus de moi, disparaît dans les bambous dans un bruit de froissement : le léopard, *Panthera pardus*, communément appelé panthère…
Cette vision reste dans ma mémoire comme l'une des plus belles images que j'aie vues, la plus belle photo que… je n'ai pas prise.
D'où venait-il ? Nous nous approchons prudemment d'un grand arbre voisin, l'œil aux aguets : à la fourche d'une grosse branche pend une antilope à demi-dévorée.
Nous avons troublé le repas du fauve…

Albert. Tu as eu de la chance de voir de près ce magnifique léopard. Tu as peut-être vu d'autres grands animaux dont il faut se méfier. Moi, j'ai vécu quelques aventures probablement aussi dangereuses, je t'en parlerai plus tard.

Aline. Au début des années 1960, en raison de la situation politique, il nous était interdit de visiter la Guinée. Jean et moi avions donc décidé d'étudier la flore du Parc national du Niokolo-Koba, dans le sud-est du Sénégal, aux confins de la Guinée. C'était l'occasion de découvrir la diversité de peuplements végétaux semblables à ceux de Guinée, et d'apprécier les similitudes et différences entre la végétation du parc et celle du nord et de l'ouest du Sénégal. Le parc du Niokolo-Koba est traversé par le fleuve Gambie, long de plus de 1 000 km, aux eaux rougies par la latérite ; descendu des hauts-plateaux de Guinée, il entaille des tables rocheuses couvertes de forêt claire.

Des « nérés » (*Parkia biglobosa*, Fabacée, Mimosoïdée) portent de belles inflorescences, en forme de boule rouge de la taille d'une orange, qui pendent sous la ramure au bout d'un pédoncule souple long de près de 60 cm ; chaque « boule », formée de nombreuses fleurs hermaphrodites, est surmontée par un court épi de fleurs mâles ou stériles. Les fleurs sont visitées la nuit par de grandes chauves-souris, des roussettes (*Eidolon helvum*), qui lèchent les étamines et le nectar et, ce faisant, assurent la pollinisation des fleurs. Les habitants récoltent les graines du néré qui, une fois broyées, servent à préparer des sauces. Un peu plus loin, un arbuste grimpant, *Combretum lecardii* (Combrétacée), utilisé en médecine traditionnelle, notamment pour traiter le paludisme ; ses jeunes feuilles sont consommées en légume.
De longues lianes de *Strophanthus sarmentosus* (Apocynacée) escaladent les buissons ; les cinq pétales des fleurs se prolongent en longs filaments pendants ; toute la plante est très toxique. Dans les villages de brousse, elle sert probablement encore pour empoisonner les flèches de chasse.
Un soir, mon mari et moi avons dressé notre tente au bord de la Gambie, sur une large berge herbue qui s'étend entre le fleuve et une petite falaise haute de 2 à 3 mètres. On distingue çà et là de gros rochers arrondis, éboulés de la petite falaise. Sur la berge, quelques buissons de *Dichrostachys glomerata* (le « mimosa clochette », Fabacée Mimosoïdée) aux guirlandes de pompons roses et jaunes ; chaque épi bicolore produit un bouquet de gousses charnues, comestibles ; c'est l'une des plantes les plus utilisées en médecine traditionnelle.
La nuit approche, nous faisons une courte promenade le long du fleuve. Nous marchons au ras de l'eau.
Soudain, à voix retenue, mon mari me dit : « attention, le crocodile ! ». J'avance prudemment… mais le « crocodile » n'est qu'un tronc d'arbre couché près de l'eau. Je fais un pas de plus, donne un coup de pied dans le tronc : bruit sonore… à une quinzaine de mètres de moi sur ma droite, en direction de la falaise, un « rocher » long de trois mètres… se lève, pousse un beuglement et fonce vers l'eau, j'étais sur son chemin, j'ai bondi en avant ; c'était un hippopotame qui dormait entre fleuve et falaise, je l'avais réveillé en sursaut. Je ne peux aller que tout droit, en suivant le bord de l'eau. Je cours le long de la rivière le plus vite possible, pour ne pas rester entre l'hippopotame et la rivière… La bête fonce sur moi sur quelques mètres, et… plonge dans la rivière, derrière moi.

Un hippopotame qui se sent menacé court se réfugier dans l'eau, heureusement pour moi !
Un bon conseil : comment battre le record du 100 mètres ? Lâcher un hippopotame sur la piste !

Albert. Nous avons, toi et moi, fait des rencontres dont certaines nous obligeaient à prendre des précautions.
Les fauves, malgré la réputation de cruauté qu'on leur fait, ne sont pas les plus dangereux, les cynocéphales, ces singes munis de mains, au regard et aux gestes humains, sont probablement plus terribles !
Dans un parc national au Kenya, le parc de Tsavo-Ouest, nous explorions la savane arborée encombrée de monticules rocheux ; au pied d'un escarpement, nous trouvons un site aménagé pour le piquenique ; nous commençons à déballer nos provisions.
C'est alors que j'aperçois une tête hirsute dépasser d'un rocher ; deux yeux dorés nous scrutent. Puis une autre tête, derrière le rocher voisin ; une autre encore ; bientôt, c'est une horde de cynocéphales, des « babouins doguéra » ou « babouins olive » (*Papio anubis*) déferlent du haut de la falaise. Ces singes vivent nombreux, en groupes hiérarchisés, constitués de quelques mâles, leurs femelles et leurs petits. Leur long museau évoque celui d'un chien, d'où leur nom de cynocéphales, « tête de chien » ; leur pelage épais, sombre, laisse leur croupe nue. Le mâle mesure plus de 1 m debout ; c'est l'un des primates les plus dangereux pour l'homme.
Ils veulent notre repas contenu dans des cartons qu'ils connaissent bien : la horde fonce sur nous en hurlant, gueules grandes ouvertes montrant leurs redoutables canines jaunes. Je saisis mon monopode d'acier, support extensible destiné à stabiliser un appareil photo sur le terrain, et je tape à tour de bras en hurlant sur les mâles les plus agressifs pour les écarter. Leurs hurlements et les miens retentissent, les tentatives d'agression se poursuivent. Je défends mon casse-croûte…
La lutte durait depuis quelques minutes lorsqu'une Jeep de rangers arrive à grands coups de klaxon, les rangers tirent des coups de fusil en l'air pour chasser la troupe qui s'enfuit en criant. Nos sauveteurs avaient entendu les hurlements et étaient accourus à notre secours, sachant très bien ce qui se passait…
Enfin, après avoir remercié les rangers, nous pouvons manger en paix, en nous contentant de ce qui n'avait pas été piétiné ou volé par nos assaillants.

Aline. Ces grands singes que j'ai souvent vus au Mali, en 1959 ou 1960, ont des comportements surprenants. Non loin de Bamako, une route peu fréquentée traversait une savane où vivait une bande d'une bonne trentaine de cynocéphales.
Lorsque cette troupe voulait traverser la route, un grand mâle presque noir, visiblement le chef, arrive en tête et stoppe sa bande d'un geste autoritaire ; il se dresse au milieu de la route, fait avec ses bras les gestes d'un agent de police au milieu d'un carrefour : il encourage sa troupe à avancer rapidement. Les femelles, leur petit accroché au pelage, passent les premières. Le chef passe le dernier. Moins d'une minute plus tard, toute la troupe est de l'autre côté.
J'ai repris la même route, toujours peu fréquentée, 40 ans plus tard ; j'ai reconnu la savane, ses acacias, ses caïlcédrats qui ombragent la route ; les cynocéphales avaient disparu, ainsi que les antilopes qu'on voyait bondir dans les hautes herbes. La chasse irraisonnée et incontrôlée avait sévi…

Près de Bamako, en aval de la ville, le fleuve Niger coule au pied de collines tabulaires gréseuses ; les pentes abruptes sont encombrées d'énormes rochers en boules, qui s'accumulent en chaos.
Un jour je grimpe parmi les rochers , en compagnie d'Ibrahim, un agronome ; quelques plantes s'accommodent de la roche nue et si chaude dans la journée qu'on ne peut y poser la main.
Accroché à une fissure de la roche, un petit coussin de fleurs brunes tassées, un *Lepidagathis* (Acanthacée), est plaqué sur la roche brûlante. Tandis que j'esquisse un croquis rapide de la fleur, j'aperçois la tête d'un cynocéphale à demi-caché derrière un rocher. Bientôt, une autre tête apparaît ; derrière chaque rocher se cache un grand singe ; ils sont de plus en plus près de moi, je crains une attaque. Certains retroussent leur lèvre supérieure, montrant leurs grandes dents jaunes : je comprends le message. Nous savons que si nous les regardons en face, les yeux grands ouverts, la bouche ouverte dévoilant nos dents, ils prendront cela comme une menace.
Avec Ibrahim nous prenons une attitude aussi discrète que possible, tête baissée, regard au sol… mais coups d'œil rapides, yeux mi-clos, vers les singes ; silence ; appareil photo dissimulé. Nous redescendons sans encombre et sommes heureux d'arriver dans les cultures, près de quelques habitations.

Danger, serpents

Parmi les animaux que l'homme redoute il en est un qu'il craint par-dessus tout : le serpent.
Cependant, dans une nature paisible, il arrive qu'une rencontre avec lui laisse un beau souvenir… mais pas toujours.

Aline. Le Grand Erg occidental est un massif de dunes qui couvre 80 000 km^2. Les plus hautes dunes culminent à 300 m. Depuis le Sahara algérien, l'Erg s'étend vers le sud-ouest sur près de 2 000 km jusqu'au littoral atlantique, à moins de 60 km au nord de Dakar, au Sénégal. Les dunes se déplacent du nord-est vers le sud-ouest, poussées par l'harmattan, vent sec et chaud. Le Grand Erg occidental contraint le fleuve Sénégal à se détourner vers le sud pour se jeter dans l'Atlantique, au sud de la ville de Saint-Louis.

L'extrémité de cet immense système dunaire isole le Lac Tanma du littoral. Cet ancien estuaire d'une rivière asséchée depuis de nombreux siècles est devenu une plaine sèche et salée ; en saison des pluies, quelques flaques boueuses rappellent que ce fut un lac.
Il y a peut-être 5 000 ans, cet estuaire largement ouvert sur l'océan était peuplé d'une mangrove, forêt qui vit dans les eaux marines littorales ; les *Rhizophora mangle* (palétuvier noir, Rhizophoracée) édifient un enchevêtrement de racines-échasses sur les vases inondées à chaque marée et y entretiennent tout un monde vivant, dont des Arca senilis (*Senilia senilis*), des huîtres de palétuvier (*Crassostrea gazar*)... Des coquilles de ces mollusques forment des bancs que je retrouve sur les bords du lac Tanma : il y eut bien une mangrove dans cet ancien estuaire.
Dans le village de Kayar un petit bosquet de palétuviers subsiste encore sur le littoral ; ensablé, loin de toute eau saumâtre ; c'est le dernier vestige de cette mangrove disparue. Combien de temps survivra ce fragile témoin d'un temps lointain ?

Il y a des millénaires, des hommes vivaient près de cet estuaire ; j'ai observé des amoncellements de coquilles d'Arca senilis, toutes de belle taille et ouvertes : c'étaient des restes de repas. Ces mollusques constituaient la base de la nourriture des habitants néolithiques ; de nos jours ces mollusques sont encore récoltés et consommés en grande quantité, dans les estuaires encore en eau, plus au sud.

Au temps lointain où l'eau coulait encore dans l'estuaire, la région était donc bien habitée. J'ai trouvé, entre les dunes, des pointes de flèches taillées par des chasseurs néolithiques ; peu épaisses, à marges finement denticulées, munies d'un pédoncule, taillées dans un silex clair qu'on ne trouve pas dans la région. Raymond Mauny, archéologue et historien à l'IFAN alors à Dakar, m'accompagne de temps en temps dans les dunes, il participe à ma recherche de pointes de flèches ; il retrouve la facture des flèches sahariennes, qui datent de l'époque où le Sahara était verdoyant ; les pointes de flèches de mes dunes avaient probablement été taillées dans des ateliers sahariens.
J'ai donné « mes » pointes de flèches au musée de l'IFAN, à Dakar, devenu « Musée Théodore-Monod d'art africain ».

A l'époque, en 1960, je fais de petits séjours de prospection, seule, dans les dunes entre le village de Kayar et le lac Tanma.
J'étudie la végétation rase qui peuple les creux inter-dunaires.
Après une journée de travail dans les dunes, par une chaleur écrasante, je regagne mon campement : une petite tente de 1 m sur 2 sans tapis de sol, plantée dans une dépression au centre de laquelle persiste une mare temporaire de moins de deux mètres carrés ; je dors sur le sable, enroulée dans une couverture.
Un soir, au crépuscule, à plat-ventre la tête hors de la tente, je relis mes notes de la journée.
Un crissement de sable ; c'est un grand python de Seba (*Python sebae*), serpent constricteur brun marbré, le plus grand d'Afrique ; il peut atteindre 7 mètres et peser 100 kg, il détecte ses proies à sang chaud grâce à des fossettes thermosensibles et peut rester plus d'un an sans se nourrir. Bien que non venimeux, il est classé dans les espèces dangereuses…
Il rampe, en descendant la dune, en direction de la petite mare, passe à deux mètres de ma tente, sans tourner la tête vers moi : il est venu boire ; il se penche plusieurs fois pour aspirer de l'eau, relève haut la tête et pousse un petit aboiement de satisfaction ; il remonte la dune et disparaît.
Il a semblé ne faire attention ni à ma personne, ni à la tente ; je l'ai revu à plusieurs reprises.

Albert. Tu as eu de la chance de rencontrer un serpent qui t'a ignorée. Il y a des serpents, bien plus dangereux, qui attaquent même si on ne les provoque pas.

Aline. Oui, j'ai eu la chance que ce python soit pacifique. Ses visites discrètes, au soir tombant, me laissent un souvenir émerveillé.
J'ai croisé d'autres serpents, bien plus agressifs et dangereux, et par chance, je les ai vus d'assez loin. J'ai plusieurs fois aperçu une redoutable vipère, mortelle, la vipère heurtante, *Bitis arietans*. Elle peut atteindre presque 2 m de longueur, mais elles dépassent rarement 1 m, il est difficile d'évaluer leur longueur puisqu'elles se cachent partiellement dans le sable ! Leur gros corps large de 15 cm est rétréci en « queue », leur tête est triangulaire. Lorsqu'un *Bitis* attaque, il frappe brutalement avec sa tête en mordant, ses crochets venimeux longs de 2 cm, pénètrent entièrement dans les chairs.

Albert. Tu décris un milieu aride, et tu as planté ta tente près d'une petite mare. C'est sec, ou c'est pas sec ?

Aline. Hélas, les dunes sont vraiment toujours sèches. J'étais à 1 km de l'océan environ, dans un vaste massif de dunes qui plonge dans l'océan. L'eau de mer imbibe le sable en profondeur, elle forme une nappe qui s'étend, sous les dunes, sur plusieurs kilomètres. Au cours des 3 ou 4 mois de la saison humide, l'eau de pluie s'infiltre dans le sable : elle alimente une nappe d'eau douce, peu épaisse, qui repose sur la nappe d'eau salée, en raison de sa plus faible densité. Cette petite réserve d'eau douce s'évapore peu au cours de la saison sèche car, dans le sable, le phénomène de capillarité est limité. Ce qui explique qu'on puisse trouver, dans des creux profonds entre les dunes, de petites zones humides, voire temporairement inondées par 10 centimètres d'eau douce.
Au cours de la saison des pluies et au début de la saison sèche, le python trouve ainsi de l'eau douce pour se désaltérer.
Et il n'est pas le seul. A plusieurs reprises, j'ai vu atterrir une bande de « canards armés » dont la face porte une bosse frontale rouge (*Plectropterus gambensis*) ; ces gros oiseaux noir et blanc faisaient une halte sur leur route de migration. Parfois, en débouchant sur une crête dunaire, je découvrais des flamants roses (*Phoenicopterus ruber*), quelques dizaines de mètres plus bas : ils trouvaient là un lieu de repos et un peu d'humidité, après la traversée du Sahara.

Bien que l'eau de la petite mare ait été douce je ne l'utilisais pas, trop d'animaux y venaient boire. Toutefois, l'eau contenue en profondeur dans le sable des dunes était ma seule boisson ; entre deux dunes, je creusais un trou profond de près d'un mètre : un peu d'eau s'y accumulait, filtrée par le sable ; j'en emplissais ma gourde et y ajoutais un comprimé d'Hydroclonazone pour éviter les contaminations bactériennes.
Je savais trouver sur place non seulement de l'eau, mais aussi un minimum de nourriture : je n'avais pas à m'encombrer de provisions de bouche ! Sur l'immense plage déserte qui s'allonge sur plus de 150 km, jusqu'à l'embouchure du fleuve Sénégal, je récoltais des cébettes (*Donax* sp.) ; ces jolis petits coquillages brillants pullulent, à peine recouverts de sable humide. Vite ouverts avec le couteau Opinel, aussi vite mangés, ils sont délicieux.
Dans les petits lambeaux forestiers appelés « niayes », près du Lac Tanma, quelques petits palmiers dattiers sauvages (*Phoenix reclinata*) m'offraient leurs petites dattes, sèches, mais de goût excellent.
Au pied du massif dunaire, une niaye est peuplée de palmiers spontanés, palmiers à huile (*Elaeis guineensis*) et dattiers sauvages (*Phoenix reclinata)* ; sous leur ombrage, une orchidée haute de 1 m, à fleurs pourpre sombre, *Eulophia alta*.
Près de 40 ans plus tard, en 2002, je suis revenue dans le massif dunaire. La sécheresse sévissait alors. Le sable des dunes s'écoulait et ouvrait de larges couloirs nus qui éventraient les niayes, le dessèchement du climat avait condamné ces petits ilots boisés pleins de vie et de fraîcheur. Je n'ai pas retrouvé d'inter-dunes humides. Les suintements d'eau douce au pied des dunes s'étaient, pour la plupart, taris.
Des « céanes », comme on les appelle en Afrique de l'Ouest, avaient été creusées, ce sont de simples cuvettes peu profondes où sourd l'eau de la nappe aquifère des dunes ; elles permettaient aux habitants des petits hameaux d'arroser quelques choux, quelques pieds d'aubergines après la saison des pluies. Malheureusement le volume de la réserve d'eau douce de la nappe des dunes est limité ; si son exploitation s'est poursuivie, et si la pluviométrie n'a pas augmenté significativement, l'eau des céanes n'est probablement aujourd'hui que celle de la nappe salée sous-jacente, ou s'est tarie…
L'amenuisement des niayes n'est pas le seul changement survenu par la suite. En 1960, le trajet de Dakar à Saint Louis (240 km environ) se faisait en voiture par la plage, à marée basse ; et 40 ans plus tard, une

route goudronnée reliait Dakar à Saint Louis en traversant le lac Tanma, craquelé de sel.

Albert. Claudie et moi avons aussi vécu une rencontre avec un serpent… rencontre qui aurait pu mal tourner ! Mais ce n'était pas dans des dunes.
Au cours d'un séjour au Cameroun dans l'Adamaoua, en 1970 ; nous voulions photographier des Orchidées, des *Eulophia* aux belles fleurs colorées. Nous gagnons à pied une forêt claire, marchant à quelques mètres l'un de l'autre parmi les buissons, passant de l'ombre claire des arbres drapés de lianes, au soleil chaud.
Alors que je m'éloigne de quelques mètres en pensant avoir vu la haute grappe fleurie d'un *Eulophia cucullata* au large labelle rose, j'entends Claudie pousser une exclamation ; je reviens vers elle, je sens alors un de mes pieds glisser : j'avais mis le pied sur un serpent. Je m'écarte rapidement, le serpent disparaît dans les herbes.
M'approchant d'elle, je vois une coulée de liquide blanchâtre sur son cou ; elle n'est pas blessée, ne souffre pas : un coup de mouchoir et nous continuons nos recherches. De retour au campement, la peau atteinte par le liquide est gonflée, très irritée et douloureuse ; nous pensons qu'un bon lavage à l'eau savonneuse suffira ; cependant un guide lui dit : « vous avez-été attaquée par un naja cracheur. Il faut aller voir la pharmacienne du village dès demain matin ».
Ce serpent était un grand cobra cracheur noir (*Naja nigricollis*), serpent long de près de 2 m ; son dos est sombre et uni, son ventre, clair. La base de la tête est élargie de part et d'autre de la gueule, donnant la silhouette classique du cobra ; ces élargissements latéraux contiennent de grosses glandes à venin.
On rencontre souvent ce serpent dans les steppes et les savanes sèches africaines ; il se nourrit de rongeurs et peut se défendre contre des animaux plus gros en projetant son venin à plus de 2 m de distance, en direction de la tête de l'agresseur. Son venin est très irritant pour la peau et peut même faire perdre la vue s'il atteint les yeux.
Le lendemain, le menton de Claudie est bien plus enflé que la veille. Le guide nous dépose devant une petite échoppe tenue par une vieille dame d'origine française, pharmacienne, qui nous rassure et nous confirme le diagnostic du guide : « Ce n'est pas grave, je vais vous donner une pommade que vous mettrez matin et soir et dans quelques jours, tout ira bien ». Ce fut le cas !

Claudie a eu de la chance : elle n'a été atteinte qu'au bas du visage et non aux yeux ! Et enfin si son agresseur, bien que très venimeux, ne mord que rarement, sa morsure injecte un venin cardiotoxique qui peut entraîner la mort.

Des petites bêtes et des hommes

Le monde des petites bêtes, insectes, scorpions ou autres, passe souvent presque inaperçu ; cependant nombre de ces animaux sont venimeux, certains mortels. Ils sont plus abondants qu'on ne le pense, nous en avons vu souvent…

Aline. On les rencontre toujours par hasard...
Sénégal, 1960… Au nord du Cap Vert, j'explore une steppe au sol sableux sur un monticule néolithique de coquilles qui porte un maigre couvert herbacé, parsemé de rares buissons dans lesquels grimpent les tiges fragiles de *Gloriosa simplex* (Colchicacée) aux fleurs somptueuses. Ici et là, quelques belles fleurs m'attirent, une Orchidée à fleurs roses (*Eulophia guineensis*), une sansevière (*Dracaena senegambica*, Asparagacée) dont les longues fleurs laissent couler de grosses gouttes de nectar, et bien d'autres plantes apparues en saison humide.

Je repère les belles fleurs bleues de *Commelina forskalaei* (Commélinacée) ; je sais que cette plante produit aussi des fleurs souterraines qui ne s'épanouissent pas, mais sont néanmoins fertiles. J'écarte donc à la main quelques coquilles, vieilles de plusieurs siècles, et je découvre… un beau scorpion blond (*Androctonus amoreuxi*), long d'au moins 8 cm, queue dressée et fines pinces ouvertes : j'ai l'impression qu'il me regarde et me menace. Je retire vivement ma main, me relève et abandonne l'observation de la plante. On considère ce scorpion comme l'un des plus dangereux du monde, responsable de nombreux accidents mortels.
Je me méfie encore plus des scorpions que des serpents : si l'on est vigilant on peut voir, ou entendre, un serpent ; à cause de sa discrétion un scorpion semble plus traître.

La queue du scorpion se termine en un aiguillon courbe connecté à une glande à venin ; l'animal dresse sa queue pour attaquer, puis abat brusquement l'aiguillon sur sa proie, ou son adversaire, et injecte son venin.

Albert. Et le fameux scorpion « imperator », tu l'as rencontré ?

Aline. Oui, c'était dans la grande forêt équatoriale de l'extrême sud du Cameroun, la région où se rejoignent les frontières de trois pays : Cameroun, Gabon et Guinée Equatoriale (Rio Muni).
Sur les feuilles rousses et mouillées qui couvrent le sol, je perçois un mouvement à environ 2 m de moi ; une bête longue de 20 cm, noire, pinces et queue dressées, approche rapidement de mes pieds : un grand scorpion, le *Pandinus imperator*, le plus grand des scorpions... Ses grosses pinces sont impressionnantes, son corps luisant a des reflets verts et bleus, sa queue arquée, dressée, se termine par un fort aiguillon menaçant. La piqûre de *Pandinus imperator* est réputée très douloureuse mais on dit qu'elle n'est pas mortelle... je préfère quand même esquiver son attaque. Il change de direction et court vers les pieds de l'un de mes compagnons qui saute de côté ; le scorpion, agressif, tente d'attaquer les pieds les plus proches ; il fait demi-tour, revient vers moi, pinces ouvertes, queue arquée, aiguillon dirigé vers mes pieds, puis vers les pieds d'un autre compagnon.
Je saute à nouveau et lui laisse le champ libre. Nous nous éloignons rapidement.

Albert. Sais-tu que dans le nord du Mexique, dans les forêts de grands conifères, les enfants capturent les scorpions, les font cuire sur un petit feu et... les mangent comme des écrevisses ? Ils m'ont gentiment proposé d'en déguster avec eux ; je les ai remerciés mais n'y ai pas goûté.

Aline. Les scorpions ne sont pas rares, mais les fourmis sont bien plus nombreuses et certaines... fort déplaisantes. Elles sont les pires ennemies du botaniste ; ces vilaines petites bêtes m'ont causé tellement de désagréments !

Albert. Quand vous vous arrêtez de marcher dans la nature, ou pire si vous vous asseyez, vous devenez le terrain de chasse d'escouades de fourmis ; vous ne les aviez pas vues, mais elles, elles vous ont vu ! Elles accourent et montent à l'assaut du malheureux botaniste.

Aline. Voici une méchante aventure qui m'est survenue en forêt équatoriale, dans l'extrême sud du Cameroun, aux confins de la frontière du Gabon, au début des années 1960.
Entre les très grands arbres, d'autres moins hauts entretiennent une ombre verte et humide sous laquelle s'épanouit tout un monde de plantes de toutes tailles. Çà et là, de gros rochers moussus, suintants d'humidité, se dressent dans le sous-bois.
Sur une paroi rocheuse abrupte, une unique feuille horizontale, étroite, longue de 15 cm, émerge de la mousse, accompagnée de petites fleurs rosées. C'est un *Acanthonema* (Gesnériacée). Je décide de dessiner cette plante sur place. Je m'assieds sur l'épaisse couche de feuilles mortes mouillées du sous-bois ; je prépare papier et crayons de couleur et me mets au travail. Le dessin avance vite. Alors qu'il est à peine fini, je ressens une vive douleur sur le dos de ma main gauche, je lâche mon matériel ; une très petite fourmi noire, longue de moins de 2 mm… entre deux de mes doigts.
La douleur diffuse jusque dans le bras où j'éprouve une sensation de pesanteur. Le lendemain, il m'est difficile de bouger ce bras ; pendant quatre jours, il restera presque paralysé. Dire que je ne sais même pas le nom scientifique de cette vermine…

Albert. Heureusement que c'est une seule fourmi qui t'a attaquée ! Tu aurais été fort mal en point si une colonie de fourmis aussi venimeuses t'avait assaillie.

Aline. En effet. Les fourmis qui forment d'immenses colonies sont redoutables ; j'ai eu affaire avec les fourmis magnans du genre *Dorylus*. Et j'en ai un mauvais souvenir. C'était au Mali.
En as-tu déjà rencontré ?

Albert. Cela m'est arrivé, avec mes amis Hayon ; ce n'était pas des magnans, mais ça ne valait pas mieux ! je te raconterai.

Aline. Voici l'histoire de l'attaque des fourmis magnans, c'était en 1959. Jean et moi sommes allés au Mali, dans un avion quadrimoteur à hélices partant de l'aéroport du Bourget : l'aéroport d'Orly n'existait pas encore, et Roissy encore moins ! Le vol faisait escale à Nice, puis à

Casablanca, ensuite à Dakar, pour enfin atteindre Bamako ; le voyage durait un jour et demi, les repas étaient servis dans des assiettes en porcelaine.

Jean et moi avions pour mission de prospecter, au Mali, la vaste zone d'inondation de l'immense fleuve Niger. En aval de Bamako, en saison sèche, la largeur du fleuve atteint 3 km, mais lors des crues annuelles, elle peut dépasser 10 km.

Nous campions au milieu d'un ancien jardin abandonné, dans une maison, alors vieille de cinquante ou soixante ans peut-être, presque en ruine, un ancien Centre Agronomique, très proche du lit majeur du fleuve.

Une allée de grands arbres dont l'écorce rousse se desquame par plaques, des caïlcédrats (*Khaya senegalensis*, Méliacée) ; ce grand arbre peut dépasser 30 m de hauteur, son tronc peut atteindre 2 m de diamètre. Son bois est l'un des « acajous » exploités pour leur grande qualité. Il est spontané dans les savanes africaines ; on le plante dans de nombreux pays tropicaux. Cette allée conduisait à l'enclos dans lequel proliféraient plusieurs espèces d'*Acacia* sauvages très épineux, tels que *A. ataxacantha* (Fabacée, Mimosoïdée), aux épis de fleurs blanches. Des vestiges d'anciennes plantations ornementales survivaient dans les broussailles : un grand tulipier du Gabon (*Spathodea campanulata*, Bignoniacée) épanouissait ses larges fleurs rouges en gobelets dressés ; dans son ombre, un arbuste couronné de grappes de fleurs orangé vif, aux longues gerbes d'étamines rouges, un « orgueil de Chine » (*Caesalpinia pulcherrima*, Fabacée Cesalpiniacée, comme son nom l'indique, « très beau »).

La vieille maison, ombragée par un grand manguier (*Mangifera indica*, Anacardiacée) dont les fruits pendaient, comprend trois pièces en enfilade, la cuisine à une extrémité.

Voici qu'un matin, très tôt, nous percevons un léger murmure dans les herbes du « jardin » ; le bruissement s'accroît ; nous pensons qu'un rat palmiste (*Xerus erythropus)* cherche quelque graine à ronger. Nous regardons depuis la terrasse et découvrons une immense colonne de fourmis longue de plusieurs centaines de mètres et large de 30 à 40 cm, qui approche lentement vers la maison : des « magnans » (*Dorylus nigricans*). C'est le nom donné en langue bambara à ces fourmis redoutables.

Les magnans, ou « fourmis légionnaires », vivent en colonies pouvant atteindre plusieurs millions d'individus ; une colonie de fourmis migre

et avance sans s'arrêter, même la nuit, à la vitesse de 10 à 20 m par heure. La colonne est formée de petites bêtes, des ouvrières, longues d'un bon centimètre, noires, luisantes, serrées les unes contre les autres. Elle est encadrée et protégée par de grosses fourmis-soldats, longues de plus de 2 cm ; leur tête énorme est armée de très grandes mandibules. Les soldats se tiennent de part et d'autre de la colonne, perpendiculairement au sens de la marche, les mandibules ouvertes et dressées, orientées vers l'extérieur : ils sont prêts à attaquer l'intrus qui approcherait. A l'avant de la colonne, des soldats déblaient la route et laissent une piste odorante que la troupe d'ouvrières suit.
Impossible d'approcher la colonne, ni d'essayer de l'arrêter sans que des soldats ne se précipitent ; ils attaquent, mordent à travers le tissu du pantalon, infligent des morsures qui saignent. Nous reculons.
La colonne de fourmis envahit notre enclos depuis la savane alentour.
En restant à distance, nous remontons cette colonne grouillante ; horreur, les fourmis ont déjà investi la cuisine en passant par la fenêtre. Vite, protéger notre matériel et nos récoltes.
Nous faisons le tour de la maison, entrons dans une pièce : quelques grosses fourmis sont déjà passées sous la porte : ne nous approchons pas... L'attaque est sérieuse, la cuisine est perdue, il faut arrêter l'invasion, sinon elles occuperont les deux autres pièces l'une après l'autre et détruiront tout ce qu'elles contiennent.
Ce sont des insectes non venimeux, capables de pincer cruellement, sans desserrer ensuite leurs terribles mandibules. C'est tellement vrai qu'en médecine « de brousse », pour suturer une blessure, on en rapproche les bords, on les fait pincer par un soldat, et... on coupe son abdomen. Les mandibules resteront contractées jusqu'à la cicatrisation de la blessure.
Au temps où le Centre Agronomique fonctionnait, on a arrêté, un soir, un homme pris en flagrant délit de larcin ; en attendant que les gendarmes viennent le chercher le lendemain matin, on l'a enfermé dans un pigeonnier désaffecté. Au matin, on n'a retrouvé que son squelette : une colonne de magnans était passée pendant la nuit. Quelle mort terrible pour cet homme, dévoré vif.
Il est illusoire de vouloir lutter physiquement contre les magnans ; par leur nombre, leur habileté, leur détermination, elles attaquent tout être vivant et le dévorent.
La seule arme dont nous disposons : le pétrole ; nous savons que les fourmis qui s'aventurent sur un sol humecté de pétrole meurent. Nous filons en voiture acheter un jerrycan de pétrole. A notre retour, nous ne

pouvons plus entrer dans la pièce qui jouxte la cuisine, les vandales l'occupent. Nous versons un large filet de pétrole auquel l'avant de la colonne de fourmis vient se heurter. Celles qui touchent la zone fatale crèvent ; la formidable poussée en avant de la grande colonne en amène toujours de nouvelles, elles meurent à leur tour ; nous versons encore du pétrole ; les petits cadavres noirs s'entassent. Dans le jardin, la colonne se divise, une branche s'écarte du gros de la troupe et se dirige vers le côté de la maison, comme pour contourner la zone toxique : attention, il ne faut pas que les fourmis pénètrent dans la maison par une autre issue. Nous leur barrons la route avec des filets de pétrole. Les survivantes reforment la colonne et s'enfuient.

La pièce où nous avons notre matériel est sauve, l'odeur de pétrole qui règne partout est presque insoutenable. Des heures plus tard, plus rien ne bouge, des masses de cadavres semblables à du sable noir couvrent deux pièces de la maison et une partie du jardin… Une odeur âcre d'acide formique se mêle à celle du pétrole. Il ne nous reste plus qu'à balayer les cadavres de millions de vaillantes, mais méchantes, petites bêtes cruelles et obstinées qui nous auraient dévorés. Ces fourmis dangereusement voraces ont toutefois leur utilité, elles nettoient la brousse des déchets et des cadavres, animaux ou végétaux.

La soif

Aline. Un matin, je marche parmi les hautes touffes d'herbes sèches entre lesquelles apparaît le sol caillouteux et nu. C'était au Sénégal oriental, dans les grandes savanes sèches de la région de Tambacounda, en 1960. Jean et moi faisions chaque jour plus de 10 km à pied, ne nous arrêtant que pour examiner des fleurs, des fruits… ou pour observer un oiseau.

Je pose le pied sur une grande branche d'*Acacia tortilis* subsp. *raddiana* (Fabacée, Mimosoïdée) tombée au sol, que je n'avais pas vue. La branche, ramifiée, est sèche. Elle tourne sous mon pied, l'une de ses ramifications vient brutalement heurter l'arrière de mon mollet ; je ressens un choc violent et… ma jambe est prise, comme dans un piège. La branche a planté une de ses longues épines dans mon mollet ; le pantalon est cloué sur l'arrière de ma jambe. Sans attendre de ressentir

la douleur, j'arrache l'épine ; à l'avant de la jambe, près du tibia, perle une goutte de sang : l'épine blanche, droite et lisse, longue de 10 cm, a entièrement traversé le muscle du mollet.
Je poursuis ma marche… J'ai eu le mollet bleui et raide pendant quelques jours.

Albert. Le Sénégal oriental, c'est déjà presque le Sahel. As-tu beaucoup circulé dans le Sahel ?

Aline. Oui. Dans les années 1980, avec des collègues, nous avons beaucoup travaillé dans le Sahel. Nous y faisions de la recherche agronomique dans les champs de céréales, sorgho aux grappes pendantes, ou mil aux épis raides et dressés ; les tiges de ces deux céréales essentielles s'élèvent à 3 m de hauteur !

Albert. Quelle idée de cultiver de si grandes céréales au Sahel ?

Aline. Ces grandes tiges robustes sont très utiles aux habitants. Sous ce climat, les matériaux sont rares. Les paysans assemblent les tiges de céréales pour faire des nattes, sortes de tapis de paille tissée, ou des cloisons, ou encore pour couvrir les cases ; les feuilles, même sèches, nourrissent les chèvres, les moutons et les maigres zébus.
Le sol de gravillons latéritiques rouges est un substrat pauvre, sur lequel les cultures ont un très faible rendement.

Albert. J'imagine qu'il fait très chaud dans ces champs de céréales géantes ?

Aline. La température à l'ombre, même sous abri ventilé, dépasse 45 °C.
Le soleil, blanc au zénith, tombe droit entre les hautes tiges des céréales parmi lesquelles nous circulons ; la chaleur torride coule sur les épaules : dans le champ, elle dépasse 55 °C ; les affleurements rocheux sont à 60 ou 65 °C.
Les longues feuilles des céréales éraflent la peau. Pas un souffle d'air. La sueur ruisselle, brûle les yeux ; tant pis, nous sommes ici pour étudier les plantes, nuisibles aux plantes alimentaires, responsables de la malnutrition permanente dans le Sahel.
La sueur mouille les vêtements ; en séchant, elle laisse de larges auréoles blanchâtres, témoins de la perte massive de nos sels minéraux.

Il faut boire, compenser les pertes.
Première nécessité pour la survie, de l'eau : pour moi, 5 litres par jour. Seconde nécessité, bloquer la fuite des sels minéraux en avalant une demi-cuillerée à café de sel de cuisine dès qu'on ressent une crampe due à la déminéralisation par sudation excessive ; le sel permet de retenir les minéraux dans l'organisme.

Albert. C'est un truc efficace pour lutter contre la chaleur et la fatigue !

Aline. Oui, et il y a, sinon une solution, au moins une aide : avoir dans sa poche une noix de cola enveloppée d'un linge humide, préalablement bien nettoyée en raison des germes qui ont probablement proliféré au cours d'un voyage de 1 000 km !
Les paysans de la région, ceux qui peuvent en acheter de temps en temps, se « dopent » à la noix de cola. Le colatier (*Cola nitida*, Sterculiacée), bel arbre des forêts humides d'Afrique occidentale, est cultivé pour ses noix en Côte d'Ivoire, au Cameroun, au Congo. Des vendeurs en proposent aux chalands sur les petits marchés, presque jusqu'au Sahara. Brunes ou rougeâtres, grosses comme de belles châtaignes, les noix de cola sont rangées sur un petit plateau, gardées fraîches sous un chiffon maintenu humide tout au long du voyage, depuis le pays où on les cultive.
Quand la fatigue, la chaleur, la déshydratation font tourner la tête, j'en croque un tout petit morceau que je mastique longuement. Son goût est très amer, astringent. Rapidement je retrouve de l'énergie, mes idées s'éclaircissent, soif, faim et lassitude s'atténuent : grâce à la noix de cola, je tiens le coup plus longtemps.
Sa teneur en caféine (environ 3,5 %) fait de la noix de cola un stimulant, tonifiant et euphorisant, réputé ne pas entraîner de dépendance.

Albert. Lors de tes séjours dans les régions chaudes et sèches d'Afrique, as-tu vraiment connu la soif ?
La soif est peut-être le pire ennemi du voyageur, dans l'Afrique sèche ; c'est celui qui survient rapidement et fait perdre forces et lucidité. Ceux qui ne connaissent pas ces conditions penseront que le vrai danger, ce sont les serpents ou les fauves... quelle erreur !

Aline. Évidemment, la soif est la dangereuse compagne de celui qui marche dans le Sahel, c'est un signal impératif : il faut, sans tarder,

l'étancher. La soif peut conduire aux limites de la résistance ; cette soif, je l'ai connue.
Au début des années 1960, notre équipe est au Cameroun, nous explorons des régions où des botanistes ne se sont pas encore aventurés, ou ne sont passés que rapidement, il y a bien des années. Tu connais le Cameroun, tu l'as visité, je sais que tu as trouvé ce pays très intéressant par la diversité de ses milieux.
Notre équipe est réduite, Jean, un forestier et un chauffeur de Yaoundé, et moi ; nous nous déplaçons dans un camion Hanomag 4x4 vieux d'au moins 15 ans, propriété des Eaux et Forêts.
Nous partons en direction de l'Adamaoua, région de hauts plateaux à l'altitude de 1 000 m et plus, dominés, çà et là, par de beaux massifs montagneux qui dépassent 2 700 m. Plus de 1 000 km au sud, le mont Cameroun dépasse 4 000 m. Nous sommes en saison sèche, en mars 1963 ; en saison des pluies, la circulation aurait été impossible sur les pistes de terre, molles et glissantes, inondées en bien des endroits. Nous nous engageons sur une piste bien tracée, régulièrement empruntée par des piétons et des ânes, mais où aucune voiture n'est peut-être encore jamais passée. La piste franchit plusieurs petites rivières sur des troncs posés en travers, pas toujours dans l'axe de la piste, et parfois rongés par les termites : les passages sont risqués.
Au franchissement de l'une de ces rivières, un tronc casse et une roue avant de notre camion tombe dans le vide ; heureusement les autres troncs tiennent bon. Nous abattons quelques petits arbres et disposons soigneusement troncs et branches pour consolider le pont, nous repartons...

Albert. Vous êtes dans des régions mal connues, où voitures et camions sont certainement rares.

Aline. Les quelques habitants se déplacent à pied, les marchandises voyagent à dos d'homme ou à dos d'âne.
Nous dépassons un village de quelques cases, entouré d'une haie très dense, haute de 2 ou 3 m, faite de rameaux grisâtres dressés : c'est une haie d'euphorbe cactiforme, *Euphorbia unispina* (Euphorbiacée), fréquente dans la brousse ; ses rameaux charnus, d'un diamètre de 3 ou 4 cm, sont garnis d'épines.
Je récolte un rameau de l'euphorbe, portant de petites fleurs jaunes ; le latex blanc coule à grosses gouttes. Toutes les euphorbes renferment un tel latex, celui des euphorbes cactiformes est particulièrement

dangereux : très toxique, il est en outre caustique, irritant pour la peau et les muqueuses ; une trace dans l'œil peut entraîner la cécité.
Le rameau récolté est mis en presse, il ira rejoindre, plus tard, les collections du Muséum.
Je n'ai pas d'eau pour me laver les mains, je les essuie aussi soigneusement que possible.
Quelques heures plus tard, la sueur coule sur mon front, j'y passe la main ; je ressens aussitôt une violente brûlure à l'œil ; une trace de latex a suffi… Plusieurs lavages au sérum physiologique, j'en emporte toujours sur le terrain, atténuent temporairement la douleur qui persistera plus de deux jours ; il n'y a pas eu de suite, heureusement.
Les habitants considèrent cette euphorbe comme un démon protecteur. On comprend pourquoi les villages de cette région sont entourés d'une haie d'euphorbe. On accède au village par une étroite brèche ouverte dans la haie, brèche qu'on ferme le soir avec une brassée de branches épineuses d'*Acacia* ; nul ne peut entrer, ni homme ni bête.

Albert. Quand on prospecte en brousse, loin de tout, il faut s'attendre à se faire de petits « bobos », sans gravité à l'instant, mais qui peuvent poser problème plus tard.

Aline. Bien sûr, le travail de terrain n'est pas sans risques.
Non loin du village entouré d'*Euphorbia unispina*, nous traversons un petit village de quelques cases ; nous saluons un homme qui nous parle d'un grand marais dans la savane, un peu plus loin. Nous décidons d'y aller, peut-être aurons-nous la chance d'y trouver des plantes qui fleurissent en saison sèche, moins connues des botanistes que celles qui poussent en saison des pluies. Notre informateur nous propose une case pour la nuit. Au point du jour nous partons pour une marche en savane. Le chauffeur nous attendra au village, nous partirons donc à trois, mon mari, le forestier et moi.
J'avais préparé un petit sac d'arachides grillées pour grignoter au cours de la journée ; mais au petit matin, je trouve mon sac éventré… ne restent que des cosses vides : un rat palmiste, écureuil terrestre à queue hirsute, était venu visiter la case où nous dormions.
Nous avançons dans la savane sèche ; nous emportons chacun une gourde d'un litre d'eau, suffisante pour une courte balade en savane. Rapidement le soleil devient brûlant. Pas une ombre, pas un souffle, la chaleur tombe sur nos épaules comme du plomb fondu. Nous buvons

une gorgée d'eau de plus en plus souvent. Les gourdes s'épuisent, sans d'ailleurs étancher la soif.
Apparemment pas de trace humaine dans cette vaste savane, sauf une petite case, isolée au bas d'une pente : quelqu'un vit peut-être ici, en complet isolement.
Nous marchons… Le marais est beaucoup plus loin que nous ne le pensions. La soif martèle mes tempes.
Nous entrons enfin dans une plaine inondable en saison des pluies, peuplée de *Thalia geniculata,* grande Marantacée de marécages, qui forme des fourrés hauts de 2 à 3 mètres ; en cette saison tiges et feuilles sont desséchées, raides et enchevêtrées. Toute la végétation paraît morte.
Pendant la saison des pluies, quand le marais est en eau, la fleur mauve du *Thalia* déploie une surprenante stratégie de pollinisation que nous aurions aimé observer : un épanouissement explosif ; en effet, le style, organe femelle de la fleur, est retenu en tension par une sorte de pétale (étamine transformée) en forme de capuchon. Lorsqu'un insecte introduit sa langue dans la fleur, le style jaillit brusquement, la secousse provoque une explosion des étamines qui catapultent les grains de pollen sur l'insecte.
Nous trébuchons dans les buttes et les creux secs masqués par les grandes feuilles de *Thalia.* Les feuilles sèches de *Nymphaea* (Nymphéacée) s'étalent sur le sol craquelé.
La chaleur étouffante, la soif… je lutte contre l'étourdissement ; j'éprouve l'envie de vomir.

Nous le trouvons, enfin, ce fameux marais ; ce n'est plus qu'une flaque boueuse piétinée et souillée par les buffles. Sale, puante. Aucune plante intéressante.
Déçus, fatigués, assoiffés… ; la température dépasse probablement 45 °C à l'ombre ; nous faisons demi-tour.
Mon pied bute… sans obstacle ; je tombe, je me relève. Je tombe de plus en plus souvent, sans raison.
Je vois, devant moi, un grand verre de lait très frais, la buée se dépose sur sa paroi ; une goutte se forme, descend lentement tout le long du verre. L'image se dissout… une hallucination !
Mes jambes avancent mécaniquement, je ne les contrôle plus, je n'ai plus vraiment conscience de ce qui m'entoure, mes compagnons sont-ils encore là ?

Nous retrouvons enfin la petite case isolée vue à l'aller. Un vieil homme y habite seul. Nous lui demandons de nous laisser prendre un moment de repos à l'ombre, dans sa case. Je m'effondre sur sa couchette faite de feuilles de palmier raphia tressées ; il a compris, il s'absente.
Il revient, tenant à deux mains une grande cuvette émaillée blanche, pleine d'eau claire ; il l'approche de mes lèvres ; j'avale au moins un litre et demi d'eau, sans presque reprendre mon souffle ; mon estomac glougloute, je revis, enfin ! Au fond de la cuvette bien propre nage un têtard que la main calleuse du vieux paysan éloigne doucement de ma bouche.
Tous les trois nous buvons à satiété ; le vieil homme nous donne des arachides crues que nous dévorons ; désaltérés, restaurés, reposés, nous remercions généreusement notre sauveur et reprenons notre marche vers le village où nous retrouvons notre chauffeur, il nous attend avec le vieux petit camion lourd et trapu.

La montagne perdue

Albert. Tu m'as dit que vous aviez un bon camion 4x4 et un chauffeur compétent ; vous n'avez donc aucun problème pour vous déplacer et peut-être avez-vous aussi une réserve d'eau potable dans le camion ?

Aline. Bien sûr, et nous remplissons les jerrycans chaque fois que nous trouvons de l'eau claire, à laquelle nous ajoutons des comprimés désinfectants d'Hydroclonazone, qui donnent à l'eau un goût désagréable. Chacun porte, dans son sac à dos, une gourde de 2 litres. Dans les montagnes, il arrive que nous rencontrions des ruisselets, des sources, qui permettent un renouvellement facile de l'eau de nos gourdes.
Au Nord-Cameroun, nous avons prospecté plusieurs massifs montagneux ; en altitude, la flore est fascinante, toujours différente de celle des plaines et souvent peu connue. Les montagnes, en dehors des itinéraires faciles, sont restées longtemps difficiles d'accès ; certaines le sont encore.

Début avril 1963, dans l'Adamaoua ; nous sommes quatre, un forestier de Yaoundé, Jean, moi, et le chauffeur ; nous allons vers le nord par étapes et arrivons à Bafia, qui n'était encore à l'époque qu'un gros village ; nous y séjournerons quelques jours.
Nous allons saluer le sous-préfet pour l'informer de notre présence dans la région et de notre intention d'explorer la montagne, il nous propose aimablement de loger dans la case de passage de la sous-préfecture.
Nous acceptons avec plaisir sa proposition ; nous sommes bien installés et pouvons préparer les échantillons récoltés les jours précédents. La halte à Bafia nous permet de reprendre des forces et de faire le plein de carburant, d'eau et de riz.

Albert. Les échantillons de plantes récoltés sur le terrain ne se conservent pas, ils fanent vite, sont attaqués par les moisissures.
Comment préparez-vous vos récoltes ?

Aline. Sitôt après la collecte, nous les « mettons en presse » pour les aplatir et les préparer au séchage.

Fig. 3. Une presse à herbier.
Cliché ARR.

Albert. Dans une « presse à herbier » ?

Aline. Oui, elle est constituée de deux grilles métalliques de 30 x 45 cm, entre lesquelles on empile des chemises de papier journal de même format ; le tout est serré par une sangle.
Les échantillons, dans leurs chemises, seront mis à sécher dès que possible, à l'abri de la pluie.
Nous sommes en route pour plusieurs semaines, nos récoltes sont abondantes, pour assurer leur conservation nous avons emporté un séchoir très simple : quatre planches formant un cadre de bois sans fond ni couvercle, haut de 80 cm au moins, large de 40 cm, sur lequel les presses pleines d'échantillons sont posées sur la tranche ; au sol, au milieu du cadre, un petit réchaud à butane.

Albert. L'air chaud sèche les plantes récoltées… mais les flammes doivent être courtes pour ne pas risquer d'enflammer les liasses de papier et les rameaux de plantes !

Aline. Oui ! Il faut être vigilant ! Si les récoltes sont peu abondantes les presses peuvent rester un moment au soleil.
Les plantes bien sèches se conservent sans problème, à l'abri des insectes et de l'humidité.

Albert. C'est un travail minutieux au terme duquel, je pense, les échantillons, bien secs, entreront dans l'Herbier du Muséum, Collection nationale.
Revenons à ce voyage dans l'Adamaoua.

Aline. Nous poursuivons notre route vers le nord, par une mauvaise piste.
Nous embarquons le camion pour traverser la Sanaga, belle rivière à courant rapide. Nous passerons sur un bac… son moteur est en panne depuis plus de cinq ans, des hommes doivent le manœuvrer, avec difficulté, à l'aide de plusieurs gaffes ; voilà le bac qui se met en travers, ils doivent lutter pour atteindre la rive où le camion pourra débarquer. Equipage et voyageurs sont un peu nerveux… il faut dire que ce bac en remplace un autre qui avait coulé, faisant une soixantaine de victimes il y a une dizaine d'années… Enfin nous atteignons l'autre rive.
Une cinquantaine de kilomètres plus au nord, nous nous arrêtons pour une nuit au village de Ngoro ; nous continuerons jusqu'à Banda, groupe de quelques cases, au pied d'une montagne haute de 1 500 mètres, couverte d'une belle forêt dense, encore inconnue des botanistes à l'époque ; Jean et moi décidons donc de la prospecter. Pour les habitants des villages voisins, c'est un lieu sacré ; ils pensent en effet que la montagne est habitée par des puissances occultes qu'ils vénèrent. Les villageois des plaines alentour n'y pénètrent jamais, il n'y a donc aucun sentier : la forêt en est d'autant plus difficile d'accès.
A l'approche du dernier village accessible en camion, nous traversons une petite rivière encaissée, sur un pont fait de quelques troncs plus ou moins attaqués par les termites. Nous prévoyons de partir à pied le lendemain vers la montagne, Jean, le forestier et moi ; le chauffeur nous attendra au village avec le camion. Le village sera notre camp de base, les villageois nous y accueillent aimablement.

Départ le lendemain au lever du jour en direction de la montagne, éloignée peut-être d'une huitaine de kilomètres ; nous marchons dans une savane encombrée de gros blocs de granite arrondis. Ni piste, ni trace que l'on puisse suivre ; aucun repère, sauf la masse sombre des pentes couvertes de forêt.
Nous emportons de la nourriture pour quelques jours, une bâche pour nous abriter ; dans le sac à dos, j'ai deux gourdes d'eau, une petite trousse de premiers secours, le matériel photo et le carnet de notes. « Mes » hommes se chargent de gourdes, d'une bâche, d'une bonne poignée de vieux journaux et de deux presses à herbier pour préparer le matériel végétal que nous récolterons.
En route !

Soudain le forestier se jette sur moi, me plaque au sol en murmurant à mon oreille : « Madame, le buffle ». Six grandes bêtes sauvages brun-noir, des buffles (*Syncerus caffer*), ruminent couchés dans les hautes herbes : je les avais confondus avec de gros rochers. Jean marche en avant dans des broussailles. Tu sais que les buffles sauvages ont la réputation d'être parmi les animaux les plus dangereux de la brousse d'Afrique, autant que les crocodiles. Leur poids approche 900 kg. Leurs cornes peuvent atteindre 1,50 m d'envergure ; ils peuvent charger, ils tuent des hommes chaque année. Par chance, les bêtes se lèvent calmement et s'éloignent ; nous nous relevons et reprenons notre marche vers la montagne dans une chaleur écrasante, peut-être 45 °C.

Une fois franchis les contreforts de la montagne, la pente devient plus raide, nous entrons dans une belle forêt épaisse, sombre, bien différente des savanes alentour aux arbres rabougris et espacés. De grands arbres hauts de près de 30 m abritent un petit arbre haut de 5 à 6 m seulement, aux feuilles étroites, coriaces et luisantes ; il porte un petit bouquet de fleurs blanc jaunâtre à la base de chaque feuille : c'est un houx, *Ilex mitis*, seul représentant africain de la famille des Aquifoliacées bien connue dans les pays tempérés. *Ilex mitis* n'est pas rare dans les forêts montagnardes humides d'Afrique tropicale, telles que celles du Sud-Cameroun ; pourtant, nous en sommes bien loin ici ; ce houx est probablement un vestige des forêts qui couvraient la région il y a quelques milliers d'années, le climat était alors plus humide. La forêt où subsiste cet *Ilex* est préservée depuis des millénaires en raison de son caractère sacré ; aucun villageois ne monterait dans cette forêt, ni pour y couper du bois, ni pour y chasser. La végétation est intacte, c'est une

forêt primaire inviolée ; elle n'a subi ni défrichements, ni incendies, ni cultures, elle est riche en espèces végétales et probablement animales.
Montée lente et difficile tout le jour, sans le moindre sentier ; chacun de « mes » hommes ouvre, tour à tour, une « trace » à la machette, juste assez large pour une seule personne. Nous avons gravi plus de 1 000 mètres en une longue journée, à travers la forêt ; nous cherchons un petit replat où camper, en effet sous ces frondaisons denses le jour décline rapidement ; mon pied bute dans une grosse racine invisible dans l'ombre ; je serre le matériel photo contre moi, je m'étale ; je me relève péniblement, un genou douloureux.
Nous faisons halte, il est déjà plus de 17 heures. Nous passerons la nuit à la belle étoile sur la bâche qui nous isole de l'humidité du sol ; l'hygrométrie est très élevée, la nuit, froide ; nous dormons peu et mal. Le lendemain matin, au petit jour, la rosée tombe goutte à goutte des feuilles ; quelques petits bancs de brume flottent dans la frondaison. Les arbres entretiennent une hygrométrie élevée ; des essences qui ont disparu des savanes environnantes trop sèches se maintiennent pourtant ici depuis le temps où le climat était plus humide. Découvrir une telle forêt est un moment inoubliable. Sur nombre d'arbres, lianes, arbustes ou plantes basses, nous récoltons des échantillons ; nous emplissons les presses à herbier…
Dans l'après-midi nous décidons de redescendre vers le soleil et la chaleur sèche.
La descente est rude, surtout pour moi, mon genou très enflé me fait souffrir ; une branche coupée me sert de canne. Le pire moment est la traversée de la savane rocheuse ; il faut, maintes fois encore, escalader des blocs, sauter de l'un à l'autre, se faufiler. Sans piste ni trace à suivre, nous avançons dans la savane, droit vers le village dont nous apercevons les toits pointus des cases.
Heureusement mes deux compagnons se sont réparti la charge de mon sac, je ne porte plus que le matériel photo ; ils peinent sous le poids des sacs et des presses à herbier. Enfin nous apercevons le village, nous allons pouvoir nous y reposer ! Nous avons l'intention d'y passer une ou deux nuits, puis de repartir avec notre camion, retraverser la rivière et poursuivre notre route vers le nord.

Quand nous approchons du village, le chauffeur qui nous attend se précipite, bouleversé, à notre rencontre : que s'est-il passé ?
Notre camion est tombé dans la rivière !

Pendant notre absence, une villageoise a été mordue par un serpent, le chauffeur a pris le camion pour l'emmener au dispensaire le plus proche… au retour, sous le poids du camion, le pont s'est effondré… Il a peur qu'on l'accuse d'être responsable de l'accident, nous le rassurons et le félicitons chaleureusement d'avoir tenté de sauver cette femme.
Malgré la fatigue, nous allons voir l'état du camion… Si, par malheur, nous ne pouvions pas le tirer de là, nous serions dans une mauvaise passe, nous devrions en effet parcourir à pied plus de cinquante kilomètres, dans la savane, en portant récoltes, eau de boisson et nourriture ; et un genou qui me fait vraiment souffrir…
En 1963, nous n'avions aucun moyen de communication pour demander des secours.
Arrivés à la rivière, que voyons-nous ?
Eh bien, le pont est fait de troncs, posés côte à côte en travers de la rivière, pourris et rongés par les termites ; ils se sont cassés en leur milieu au passage du camion. Le lit de la rivière est large de 3 ou 4 mètres environ, c'est une petite rivière encaissée qui court entre des rives abruptes, hautes de plus d'un mètre ; nous sommes en saison sèche, il y a 30 ou 40 cm d'eau. Le pont s'est effondré sous les roues avant du camion qui a basculé en avant ; l'arrière est encore en haut, sur la berge… Le camion est incliné à 45°.
Repos impératif. Demain, il fera jour… Nous aurons réfléchi, nous organiserons le sauvetage de notre brave camion. Le chauffeur est rongé d'inquiétude.
Au point du jour, nous partons pour la rivière tous les quatre, mon mari, le forestier, le chauffeur et moi.
Dans le camion, nous disposons d'une pelle, d'une hache, de deux machettes, d'un gros cric et de la trousse à outils du camion, rien de plus.
Les gars du village proposent de nous aider ; ils ont quelques machettes et quelques petites houes légères appelées « daba ». Pelle et hache sont des outils qu'ils ne connaissent pas.

Nous faisons le point tous les quatre, ébauchons un plan : le camion est planté, l'arrière sur une rive, le nez dans l'eau, il barre presque le ruisseau ; donc, première mesure, éviter que la situation ne s'aggrave. Heureusement le débit de la rivière est faible, et pourtant l'eau a déjà monté depuis l'accident. Nous décidons de creuser un petit canal en avant du camion pour permettre l'écoulement de l'eau.

Maintenant, que faire, comment ? Organisons-nous ! Le petit canal est rapidement creusé à coups de daba, l'eau baisse, l'avant du camion est maintenant presque hors de l'eau.
Jean et le chauffeur vont tenter de remettre en état de marche le moteur et la pompe d'injection, noyés. Jean, bien qu'ingénieur agronome et botaniste, avait suivi une formation de mécanique automobile en vue de son entrée à l'ORSTOM. Moi, je suis totalement incapable de toucher à un moteur Diesel, exploitons les compétences.

Donc, notre camion a piqué du nez dans le ruisseau en revenant vers le village ; si nous parvenons à relever l'avant pour le remettre à l'horizontale, et si le moteur veut bien démarrer, le camion 4x4 pourra reculer ; nous serons alors du bon côté de la rivière pour repartir : nous n'aurons pas à franchir le pont qu'il aurait fallu reconstruire…
Avec l'aide de notre forestier-traducteur, je recrute tous les hommes valides du village.
Pour l'instant, il faut remonter l'avant du camion en glissant des troncs sous le train avant. Il nous faut des arbres, nous éviterons ceux qui sont trop gros, ou dont le bois est trop dur ; il nous faut courir la savane pour choisir ceux qui conviennent. Faute de scie, nous ne pourrons les abattre qu'avec la hache du camion, mais nos villageois n'en ont jamais vu et ne savent pas l'utiliser. Au travail… Nous attaquons le chantier : je prends la hache et je leur montre comment faire sauter un gros coin de bois du côté où l'arbre doit tomber ; puis, du côté opposé faire sauter des coins jusqu'à ce que l'arbre tombe. Le plus hardi des villageois prend la hache en main mais ne sait pas comment s'y prendre : je lui montre à nouveau ; il se met au travail, mais je dois encore reprendre la coupe mal orientée, et dix fois refaire la démonstration. Heureusement ils sont habiles à manipuler la machette et savent très bien ébrancher les arbres abattus ; ils s'adaptent vite.
Cinq jours plus tard, nous rassemblons près du camion au moins 20 troncs d'un diamètre de 10 cm environ, à peu près tous de longueur égale. Maintenant, il faut étaler des faisceaux de branchages pour faire des paillassons au fond de la rivière puis y disposer les troncs, couche par couche, parallèlement au cours du ruisseau…
Nous avions bloqué les roues arrière du camion pour l'immobiliser ; il va falloir ajuster des troncs pour y poser le cric, élever le camion d'un côté, étayer, déplacer le cric sur l'autre côté, élever le camion, et ce pendant des jours ; notre objectif : atteindre presque le niveau de la berge…

Jour après jour, l'avant s'élève peu à peu ; je veille à ce que les roues avant restent sur un plan horizontal. Je guide chaque tronc que les hommes apportent et je le cale ; pendant une bonne semaine.
Les femmes du village ont la gentillesse de nous loger et de nous offrir la bouillie de mil dont tout le monde se nourrit.
Un soir, je suis épuisée ; soif, faim, fatigue, douleur du genou, je n'ai plus conscience de rien. Le chauffeur s'approche alors et me dit à voix douce « Madame, toi tellement fatiguée trop, tu pleures et tu sais pas que tu pleures » ; ce geste et ces paroles me touchent par leur bonté ; le lendemain matin, je retourne au chantier.
La remise en état de marche du moteur, le travail des « mécaniciens », progresse lentement : ni l'un ni l'autre ne sont spécialistes de ces gros moteurs Diesel ; en outre ils travaillent en permanence dans des positions difficiles, contraints de rester dans l'eau et la boue.
Une semaine encore se passe à relever l'avant du camion, centimètre par centimètre. Une semaine !
Un jour enfin, après deux semaines de labeur, le camion est encore un peu incliné, j'entends le moteur tousser, renâcler, puis lancer son gros ronronnement : nos « mécanos » ont réussi ! Un regain d'énergie nous aiguillonne tous. Le moteur est en état de marche.
Nous poursuivons le relevage du camion, lentement, tronc après tronc, paillasson après paillasson, jour après jour. Qu'importent la fatigue, la sous-nutrition, et mon genou…
Et puis… quelques jours plus tard, le chauffeur se met au volant : les deux ponts et le crabot engagés, à pleine puissance du moteur, très doucement, sans la moindre secousse, le camion recule lentement, quitte l'échafaudage, il est sur la piste ! Bravo !
Nous remercions chaleureusement et dédommageons tous les villageois, les hommes qui ont travaillé sur notre chantier, les femmes qui nous ont nourris pendant près de trois semaines.
Nous pouvons continuer notre périple… Je continuerai à clopiner !

Albert. Avec le travail de forçats que vous avez dû faire, vous preniez quand même le temps de vous nourrir ?

Aline. Oui, matin et soir les femmes nous offraient de la bouillie de mil, éventuellement accompagnée d'une soupe contenant quelques légumes frais, une poignée de grains de niébé…

Albert. A propos, vous ne mangiez guère que du mil ?

Aline. C'est une céréale très utile sous ces climats. Le mil est le *Pennisetum glaucum* (Graminée) des botanistes. On l'appelle « petit mil » ou « mil à chandelles » en raison de son long épi mince et cylindrique, dressé, raide. Plante peu exigeante, le mil tolère les sols pauvres et à la sécheresse. Ses grains ronds et luisants, plus petits que des grains de blé, sont écrasés par les femmes soit dans le grand mortier en bois, à grands coups de pilon, soit dans un petit creux de rocher à l'aide d'un caillou arrondi ; elles cuiront la farine à l'eau et, éventuellement, avec quelques légumes ou des herbes sauvages.
Tu te doutes que la bouillie de mil, cuite seule et sans sel, n'est pas gastronomique.

Paysans des montagnes

Albert. Y a-t-il encore, à cette époque, beaucoup de massifs montagneux difficiles d'accès, donc mal connus, que les naturalistes n'ont guère prospectés ?

Aline. Oui, il y en avait encore, au début des années 1960. Pour plusieurs raisons :
- les pistes praticables par les véhicules n'atteignaient pas le pied des montagnes ;
- les régions étaient très peu peuplées, il était difficile de trouver des porteurs sur place ;
- les montagnes étant souvent sacrées, les porteurs refusaient d'en faire l'ascension.

Albert. Est-ce toujours le cas, un demi-siècle plus tard ?

Aline. Oui, et non.
Des routes ont été ouvertes, les touristes sont arrivés ; les montagnes sont devenues accessibles, leur ascension n'en est pas nécessairement plus facile, en raison de la rareté des sentiers ; les touristes ne s'aventurent guère qu'en terrain connu. L'organisation d'une expédition à pied, avec des porteurs, est aujourd'hui encore aléatoire.

Par ailleurs, les voitures modernes, confortables et sûres mais relativement fragiles, ne permettent pas des incursions en pleine brousse, sur des terrains difficiles : les prospections se font donc surtout aux abords des voies carrossables.

En janvier 1965, Jean et moi avions le projet de prospecter les « Monts de Poli », massifs montagneux dont la flore était encore très peu connue. En effet, en raison du caractère sacré des sommets réputés habités par les esprits, les gens du pays, animistes, ne les gravissent jamais ; il est quasi impossible de trouver un guide local : un seul botaniste, un Français, le professeur André Aubréville (1897-1982), avait pu herboriser dans ces montagnes en 1946 dans ce massif montagneux à peu près inhabité.

Nous arrivons au village de Poli, au nord du plateau de l'Adamaoua, à l'est de la chaîne des monts Alantika qui forment la frontière entre le Nigeria et le Cameroun. Les habitations sont des cases rondes coiffées d'un toit de chaume, pointu. Entre elles, des petits greniers semblables à des cases en miniature ; construits en terre, surélevés sur des pierres, on y conserve le mil, le sorgho, les graines de niébé, à l'abri de l'humidité et des animaux destructeurs ; ces précieuses ressources seront consommées pendant la saison sèche, saison de disette.

Fig. 4. Grenier, près d'une case d'habitation. *ARR. del.*

Autrefois les habitants de la montagne élevaient de petites vaches noir et blanc, robustes et sans bosse, sur les reliefs et dans les plaines alentour. Lorsque le Cameroun devint protectorat allemand, dans les années 1880, les Foulbé, éleveurs de grands zébus à bosse, furent autorisés à occuper les plaines. La rivalité entre Foulbé et montagnards de l'ethnie Dowayo a eu vite des conséquences dommageables pour ces derniers.
Les Foulbé, commerçants, voyageurs, musulmans, et leurs grands zébus, ont repoussé dans des biotopes inhospitaliers les montagnards Dowayo, animistes, et les ont confinés en vase clos avec leurs petites vaches.
En 1965, la population Dowayo, cantonnée aux montagnes, diminue très rapidement : la consanguinité, les traditions de mutilation, la sous-nutrition… Les rares paysans que nous rencontrons sont petits et peu vigoureux. Leurs aïeux ont su travailler le fer, mais eux, ont oublié cette technologie. Ils ignorent l'argent et semblent n'y trouver aucun intérêt : le meilleur cadeau que nous puissions leur offrir, c'est une feuille de papier journal, sortie du paquet destiné à préparer l'herbier ; ils en découpent de petits morceaux dans lesquels ils roulent des herbes qu'ils fument.

Albert. Quels étaient les rites qui pesaient si lourd chez ces montagnards ?

Aline. Nous sommes hébergés par le Père Loïq, qui vit près de Poli depuis plus de 10 ans ; très bien intégré à la population Dowayo, il nous confie quelques-uns de ses problèmes et nous initie aux traditions locales.
Le culte des ancêtres se traduit par le culte des crânes, qui sont conservés dans des poteries. Tous les 3 ou 4 ans, après la récolte du mil, on les sort de leurs poteries, on les nettoie et on festoie en leur honneur. Les sacrifices humains et l'anthropophagie, à l'époque pratiques réelles, courantes dans les montagnes, se pratiqueraient peut-être encore de nos jours ; le Père en avait eu d'ailleurs une suspicion récente ; une femme ayant mis au monde des jumeaux, quelques jours après leur naissance, l'un des deux jumeaux avait disparu… les jumeaux sont réputés porter malheur.

C'est en 1962 ou 63 que se situe un évènement qui nous a été rapporté. La nouvelle administration avait érigé en règle générale l'obligation pour chacun de payer un impôt ; un percepteur a donc été envoyé dans la montagne, pour demander de payer à des gens qui ignoraient l'argent et donc n'en avaient pas. Le percepteur fut mangé rituellement, son crâne, dûment conservé, fut montré au Père, en gage de confiance à son égard…

Albert. Je ne suis pas surpris par ton récit. L'un de mes très bons amis, Marcel Lecoufle, grand spécialiste des Orchidées aujourd'hui disparu, m'a raconté que, dans ces années-là, l'un de ses neveux, jeune prêtre, était allé évangéliser une tribu de l'extrême nord du Cameroun, dans une région montagneuse reculée. Ce jeune prêtre a disparu. Une enquête de la gendarmerie a révélé qu'il avait été tué et mangé.

Aline. Depuis le village de Poli, nous avons décidé d'explorer les hauts sommets des « Monts de Poli ».
Jean, deux forestiers et moi partons à pied vers le sud. Nous espérons atteindre dès demain le Hosséré Vokré, montagne haute de 2 000 m, sa pyramide sommitale domine toute la région. Après avoir gravi une croupe facile par une forte chaleur humide, nous attaquons un terrain plus accidenté.
Vers 1 000 m, nous dépassons les derniers kapokiers, *Bombax costatum*, le tronc de ces arbres hauts d'une huitaine de mètres est garni d'épines coniques ; défeuillés en saison sèche, ils portent de grandes fleurs rouges, dressées comme des gobelets ; les graines contenues dans le fruit sont entourées de longs poils soyeux blancs, c'est le kapok.

Quelques cultures en terrasses, quelques cases, et nous voici dans une savane qui porte de rares arbres tels que *Faurea speciosa*, Protéacée à longs épis rouges, absente des savanes de basse altitude, ou encore *Uapaca togoensis* de la famille des euphorbes.
Nous sommes début février, la saison sèche est bien avancée, il n'a pas plu depuis quatre mois : la savane, verdoyante pendant la saison des pluies, est maintenant jaune et sèche. Les arbres ont perdu leurs feuilles. Au-dessus de 1 500 m d'altitude, les arbres se font très rares, rabougris ; le feu de brousse est passé ; on marche sur les grandes herbes noircies, une fine poussière noire se lève à chaque pas. Mais le feu n'est pas toujours destructeur. Ici, il est passé rapidement en début de saison sèche ; il a dégagé le sol sans détruire les souches des végétaux qui, stimulées par l'échauffement, produisent des jeunes pousses en pleine saison sèche et sont maintenant en fleurs. Les touffes d'*Echinops*

mildbraedii (Astéracée) donnent des rameaux vert-tendre et des têtes sphériques de fleurs blanc-argent ; les fleurs roses de *Sopubia simplex* (Orobanchacée) portent, dans leur cœur, des étamines noires ; ces plantes ont toutes une souche souterraine vivace que le feu ne détruit pas.

Marchant dans les cendres laissées par le feu, je remarque une de ces plantes du feu, l'étrange petit *Striga baumannii* (Orobanchacée) : sa tige fine, dressée, raide, haute d'une trentaine de centimètres, d'un vert bleuté, porte quelques minuscules feuilles et, vers son sommet, des fleurs brun foncé, larges de 1,5 mm seulement. J'arrache délicatement un petit *Striga*, cherchant à voir si ses racines sont connectées à celles d'une graminée voisine ; épaisses, charnues, en forme de carottes, longues de 2 ou 3 cm, les racines du *Striga* portent de légers renflements fixés sur les racines de la graminée : il est donc bien parasite. Je trouve deux petites feuilles rondes de ce *Striga*, sèches, plaquées au sol, que le feu a épargnées : à la dernière saison des pluies, ces deux feuilles ont nourri les racines qui ont stocké des réserves ; réserves qui permettent le développement des fleurs en saison sèche, après le feu, lorsque les larges feuilles ont séché. De retour à Paris, je publierai une note sur sa biologie.

Albert. J'imagine que vous aviez décidé d'aller explorer la montagne et que vous aviez pris toutes vos précautions pour ne pas vous égarer. Je me doute que vous aviez emporté des vivres, de l'eau, des couvertures, une carte, un altimètre et surtout une boussole. Mais vous n'êtes quand même pas partis seuls ?

Aline. Jean et moi avions l'habitude des expéditions, même risquées, et avions prévu l'indispensable, en évitant de nous trop charger. Cette fois nous ne partirons pas seuls.
Nos deux forestiers nous accompagneront, ainsi que trois hommes du village que nous avons pu convaincre, moyennant un bon salaire et des cigarettes ; ils porteront nos couvertures, un peu de nourriture et les presses à herbier ; ils sont inquiets, désorientés : ils ne connaissent pas la montagne et craignent les esprits.
L'un des forestiers parle, outre le français, la langue foulbé, langue véhiculaire par excellence ; l'un des villageois parle sa langue locale, comme quelques centaines de personnes qui habitent au pied de la montagne, et quelques mots de foulbé. On peut ainsi communiquer…

L'un des hommes du village est « sorcier » et fils du « sorcier », son père et lui-même connaissent la nature et ses usages, bons ou mauvais ; dans leur village ils sont à la fois admirés, respectés et craints. Ils connaissent les plantes susceptibles de soigner ou... de nuire, ils sont aussi rebouteux. En bavardant avec le jeune sorcier, je constate qu'il connaît de nombreuses espèces de plantes, toutefois sous leurs noms locaux.
Nous établissons une relation presque confraternelle. Il me dit que je suis une grande sorcière, c'est de sa part une marque de respect et de reconnaissance... Sur le sol rouge de latérite, il me montre une belle touffe de *Gnidia kraussiana* (Thyméléacée) aux fleurs jaunes ; je lui dis « il ne faut pas toucher, c'est un grand poison ». Il connaît bien la plante... il me confie qu'il l'utilise pour soigner les lépreux, nombreux dans la région ; et que la moitié d'entre eux peut-être, sont guéris ; quant aux autres...

Les pentes sont encombrées de blocs rocheux éboulés ; elles sont coupées de grands à-pics entaillés de ravines au fond desquelles courent de petits ruisseaux. Dans une de ces ravines, vers 1 700 m d'altitude, règne une ombre fraîche ; les quelques arbres, *Dombeya quinqueseta* (Sterculiacée), *Syzygium staudtii* (Myrtacée) et *Phoenix reclinata* (Arecacée), sont drapés d'usnées, lichens grisâtres finement rameux qui pendent longuement. Sur les branches, s'accrochent quelques épiphytes, dont un petit *Bulbophyllum cochleatum*, Orchidée à épis de fleurs vertes et brunes.
Vers 1 800 m, la végétation se fait plus rase et devient une prairie fleurie. Nombre de ces plantes sont voisines de celles des pentes européennes.
Les récoltes s'empilent dans les presses à herbier de plus en plus lourdes, les porteurs fatiguent à nous suivre ; nous suggérons alors à deux d'entre eux de descendre, avec des presses, au premier petit village où nous espérons passer la nuit : ils annonceront notre venue. Nous montons encore et dépassons l'altitude de 1 900 m ; une belle Orchidée à grandes fleurs, *Eulophia horsfallii,* dresse sa haute tige.

L'après-midi est bien avancé, nous n'avons rien mangé depuis le matin et sommes étourdis de fatigue. Nous redescendons alors jusqu'au petit village à mi- pente ; nous y arrivons peu avant la nuit. L'un de nos porteurs nous attend et nous fait dire que nous ne pouvons pas loger ici, le village est déserté, seuls deux anciens sont restés ; la plupart des cases

sont en ruines. L'autre porteur est parti avec nos bagages au village suivant, distant de plus de 6 km où nous pourrions, peut-être, passer la nuit… Parcourir encore cette distance alors que nous titubons de fatigue, et allonger d'autant la route du Hosséré Vokré demain matin… non. L'un des porteurs repart chercher le troisième et nos bagages. L'un des deux vieux du village nous vend une petite calebasse d'arachides crues.
Près des cases, sur le sol noirci par un feu de brousse récent, une meule dormante ancienne et sa molette, inutilisées depuis le départ des habitants. L'ensemble meule et molette, l'outil le plus ancien connu pour broyer les grains, est encore en usage ici ; la meule est une cavité arrondie, creusée dans le rocher par des siècles de broyage de grains, c'est une « coupelle de broyage » ; la molette est le caillou rond qui, tenu à la main, sert à écraser les grains dans la coupelle. On observe aussi des affleurements rocheux, gréseux le plus souvent, constellés de « coupelles de broyage » ; l'habitat humain est certainement très ancien dans cette région.
Nous décidons d'occuper des cases vides. Les deux forestiers, les trois villageois et nous-mêmes, nous aurons tous un abri pour la nuit.
Nous nous installons dans une case, semblable à toutes les autres. Imagine une case cylindrique d'un diamètre de 1,50 m, à mur de torchis haut d'un bon mètre au plus ; la case est coiffée d'un toit de paille conique, pointu, dont le sommet est à 2 mètres du sol. Une ouverture unique sert de porte : pour entrer, on marche à quatre pattes.
Nous frissonnons de froid et de faim, il ne fait pas plus de 15 °C. Nous ramassons une poignée de branchettes, un petit feu est vite allumé entre deux pierres, au milieu de notre case ; je fais griller les arachides sur une grille à herbier, certaines restent crues, d'autres sont brûlées, mais nous pouvons nous restaurer.
Aucune ouverture dans le toit, la fumée s'accumule, s'échappe difficilement par l'ouverture d'entrée : sous le toit l'air est irrespirable, nous devons rester assis par terre ou marcher à quatre pattes pour pouvoir respirer, mais le feu nous réchauffe.

Nos porteurs arrivent enfin et apportent couvertures et presses à herbier. La case étant trop petite pour que nous nous allongions, le feu nous interdisant de nous installer au milieu, nous nous couchons en chien de fusil, enroulés dans nos couvertures sur le sol dur, chacun d'un côté du feu. Nuit entrecoupée de réveils, il faut entretenir le feu ; mais nous nous reposons…

Au matin, couvertures repliées, nous grignotons quelques arachides crues. Deux des porteurs sont déjà redescendus directement vers le village de Poli, avec les bagages et quelques presses à herbier ; le troisième porteur reste avec nous, il se chargera des deux dernières presses.

Fig. 5. La petite case. *ARR. del.*

Nous partons à cinq, les deux forestiers, le porteur et nous, en direction du Hosséré Vokré. Nous projetons de gravir la face ouest, de franchir la montagne et de redescendre par la face nord.
Nous ne faisons pas attention à l'état de saleté dans lequel nous sommes. Sueur, crasse, terre rouge, cendres grises du petit feu mêlées aux cendres noires des feux de brousse.
Une petite source, au flanc de la pente, eau claire et fraîche ; nous emplissons nos gourdes.
Le ciel est voilé ; en approchant de 1 800-1 900 m nous entrons dans une brume dense. La pente est encombrée de rochers de granite arrondis entre lesquels se dressent les frondes de *Pteridium aquilinum* (Dennstaedtiacée), la fougère-aigle : un vrai paysage de Bretagne. L'illusion bretonne est encore plus grande quand un léger vent frais se lève. La pente est rude à monter, les blocs rocheux et les escarpements rendent la marche difficile.
Entre deux énormes rochers ronds, hauts d'une quinzaine de mètres, s'élève un grand arbre au feuillage sombre, haut de plus d'une dizaine de mètres : c'est LE *Podocarpus milanjianus* (Podocarpacée) découvert en 1946, que nul n'avait jamais revu. Cet arbre isolé est le témoin de la végétation qui couvrait la région lorsque le climat était plus humide.
La pente est de plus en plus abrupte, nous approchons de la pyramide sommitale rocheuse du Vokré. Une troupe d'antilopes bondissantes jaillit d'entre les rochers à une trentaine de mètres de nous ; elles s'enfuient derrière un ressaut.

Nous contournons la pyramide, l'heure avance, il nous faut redescendre…
Nous cherchons un passage praticable ; les pentes sont raides, encombrées d'énormes blocs et coupées d'à-pics. Dans la brume nous poursuivons notre recherche d'une pente qui convient à la petite troupe, lasse, affamée.
Dans un petit ravin, au bas d'une falaise, deux jeunes *Podocarpus* ; c'est une découverte. Le grand arbre que nous avons vu ne porte pas de fructifications, mais peut-être a-t-il produit des graines certaines années ?
Nous descendons péniblement la pente. Nous nous guidons à la boussole et prenons la direction Nord. Notre porteur est paralysé de peur… la montagne est habitée par des esprits nous dit-il.
Une touffe de grande herbe, un *Andropogon* (Poacée), a été nouée : quelqu'un est passé par là depuis peu ; c'est un signal. J'avance encore de deux pas et… patatras, je m'étale, le pied solidement pris dans un collet de fil de fer.

Albert. De tels collets, simples mais efficaces, sont utilisés dans nos campagnes pour capturer un lapin…

Aline. Ce collet pouvait capturer une proie bien plus grosse qu'un lapin !
« Mes » hommes se mettent à deux pour me libérer, nous reprenons notre marche.
Un peu plus bas, le soleil couchant perce timidement la brume. Jean, qui regarde la boussole, s'exclame : « Le soleil couchant n'est pas à l'Ouest ». Étonnement. Je regarde à mon tour la boussole, elle n'est pas cassée, une boussole ne peut pas se dérégler. Nous voyons le soleil se coucher à l'Est… à l'opposé de la direction ouest indiquée par la boussole…Le soleil n'a pas l'habitude de se coucher n'importe où. Mystère. Stupeur. Découragement. La nuit va tomber dans 4 heures ; nous ne savons pas où nous sommes ; la seule certitude, c'est que nous devons descendre.
Nous n'en pouvons plus. Nous sommes épuisés… En nous orientant au soleil qui va se coucher, normalement, à l'Ouest, nous pourrions prendre la direction du Nord.
Discussion entre nous, surprise, incompréhension. On suit la boussole, ou le soleil ? Bien sûr, le soleil ne peut pas se tromper. Mais nous avons

l'habitude de nous fier à cette boussole, qui ne nous a encore jamais trahis.
Pendant un moment nous sommes démoralisés. Débat, décision, on se fie au soleil. Nous supposons que nous sommes à des kilomètres du bas de la montagne, où nous pourrions trouver un repère. Peut-être à des heures de marche et d'efforts ; la nuit va tomber !
Que fait-on ? Il n'est plus question de remonter, nous avons descendu longtemps ; alors on bivouaque ici, sans rien, ou on continue ? On continue. Au bas d'une croupe, nous trouvons les traces d'un passage d'animaux, elles mènent à un ruisseau encaissé.
Au-delà, la pente s'accentue, nous nous arrêtons en haut d'un à-pic : le ruisseau tombe du plateau en une belle petite cascade. Nous contournons l'à-pic et poursuivons la descente. Rochers, cailloux, croupes à descendre et remonter, herbes glissantes et… des fruits de *Mucuna pruriens* (Fabacée Faboïdée). Cette grande liane grimpante atteint le sommet des arbres à une quinzaine de mètres ; elle produit des grappes de fleurs mauves ou violettes et des gousses longues de 10 cm, couvertes de poils urticants, roux, hérissés et raides, qui se détachent au moindre contact et restent plantés dans la peau. Lorsque les fruits sont mûrs, leurs poils s'envolent spontanément au moindre souffle d'air : ils se déposent dans le col de l'imprudent qui passe en dessous et provoquent une irritation douloureuse. La plante est utilisée à diverses fins en médecine traditionnelle, et ses graines sont même commercialisées en Europe pour leurs principes actifs. Le *Mucuna pruriens* est un précurseur de la dopamine, un neurotransmetteur essentiel : il réduit le stress, les tremblements, les troubles du sommeil et aide à retrouver un bon équilibre nerveux.

Mes pas sont de moins en moins assurés… Je marche comme un automate. Le jour baisse.
Enfin la pente s'atténue. Encore une longue marche dans la plaine, et nous apercevons quelques cases ; la nuit est presque tombée. Un homme vient à notre rencontre et nous dit que nous sommes à Bantadjé. Nous lui expliquons d'où nous venons, sa seule réponse est : « Kaï ! », ce que je traduis par « Ouh, là là ! ». Nous marchions depuis le lever du jour, soit plus de 12 heures… Au départ, nous avions suivi la boussole, elle nous avait incités à descendre du mauvais côté de la montagne !
On nous montre les cases où nous logerons. Une vraie procession s'organise : des villageois apportent deux lits Picot, un fauteuil, des couvertures : tous les meubles dont ils disposent ; et une marmite de

beignets au beurre de karité préparés pour nous. Quel accueil réconfortant ! Nous nous gavons tous de beignets. Puis nous nous allongeons pour dormir.
Au petit matin, après avoir indemnisé nos hôtes, il nous faut regagner Poli, nous avons le choix entre deux routes : l'une, presque carrossable, longue de 70 km ; l'autre, praticable seulement à pied, longue de 15 km environ, par monts et par vaux, bien difficile pour des gens fatigués. Nous choisissons cependant celle-ci. Nous arriverons à Poli le soir.
Pendant la marche de retour, nous savons exactement où nous sommes et, curieusement, la boussole nous le confirme. Que s'est-il donc passé ? Y aurait-il de mauvais esprits dans cette montagne ? Le sommet du Hosséré Vokré serait-il magnétique ? C'est peut-être lui que la boussole indiquait… pour nous, le mystère demeure encore.

Albert. Ce ne peut être qu'un phénomène magnétique naturel !

Aline. A Poli, nous retrouvons l'accueil chaleureux du père Loïq.

La même année, début 1965, nous poursuivons notre périple.
Nous partons pour le massif des monts Alantika, chaîne montagneuse atteignant presque 1 900 m d'altitude, à l'ouest de Poli. Nous sommes en saison sèche.
Les petits massifs montagneux très escarpés qui jalonnent la frontière entre le Nigéria et le Nord-Cameroun n'ont pratiquement jamais été explorés par des botanistes : ils sont à l'écart des pistes carrossables, leurs pentes sont difficiles, leurs habitants, les Koma, sont réputés avoir des traditions étranges…

Albert. En dehors des pistes carrossables, vous circulez à pied ?

Aline. Eh bien non. Par une très mauvaise piste, notre camion nous amène jusqu'au Faro, affluent important de la Bénoué. Un pont fait de troncs et de terre enjambe la rivière, mais il faut le reconstruire presque entièrement à la fin de chaque saison des pluies ; en attente de travaux, il est barré à notre arrivée. Néanmoins, nous décidons de franchir la rivière, quelques troncs semblent en bon état, nous positionnons le camion en face d'eux ; nous traversons prudemment sans encombre.

Le lendemain, nous laissons Fouda le chauffeur, et son camion, au village de Kolou, au pied de la partie la plus haute du massif des

Alantika ; nous gravissons à pied les pentes qui mènent au plateau encombré de chaos rocheux aux formes étranges. Peu au-dessous de la crête sommitale se dresse l'« aiguille de Saptou » qui domine tout le paysage. Jusqu'à l'horizon on voit de telles « aiguilles » dressées, colonnes de granite très anciennes dégagées par l'érosion.

Fig. 6. L'aiguille de Saptou. *ARR. del.*

A pied, nous partons à huit : deux forestiers, l'un, Biholong, de Yaoundé, l'autre, Mathieu, de Garoua ; Jean et moi ; en outre nous sommes accompagnés de quatre porteurs recrutés sur place à Kolou. Les porteurs parlent la langue des habitants de la montagne et l'un d'entre eux, parle, en outre, le foulbé, il servira d'interprète

intermédiaire. Chaque montagne est habitée par une ethnie particulière ; la plupart ont leur propre langue. Nous allons chez les Koma.
La montée sur les pentes d'arène granitique qui roule sous les pieds est difficile. Partis de l'altitude de 300 m, nous atteignons le village de Kingelou vers 1 500 m.

Albert. J'imagine que c'est un village important. Combien comptait-il d'habitants ?

Aline. Kingelou est un village Koma, ethnie qui compte peut-être 2 000 membres dans toute l'étendue du massif montagneux. Au village même, il y a au plus une trentaine d'habitants.
Nos porteurs sont arrivés bien avant nous, ils ont annoncé notre venue. Les hommes du village nous attendent ; hommes petits et bien bâtis, ils mesurent à peine 1,50 m. Ils ne portent qu'un étui pénien de bois relevé par une cordelette nouée autour des reins. Quelques-uns jouent d'une petite flute en bois, qui semble ne donner qu'un ou deux sons : ils nous accueillent en poussant de grands cris. Nous ne voyons pas de femmes ; à Kolou, nous avions cependant croisé, quelques femmes Koma, petites silhouettes lourdes, vêtues seulement d'une ceinture de perles de verroterie sur les hanches ; ces perles ont une valeur à leurs yeux, elles leur ont été transmises de génération en génération ; la ceinture porte deux bouquets de feuilles fraîches longs d'une quarantaine de centimètres, l'un devant, l'autre derrière, qui se balancent à chaque pas.
Le chef, très cordial, nous montre une case qu'il a fait préparer à notre intention ; on y a déjà disposé deux bonnes nattes, récemment tressées ; à cette altitude, les nuits sont fraîches, on installera une bûche allumée un peu plus tard. Dans la case, les murs d'argile séchée sont ornés de peintures et de petits bas-reliefs d'argile, dont nous ne comprenons pas la signification ; les bas-reliefs représentent un serpent sous un petit disque ; un autre disque porte en son milieu une sorte de poignée qui le fait ressembler à un couvercle de marmite ; des mamelons coniques, pointe en haut. Des mains : une paire de petites mains en relief, finement modelées, doigts vers le bas ; d'autres mains peintes, figurées en négatif, par pulvérisation de peinture blanche sur une main ouverte. Il est possible que cette peinture blanche ait été obtenue en délayant une sorte de kaolin dans l'eau.
Décidément, les Komas nous accueillent très bien… On raconte que, lors de certaines festivités, les hommes portent des étuis péniens de grande taille, peints et enjolivés de plumes ; des bouffons, des

amuseurs, font des démonstrations d'acrobaties, de sauts, des manifestations grossières ou grivoises que le jeune gouvernement camerounais, cependant bien éloigné des Komas, avait interdites. Toutefois à l'époque, début des années 1960, malgré l'interdiction, ces spectacles devaient parfois encore avoir lieu.
Le village est formé de petites cases disséminées parmi d'énormes rochers, construites sur des pentes aménagées en terrasses plantées de mil, de céréales secondaires telles que l'éleusine (*Eleusine coracana*, Poacée), de légumes tels que le souchet comestible (*Cyperus esculentus*, Cypéracée), le niébé (*Vigna unguiculata*, Fabacée, Faboïdée), le gombo (*Hibiscus esculentus*, Malvacée) et le bissap (*H. sabdariffa*, Malvacée). Bien que de petits ruisselets coulent çà et là entre les rochers, entretenant une humidité bienfaisante, les récoltes sont très modestes en raison de la pauvreté du sol sableux.
Après une nuit de récupération, nous partons au soleil levant.
Les femmes s'égayent alentour, elles vont remplacer les feuilles défraîchies qui leur servent de vêtement par des feuilles fraîches. Elles choisissent le plus souvent des feuilles d'*Isoberlinia doka* (Fabacée Césalpinioïdée) ; cette espèce reste ici un buisson bas, tandis que, dans les savanes de basse altitude, il a son port normal d'arbre haut de 25 m ; peut-être les récoltes quotidiennes de jeunes rameaux par les femmes maintiennent-elles l'arbre à l'état nain.
Puis les femmes gravissent la pente jusqu'aux greniers installés sur les dalles rocheuses ; ensemble, à genoux, elles écrasent le grain dans des creux du rocher.

Le chef nous rejoint, il tient à nous accompagner dans la brousse. Avec l'aide du porteur qui joue le rôle de traducteur, nous parlons des plantes que nous rencontrons ; grand sorcier du village, le chef est heureux de parler avec quelqu'un à qui prouver ses connaissances, réelles, puisqu'il identifie bien les plantes et sait leurs dangers éventuels ; il les désigne bien sûr dans sa langue.
A peu de distance du village, un figuier (*Ficus vallis-choudae*, Moracée) étale ses branches entre des blocs rocheux ; il porte d'énormes figues rouges, rondes, d'un diamètre d'une douzaine de centimètres. Le chef me dit que ces fruits sont comestibles… mieux que mangeables, ces fruits sont délicieux. Je me régale d'une figue et je suis rassasiée. Devant le plaisir que je prends à manger ce fruit, le chef manifeste sa satisfaction par un grand rire. Non loin, dans l'ombre

humide entre des rochers une ronce à fruits rouges, parfumés et goûteux : *Rubus pinnatus*, Rosacée.
Le lendemain nous reprenons nos prospections, en compagnie du chef, intrigué et intéressé par notre technique de récolte et de mise en presse. Nous suivons une petite piste bien tracée qui sinue entre les blocs rocheux.

Sur le plateau près de quelques cases, d'énormes rochers édifient un dolmen naturel qui évoque le portail d'un temple égyptien. Près de ce porche, un rocher présente une face verticale plane qui porte des lignes traçant un réseau de losanges réguliers, coupés de quelques lignes horizontales. Le panneau « gravé », haut de 6 m et large de 7 m, est à environ 2 m du sol. Je pense à une gravure rupestre, mais Jean suggère que c'est peut-être un jeu de diaclases dû à l'érosion.
De retour à Paris, j'ai trouvé la trace d'une observation de ce rocher, publiée par H. Alimen & P. Lecoq, géologues, en 1953. Ils décrivent les rainures, étroites et profondes, qui forment un réseau régulier de carrés inclinés à 45° recoupé de lignes verticales et horizontales. Ils remarquent que cette roche est la seule, dans cet immense chaos de granite, à présenter une face lisse ; aucun autre rocher ne porte de telles rainures. Ils pensent avoir décrit une gravure d'origine humaine.
Les habitants des environs connaissent bien ce rocher orné, voici ce qu'ils en disent :

> « la source, près de celui-ci, est habitée par des démons ; la roche était lisse, et un matin, il y a très longtemps, on a découvert les gravures : les démons avaient creusé les sillons pendant la nuit... »

Les Koma manifestent une forme de respect à l'égard de cette roche ; ils ne passent pas à proximité lorsqu'il y a grand vent.

Les Koma sont animistes, ils croient en un Esprit, une force vitale, qui anime les êtres vivants, les objets et aussi les éléments naturels, comme les pierres ou le vent ; cet Esprit universel est accompagné de génies protecteurs parmi lesquels les « esprits » des ancêtres jouent un rôle essentiel.
La communauté fabrique, ou édifie, des fétiches qui doivent leur force magique aux « Sages » de la communauté, hommes âgés, qui ont des connaissances pratiques et occultes. Les fétiches sont des objets de culte qui jouent un rôle d'intermédiaires avec les puissances supérieures et les esprits des ancêtres.

Des fétiches divers, liés peut-être à des rites agraires, sont placés près des villages. C'est par exemple un petit cône de paille, sommet tressé simple ou bifide, base étalée retenue par des cailloux. Près d'une grande roche plate sur laquelle on bat le mil, un fétiche associe un rameau de *Cissus quadrangularis* (Vitacée) à des épines de porc-épic ; ce *Cissus* est une liane à tige carrée, charnue, qui grimpe grâce à des vrilles : c'est un proche parent de la vigne.
Au sujet de ces fétiches, on ne me donne ni signification ni explication ; il est vrai que je n'en demande guère, je respecte le secret.
Le *Cissus quadrangularis* serait étroitement associé aux rites funéraires... En effet, nous rencontrons, près du petit village de Kingelou, un buisson de tiges de cette liane, entremêlées, étayé par des piquets ; l'un des piquets porte un crâne humain. On dit aussi que le *Cissus* sert d'intermédiaire entre les hommes vivants et les ancêtres. Ainsi, lorsqu'on veut construire une nouvelle case, l'emplacement choisi doit être favorable aux entités de la nature et aux ancêtres ; sur l'emplacement choisi, on trace un petit cercle au milieu duquel on plante un morceau de tige de *Cissus quadrangularis* ; s'il traîne à terre le lendemain, cela signifie que l'emplacement ne plaît pas aux ancêtres...

Chez les Koma, les rites funéraires coutumiers sont accomplis par des représentants de la « caste » des forgerons, qui ne peuvent se marier que dans leur caste.
On attache le corps en position fœtale aussitôt après la mort, étroitement replié, puis on l'enveloppe complètement de bandelettes de coton tissées à la main et souvent teintes de couleurs vives, puis dans des peaux de chèvres de façon à faire un gros « paquet ».
Et on festoie ; amis et connaissances apportent des chèvres, aussitôt abattues et cuisinées, les peaux sont ajoutées au « paquet ». Plus le défunt est important, plus on apporte de chèvres, plus on festoie autour du « paquet » devenu de plus en plus volumineux et odorant... cela pendant parfois deux mois. Puis c'est l'enterrement. Au jour J, un homme charge le « paquet » sur sa tête et tout le monde le suit au pas de course vers le caveau.
Les caveaux, collectifs, ont près de 3 m de profondeur, et ne s'ouvrent que par un orifice masqué sous une pierre. Au bord du caveau, on fend le « paquet » autour de la tête du cadavre, pour permettre la récupération ultérieure du crâne. L'assistance est parfaitement

indifférente à l'odeur et à la vision. Enfin, on laisse tomber le « paquet » dans le caveau.
Quelques mois plus tard un forgeron vient tirer la tête avec un crochet forgé à cet effet. On prépare le crâne et on le place à un endroit définitif, qui peut être sur un *Cissus quadrangularis*, ou dans une anfractuosité de rochers, ou, le plus souvent dans une poterie qu'on porte jusqu'à un endroit spécial de la montagne.
Après quelques jours, trop courts, passés à Kingelou, nous faisons nos adieux à ces gens accueillants, et dont nous ne savons / comprenons pas grand-chose.
Nous quittons le massif montagneux pour descendre jusqu'à Kolou, le dernier village au pied de la pente. Nous partons sous le soleil et dans l'air frais de l'altitude. La descente vers la plaine est difficile ; la pente, raide, n'est qu'un talus gigantesque d'arène, un sable grossier dont les grains roulent sous le pied ; le bâton qui m'assure glisse dans le sable. Je crains de déraper. La montée avait été dure, la descente est périlleuse. A Kolou nous retrouvons Fouda, notre chauffeur, notre petite équipe est au complet. Nous passons la nuit couchés sur le sol, dans une petite case mise aimablement à notre disposition ; il fait chaud, beaucoup plus que sur la montagne, mais nous nous reposons.
Le lendemain, après avoir mis les récoltes en sécurité, nous prenons la route en camion, vers l'est en direction de Poli ; nous allons jusqu'à Fignolé. Nous savions y trouver une petite mission catholique où nous pourrions faire une halte.
Au cours de conversations avec les Koma, le chef de Kingelou en particulier, j'avais recueilli certaines informations ; mais nos échanges étaient limités par la barrière des langages : chaque mot devait « cheminer » du koma au foulbé, puis au français.
Des compléments et la confirmation de mes informations m'ont été donnés à Fignolé, par les membres de la mission qui, tous, vivaient depuis des années chez les Koma, parlaient leur langue et étaient régulièrement conviés à assister à de telles cérémonies.

Albert. Sais-tu pourquoi les Koma refusent d'adopter un mode de vie moderne ? Pourquoi n'utilisent-ils pas la monnaie ?

Aline. Il est probable que cette attitude est liée à un refus. Depuis au moins cinq siècles, l'Islam s'est répandu dans les régions sèches d'Afrique, cherchant à imposer l'abandon des croyances animistes anciennes, mais les Koma restent fidèles à leurs traditions. Puis, il y a

deux siècles environ, les Arabes ont employé la force pour imposer leur propre religion et leur pouvoir, en soumettant des ethnies qui résistaient ; il y a eu des combats et des rapts : les personnes enlevées ont été emmenées et vendues comme esclaves. Le refus d'abandonner traditions, croyances et mode de vie a conduit les Koma, et les autres petits peuples des montagnes, à s'isoler en altitude, où les conditions de survie sont pourtant bien plus difficiles que dans les plaines.
Au début des années 1960, les Koma refusent encore le commerce, la monnaie, et… gardent toujours leurs traditions ; vraisemblablement ils refusent la nouveauté qui perturbe leur mode de vie, parce qu'ils la pensent liée à une islamisation forcée.
Lors de notre visite, la plupart des hommes n'ont encore jamais vu d'Européens ; aucun d'entre eux n'a encore rencontré de femme européenne : ils remarquent que, bien que femme, je suis vêtue comme les hommes de mon équipe, que je me comporte comme eux, et qu'ils me considèrent comme l'un d'entre eux. Ces Européens, avec leurs cheveux lisses et leur peau claire, sont vraiment très surprenants…
Voici ce qu'on m'a raconté : « les Européens viennent du sud, d'un pays situé dans une immensité d'eau dans laquelle ils vivent, ce qui explique la couleur de leur peau ».
En fait, pendant longtemps les Européens ne pouvaient venir que par l'océan, situé loin, au sud du Cameroun…

Albert. J'imagine que, depuis cette époque, les mœurs se sont modernisées et ces populations se sont ouvertes sur le monde.
Revenons à tes aventures botaniques. Où allez-vous après votre séjour chez les Koma ?

Aline. Nous partons vers le nord et traversons la dépression dans laquelle coule la Bénoué, entre des pentes abruptes qu'elle a taillées dans un plateau gréseux qui culmine, près de Garoua, à 700 m d'altitude.
Plus au nord, nous nous dirigeons vers les monts Mandara, autre massif montagneux d'origine volcanique ancienne ; il longe la frontière du Nigeria. Ces monts, très peu prospectés par des botanistes, sont habités par les Matakam, gens de petite taille et animistes.
Une petite piste difficile arrive au pied d'une pente abrupte, presque une muraille : une coulée de basalte ancienne. Nous repérons dans le basalte un niveau d'une roche blanche, tendre, à grain fin ; c'est probablement une roche d'altération, peut-être une kaolinite : délayée dans l'eau, elle

donne la peinture blanche utilisée pour peindre des motifs à l'intérieur des cases.
La pente porte quelques petites cases et des cultures en terrasses. Un paysan, de l'ethnie Matakam, nous dit qu'une « route » monte jusqu'au plateau de Rumsiki, mais jusqu'à présent seul un camion a réussi à le faire. Nous allons tenter l'aventure…
Nous nous engageons. Notre camion saute sur place, bondit, se cabre, les pierres giclent ; arrivés sur une petite crête, nous sommes accueillis par les hurlements de joie de quelques Matakam, presque nus, qui saluent l'exploit.
Nous constatons que nos bagages sont tombés du camion un à un ; il faut aller les ramasser. Nous sommes contraints de redescendre à pied la pente abrupte et rocheuse sur près de 2 km pour retrouver nos bagages, et de les remonter jusqu'au camion ; une heure plus tard, tous nos bagages sont réinstallés dans le camion.

Nous arrivons enfin au village de Rumsiki, le camion n'ira pas plus loin. De nos jours, 50 ans plus tard, les touristes empruntent une vraie route. A notre arrivée, le chef nous propose des cases assez spacieuses où nous pourrons nous reposer. Demain Fouda restera près du camion, pendant que nous prospecterons le plateau ; cette perspective ne réjouit pas notre sympathique chauffeur qui n'apprécie pas les Matakam, il tient des propos sévères à leur encontre : « ils ne sont bons qu'à chasser des rats ! », et il déplore la condition des femmes : « quand elles ont 15 ans, elles ont l'air d'en avoir 50 ».

Chaque famille habite un « saré », groupe de cases entouré de murets de pierres sèches, ou parfois de nattes faites de pailles tressées.
Près des cases, des haies d'*Euphorbia unispina*, dangereuses par leurs épines et… par leur latex corrosif, entourent de minuscules jardins potagers. On y cultive des tomates cerises (*Solanum lycopersicum cerasiforme*, Solanacée) ; du « concombre cornu » (*Cucumis metulifer*, Cucurbitacée) aux fruits longs d'une dizaine de centimètres, épineux et plein de pépins, dont la chair vert clair, translucide et gélatineuse, est appréciée crue par les enfants ; une belle touffe de basilic (*Ocimum basilicum*, Lamiacée) dont quelques feuilles parfumeront la soupe ; on cultive aussi une plante à petites fleurs rosées, à odeur peu agréable, *Hyptis pectinata* (Lamiacée), très utilisée en médecine traditionnelle pour soigner les enfants.

Le matériel domestique dont dispose chaque famille est restreint. Outre un couteau, une machette, une houe dite « daba », outils forgés dans la région par des villageois, les Matakam disposent de quelques récipients de terre cuite : un petit nombre d'écuelles, une marmite. Ils ont aussi des canaris, récipients à col, destinés au transport de l'eau que les femmes vont chercher aux sources, dans la montagne ; elles portent le canari sur leur tête, posé sur un gros anneau fait de kapok fermement tassé dans un chiffon ; on trouve le kapok dans les fruits de *Bombax costatum* (Bombacacée), sur les basses pentes de la montagne. Tous les récipients de terre sont tournés à la main sur du sable (les potiers ignorent le tour et la roue) et décorés de traits et de points tracés avec une brindille sur la terre fraîche.

Fig. 7. Un « saré » près de Rumsiki, où loge toute une famille ; la clôture est ici faite de nattes dressées. La petite case (2e à gauche) est le grenier. Au loin, de hauts pitons rocheux. *ARR. del.*

Nous sommes dans les monts Mandara, à peu près sur la frontière avec le Nigeria, dans l'Extrême-Nord du Cameroun.
Nous consacrerons quelques jours à prospecter autour de Rumsiki.
De gigantesques pitons verticaux, des chicots, des dents aiguës, se dressent sur le plateau, c'est la région des Kapsiki.
Ce massif montagneux, ensemble de volcans anciens, culmine à 1 500 m ; il n'en reste guère que les cheminées des cratères dégagées par l'érosion, elles forment aujourd'hui des pitons ou des chicots aigus, dressés, les uns hauts d'une dizaine de mètres seulement, d'autres de plusieurs centaines de mètres. La géologie de la région de Rumsiki est

réputée complexe : les laves alternent avec des roches cristallines à gros cristaux qui s'effritent en arènes grossières.

Chaque matin, nous partons à pied dès le lever du jour, avant que le soleil ne chauffe les pentes rocheuses. La base de chaque piton est entourée d'un cône d'éboulis que nous gravissons avec peine, le sable grossier roule sous nos pieds, les rochers masquent des ravines.
Un buisson de rameaux souples et entortillés qui gravissent les rochers, porte de petites fleurs jaunâtres en étoile : *Sarcostemma viminale* (Apocynacée) ; les tiges charnues et volubiles traînent parmi les rochers ; un latex abondant s'écoule à la moindre blessure de la plante.
Dans un ravin abrupt, un peu ombragé, un petit arbuste tortueux, haut de 3 mètres à peine, accroché à la paroi étale ses grosses racines blanches aplaties, longues de plus de 10 m, moulées sur le rocher ; c'est *Ficus lecardii* (Moracée).
Un petit arbre, *Diospyros mespiliformis* (Ebénacée), dans un chaos de gros blocs rocheux, porte des petits fruits comestibles, voisins du kaki. Son bois, brun-noir, est l'un des « ébènes » africains : on en utilise le cœur pour sculpter des statuettes et de petits objets.
Parmi les amas rocheux, les longs rameaux de *Combretum paniculatum* portent des fleurs rouges puis des fruits rosés, à quatre ailes : le vent les emportera ; des femmes montent sur les pentes pour y récolter les jeunes feuilles du *Combretum*, qu'elles ajouteront à la soupe.
Accrochée à la pente, une grande touffe très épineuse d'*Echinops giganteus* (Astéracée) dont les tiges qui dépassent 1,50 m de hauteur, portent de grosses inflorescences sphériques sur lesquelles s'épanouissent de délicates fleurs blanches.
Un filet d'eau glougloute au pied d'une paroi.

Le lendemain, nous décidons d'approcher du gros piton, le pic de Rumsiki, haut d'environ 100 m, en forme de doigt dressé, qui domine le village ; nous espérons trouver à sa base un peu d'humidité et de verdure. Nous contournons des falaises inaccessibles au-dessus desquelles s'élève ce gigantesque piton monolithe buriné par l'érosion, éventré par une fissure verticale ; la fissure s'élargit en ouvertures, en grottes, échelonnées dans la paroi.

En grimpant une pente abrupte, encombrée de rochers, nous parvenons à un porche, l'ouverture de la grotte la plus basse. Dans l'ombre constante un seul petit arbuste bien vert à feuilles veloutées, bordées de fortes dents, c'est *Boehmeria platyphylla* (Urticacée).
La quasi-absence de plantes vivaces et d'arbustes confirme qu'il n'y a pas d'eau au pied de ce pic.
Nous avançons de quelques pas dans l'ombre fraîche de la grotte, sans nous aventurer trop loin.

Fig. 8. Le Pic Rumsiki. *ARR. del*

Des ronflements brefs, irréguliers, proviennent des profondeurs sombres ; serait-ce le vent, dans les entrailles du rocher ? Ronflements ou grondements ? Un fauve habiterait-il la grotte ? Nous préférons ne pas nous attarder.

Depuis Rumsiki, nous allons à pied jusqu'au village de Mogodé, à une dizaine de kilomètres au nord. Une petite piste rejoint les deux villages, nous la suivons ; elle sinue entre les collines, plus exactement les énormes talus surmontés de pics ; elle monte, elle descend, franchit des seuils rocheux. A chaque détour on découvre des pics, des colonnes, de gigantesques amas rocheux. Nous sommes dans une région qui a subi, il y a très longtemps, des bouleversements géologiques importants ; ces gigantesques colonnes dressées peuvent être soit des intrusions magmatiques, soit des cheminées volcaniques, dégagées par l'érosion.

On chemine dans un paysage minéral, la végétation est clairsemée ; il y a cependant quelques rares sources cachées dans des anfractuosités.
Le chef de Mogodé nous propose une case où nous pourrons allumer un feu le soir venu ; si la journée est très chaude sur ce haut plateau, la nuit y est fraîche.

Albert. Le volcanisme ancien a modelé des paysages surprenants dans ces montagnes.

Aline. Oui, les laves sont fréquentes en Afrique, bien que les volcans actifs y soient rares aujourd'hui.

Des gneiss ancestraux aux basaltes

Aline. J'ai vu, au Sénégal, une belle coulée de basalte ancienne.
En 1960, Jean et moi, étions basés à Dakar, nous travaillions sur la flore du Sénégal.
Nous avions fait la connaissance du professeur Théodore Monod, professeur au MNHN, homme d'une grande culture, spécialiste des déserts de l'Ancien Monde ; il dirigeait à l'époque l'IFAN (Institut français d'Afrique Noire, devenu plus tard Institut Fondamental d'Afrique Noire).

Albert. J'ai connu le professeur Monod, c'était un homme charmant, très sympathique et sans prétention, qui avait une connaissance universelle de la nature.

Aline. Un jour, le professeur Monod nous a invités à découvrir une petite île où nul n'allait jamais à l'époque : l'île de la Madeleine, située à 4 km au large de Dakar. Cette petite île est appelée aussi « île aux serpents » ou « île Sarpent », du nom d'un personnage (mythique ?) qui y aurait été abandonné, en complète solitude.
Un matin nous partons tous les trois en chaloupe. Une demi-heure plus tard, l'île nous apparaît, noire, plate, aux parois verticales. De cette épaisse formation géologique, nous ne verrons que le sommet émergé : les falaises dominent l'océan d'une hauteur de 35 m.
Nous allons voir l'un des restes de deux gigantesques coulées de lave datant l'une de 5 millions d'années, l'autre de 7 millions.
La lave, un basalte, s'est refroidie en formant des colonnes jointives, dites « orgues », en prismes à section hexagonale, qui forment la façade de falaises verticales qui plongent dans l'océan.
Au sud de l'île, les colonnes sont horizontales puis s'incurvent progressivement vers le haut, ménageant entre elles un étroit goulet : Théodore nous explique que ce goulet résulte d'une énorme bulle qui a explosé dans la coulée basaltique, créant des tensions dans la roche. Les

vagues se brisent furieusement dans ce goulet : impossible de s'en approcher.

Albert. J'ai lu que ces colonnes ont été bien décrites par Marcel Combier en 1952 :

> « Des gerbes de colonnes basaltiques d'axe courbe mais quasi horizontal paraissent se jeter l'une contre l'autre. On croirait saisi - depuis longtemps figé - le mouvement même des laves qui jaillissaient de la profondeur et se rencontraient en chocs gigantesques. À l'extrémité sud de l'île, inaccessible, l'axe des colonnes se relève jusqu'à la verticale et dessine une arche naturelle entourée d'écume ».

Aline. À l'ouest de l'île, la falaise s'ouvre sur une anse étroite : seule place où l'on peut accoster. De là, un large couloir en pente permet de monter sur le plateau de l'île.

Sur la plage où nous débarquons, un baobab (*Adansonia digitata*), seul arbre de l'île ; tronc et branches couchés au sol ; rameaux étêtés par le vent et les embruns, l'arbre rampe au pied des rochers.

Nous grimpons sur le plateau couvert d'un tapis de Graminées, dans lequel d'autres espèces de plantes prospèrent ; *Euphorbia balsamifera* dresse de courts bouquets de petits rameaux grisâtres rognés par le vent ; les tiges charnues, quadrangulaires, vertes, du *Cissus quadrangularis* courent entre les pierrailles.

Des corbeaux-pie à plastron blanc (*Corvus albus*) tournoient ; un grand balbuzard pêcheur (*Pandion haliaetus*) déploie ses ailes à dessous blanc. Au haut de la falaise, des cormorans à poitrine blanche (*Phalacrocorax lucidus*) se perchent sur des arêtes rocheuses ; des phaétons à bec rouge (*Phaethon aethereus*), dits paille-en-queue, virevoltent au-dessus de l'eau.

L'île de la Madeleine, les ilots et les fonds marins qui les entourent ont été érigés en « Parc National des îles de la Madeleine » en 1976. Des visites touristiques y sont désormais organisées.

Albert. Quelle est la taille, aujourd'hui, de ce Parc national ?

Aline. Le Parc s'étend sur 50 hectares dont 15 représentés par les îles et îlots volcaniques.

Albert. Le sous-sol africain est actuellement plus calme, mais il n'en a pas été toujours ainsi. Vous avez observé de magnifiques coulées basaltiques qui datent de l'aube du Pliocène (il y a environ 5 millions d'années), avez-vous vu des roches beaucoup plus anciennes ?

Aline. Oui, le socle ancien affleure en diverses régions. Près de Yaoundé, au Cameroun, c'est un gneiss à gros cristaux qui forme les hautes collines à sommet arrondi, dites « inselbergs » ; cette roche appartient au substrat le plus ancien, Précambrien, datant de la formation de la Terre.
Jean et moi aurons l'occasion de voir ces affleurements deux ans plus tard, lors d'une mission au Cameroun.
Nous sommes désormais de retour à Paris, en poste au Muséum ; le professeur Roger Heim, Membre de l'Institut, Directeur du MNHN nous envoie faire des prospections au Cameroun : le 22 novembre 1962, il signe un ordre de mission pour un séjour de 3 mois, afin « d'effectuer des récoltes botaniques ». Embarquement à l'aéroport de Paris-Le Bourget sur un DC 6, quadrimoteur à hélices. Escales à Nice, « Fort-Lamy » (aujourd'hui Ndjamena), Douala, puis enfin Yaoundé ; la navigation aérienne a bien changé depuis cette date !

Arrivés à Yaoundé, nous consacrons quelques jours, à gravir et explorer les monts Mbankolo, Minloua et Fébé qui dominent la ville de 300 m environ. Ce sont des « inselbergs », monts rocheux peu élevés, nus, qui émergent de la grande forêt ; on les dit parfois « en forme de demi-orange ».
Ces croupes rocheuses portent des plantes qui parviennent à s'accrocher au rocher compact sur lequel l'eau ruisselle. Sur les pentes presque lisses, souvent abruptes à la base du mont, la végétation très discontinue est entretenue par les pluies abondantes : il tombe en effet 1 700 mm d'eau par an répartis tout au long de l'année, sans vraie saison sèche.

Albert. La grande cité est environnée par la forêt équatoriale. Y a-t-il des cultures autour de la ville ? Il faut bien nourrir la population !

Aline. Oui ! Dès la sortie de la ville, au-delà des dernières cases, nous traversons quelques plantations, cacaoyers, bananiers, manioc. Les bananes et le manioc sont consommés sur place ou en partie vendus en ville. La récolte de fèves de cacao est vendue à des grandes sociétés exportatrices qui l'acheminent vers l'Europe.

Nous partons à pied dès le matin, Jean et moi, en direction du mont Minloua.
Au bas du mont, nous atteignons le rocher nu, que les cristaux du gneiss rendent rugueux. Un suintement entretient une nappe à peine humide sur le rocher ; les semelles des Pataugas, malgré leurs fortes découpes, y adhèrent mal, c'est la chute ! Sans dommage, heureusement ; la roche est en effet couverte d'une croûte noirâtre, gluante : des algues microscopiques, des Cyanophycées (algues bleues) essentiellement. Quelques lichens font des taches claires sur le rocher.
A la faveur d'une irrégularité du rocher, quelques mousses facilitent l'installation de petites plantes aux fleurs délicates, *Lindernia yaundensis* (Linderniacée) aux fleurs d'un bleu intense, *Cyanotis arachnoidea* (Commélinacée), ou des orchidées telles que *Bulbophyllum lupulinum* ou *Polystachya rhodoptera.* Sur les fortes pentes ces petites plantes peuvent être emportées par une forte pluie, certaines s'enracineront un peu plus loin.

Vers le haut de l'inselberg la pente s'adoucit ; des herbes plus robustes s'installent sur le sol formant un matelas épais de 10 à 20 cm qui, imbibé d'eau de pluie en permanence, la restitue peu à peu en suintements qui s'écoulent sur la pente et alimentent des zones humides où nous découvrons une végétation curieuse ; de petits arbustes ramifiés en candélabres, hauts de 70 ou 80 cm, chaque branche coiffée d'une rosette de petites feuilles raides : c'est un peuplement de *Microdracoides squamosus*, « petit Dracaena écailleux ». Cette plante appartient à la famille des Cypéracées, dont tous les représentants sont, en principe… des herbes… et nous voyons cependant des arbustes ! Mais sont-ce des arbustes ? Quelques observations nous révèlent l'organisation de cette plante énigmatique. Le petit « tronc » est en fait une tige fine et tendre, large de quelques millimètres, densément couverte d'« écailles » ; ces écailles étroitement imbriquées sont les bases persistantes d'anciennes feuilles, elles retiennent l'humidité. La tige produit des racines qui descendent jusqu'au sol dans ce manchon humide : plus les racines sont nombreuses, plus la branche est épaisse, bien que la vraie tige, au milieu du manchon, soit toujours aussi fine.
Le *Microdracoides* n'est donc pas un arbuste, il en a seulement la silhouette ; on peut dire que c'est une herbe dressée !

Albert. Cette plante vit sur une sorte de marais en pente, où l'eau ruisselle sur un rocher nu, n'est-ce pas ? Est-elle largement répandue en Afrique ?

Aline. Non, le *Microdracoides* n'est connu que de deux petites régions très distantes l'une de l'autre, au Cameroun et en Guinée, toutes sur des émergences précambriennes de granites ou de gneiss, humides toute l'année, sur lesquelles s'étalent ses racines.
L'eau de pluie traverse de fines couches d'humus, elle est donc acide et lui convient bien.
Une petite utriculaire à fleurs jaunes larges de 6 mm, *Utricularia andongensis* (Lentibulariacée), enroule ses tiges filiformes autour des herbes ; elle pousse sur un mince substrat toujours humide et non en eau libre comme de nombreuses autres utriculaires. La tige, haute de 15 à 20 cm, porte à sa base quelques feuilles en ruban, étalées sur le sol humide.
Le sommet de l'inselberg est coiffé d'un bosquet de petits arbres, dominé par… une grande euphorbe cactiforme, *Euphorbia kamerunica,* haute de 6 à 8 mètres ; son tronc, large de 30 cm et plus, porte des rameaux ailés et épineux, dressés en candélabres, couronnés de fruits rouges.
Parmi les broussailles, d'autres plantes grasses croissent sous les euphorbes : *Kalanchoe* (Crassulacée), *Aloe* (Asphodélacée), *Sansevieria* (= *Dracaena*, Asparagacée)...

Aux marches du désert

Aline. C'était à l'époque où nous étions basés au Sénégal, au « tournant » des années 1950-1960, Jean, mon mari, était alors botaniste à l'ORSTOM, chargé d'étudier les plantes et les milieux naturels peu connus. Je l'accompagnais dans ses prospections et je profitais de ce séjour pour faire des recherches personnelles, débouchant sur un diplôme universitaire. Nous sommes entrés l'un et l'autre au Muséum national d'Histoire naturelle, à Paris, en 1962.
Au centre du Sénégal s'étend un vaste territoire plat, le Ferlo, qualifié de désert, couvert d'une végétation maigre et discontinue, qui laisse de

grands pans de sol nu. Au début des années 1960, c'était un désert humain faute de points d'eau ; bien des années plus tard, quelques forages profonds ont permis l'implantation de petits villages sédentaires.
A l'époque, la végétation du Ferlo est encore mal connue. Nous partons, Jean et moi, dans une vieille petite jeep DKW, avec une bonne provision d'eau potable et un sac d'arachides. Les grands arbres sont presque absents du paysage, le regard n'accroche que de rares petits arbres tortueux, des *Acacia* épineux.
Pas de route tracée ; nous roulons hors-piste, à la boussole, sur le sol dur, en évitant les souches et les termitières.
La jeep se plante dans un buisson épineux, nous faisons une manœuvre en marche arrière ; soudain, un bruit mécanique qui s'amplifie… nous tentons en vain de repartir en avant, l'embrayage fonctionne, oui, mais la boite de vitesses, non… elle est bloquée en marche arrière.
Nous savons qu'une piste où passent parfois quelques camions est à 120 km.
Nous décidons de repartir en marche arrière, nous n'avons pas d'autre choix !
L'un tient le volant ; l'autre, agenouillé sur le siège passager regarde vers l'arrière, guide et signale les obstacles.
Nous nous relayons au volant toutes les heures : conduire en marche arrière, hors-piste, à moins de 5 km à l'heure, à l'aveugle, est épuisant. Nous ne rencontrons que quelques vautours.
Nous roulons très lentement… Avons-nous parcouru 40 km dans la journée ? Nous nous arrêtons au coucher du soleil pour sommeiller quelques heures en plein vent, en plein désert, à même le sol. Au petit matin, nous sommes perclus de courbatures. Après quelques étirements, en route… en marche arrière toujours… une journée encore. Nous nous arrêtons de plus en plus souvent. Encore une nuit sous les étoiles. La fatigue, la faim et la soif sont nos compagnons de route. Le troisième jour, toujours en marche arrière, épuisés, nous atteignons un village poussiéreux composé de quelques cases ; nous expliquons à un vieil homme aimable que nous avons fait 120 km en marche arrière ; après un moment d'étonnement, il nous propose des arachides bienvenues, et un abri pour la nuit.
A peu près reposés au lever du jour, nous entendons un moteur : un petit camion tout terrain s'arrête, il approvisionne le village. Le chauffeur nous propose de nous emmener jusqu'à Dakar le lendemain, la jeep en remorque… Nous acceptons et le lendemain, la Jeep tirée par une corde,

moteur arrêté, nous amène à Dakar ; 400 km sans histoires ; à l'arrivée, nous remercions et dédommageons le chauffeur de son aide.
De retour à Dakar, quelques jours nous permettront de calmer les douleurs des muscles qui avaient souffert des positions prises pour rouler en marche arrière !

Albert. La région du Ferlo est aride, très aride ; avez-vous cependant rencontré des plantes intéressantes ? Y fait-on un peu d'agriculture ?

Aline. En 1960-61 il n'y a aucun village permanent dans le Ferlo, faute d'eau en saison sèche ; quelques éleveurs sillonnent les maigres pâturages avec leurs zébus efflanqués. De rares petits lopins sont plantés en mil, la céréale aura (ou n'aura pas) le temps de fructifier pendant la brève saison des pluies.
Parmi les plants de mil, rabougris et jaunissants, de belles plantes bien vertes, les seules qui semblent luxuriantes ; elles portent de jolies fleurs roses : ce sont des *Striga hermonthica* (Orobanchacée), plantes parasites qui achèvent de tuer les céréales exsangues.

Pendant plus d'une quinzaine d'années, jusqu'à l'an 2 000, j'ai fait partie d'une petite équipe internationale de trois universitaires français et de deux ingénieurs agronomes, l'un malien, l'autre burkinabè. Nous avions mission d'étudier les plantes parasites des cultures vivrières du Sahel africain ; au sud du Sahara la zone est en effet relativement aride, plusieurs espèces de plantes parasites dont plusieurs *Striga* attaquent les cultures… Ces plantes, incomestibles, portent le nom des Stryges, ces démons femelles supposés, dans l'Antiquité, venir dévorer les enfants au berceau.

Albert. Peux-tu me dire à quoi ressemblent ces *Striga* ? Je n'en ai jamais vu.

Aline. *Striga hermonthica* (Orobanchacée) est le parasite des céréales le plus nuisible, le plus répandu, en Afrique Occidentale ; il exige une température élevée, de l'ordre de 30 °C au minimum. C'est une plante herbacée à feuilles vertes, haute de 30 à 50 cm, qui pousse en touffes dressées ; elle produit des fruits bourrés de graines minuscules. Issus de ces graines, les jeunes *Striga* se fixent sur les racines des céréales locales, mil et sorgho, ainsi que celles de maïs et parfois aussi des

herbes sauvages. Ils se nourrissent de la sève des céréales jusqu'à les épuiser.
Ces plantes annuelles croissent vite, elles accomplissent leur cycle biologique complet, de la germination à la maturité des graines, en 4 à 6 semaines.
Un autre *Striga*, *S. gesnerioides,* attaque le niébé, haricot local (*Vigna unguiculata*).
Bétail et animaux sauvages ne mangent pas les *Striga...*
Dans des conditions optimales, la céréale accomplit son cycle en 4 à 7 mois ; dans le Ferlo, elle bénéficie, au mieux, d'une saison des pluies qui dure 3 mois, pour germer, croître et mûrir ses grains ; une large part de la récolte est souvent perdue en raison du manque d'eau.

Les parasites aggravent le rôle destructeur de la sécheresse.
Entre céréale et parasite, c'est une course de vitesse, les deux forment un couple infernal !
La racine de la céréale émet, dans le sol qui l'entoure, des exsudats racinaires qui stimulent la germination de la graine du *Striga*, la jeune plantule est attirée par ces exsudats ; elle émet un filament qui se fixe sur la racine de la céréale et y pénètre. Dès lors, le jeune *Striga* pompera en permanence la sève du mil, du sorgho ou du maïs, qui finira par en mourir.
Le parasite connecte ses suçoirs aux racines de la jeune céréale dès l'arrivée des pluies. En moins de 6 semaines, nourri de la sève de son hôte, il grandit, fleurit et mûrit ses graines, puis il meurt après avoir épuisé son support nourricier ; ses graines tombées au sol germeront l'année suivante et parasiteront les nouvelles cultures.
Malgré son grand développement, la céréale, épuisée par le parasite, se dessèchera avant d'avoir eu le temps de produire ses grains, quelques pieds seulement survivront...
L'impact des plantes parasites sur les cultures vivrières est important.
On estime que le déficit de production dû à ce seul parasite végétal est équivalent aux pertes dues aux criquets et aux sauterelles... donc une perte de rendement qui varie entre 30 et 100 %.
Il arrive parfois que des vols de criquets s'abattent sur des champs déjà parasités, et achèvent alors l'anéantissement de la récolte.
Au sud du Sahel, la pluviométrie est plus abondante, les céréales sont plus robustes : même affaiblies par le parasite elles produisent au moins un peu.

D'une façon générale, les plantes parasites et les criquets sont, pour une bonne part, responsables de la malnutrition dans le Sahel.

Albert. D'où viennent ces plantes parasites qui envahissent les champs de céréales ? Ont-elles été importées, accidentellement, par l'homme, comme un certain nombre de parasites qui attaquent nos plantes en France ?

Aline. L'homme n'est pas responsable de l'introduction de ces parasites, on les trouve dans la végétation naturelle aux alentours des champs cultivés, dans le Sahel. Toutefois, l'homme, par ses déplacements et surtout par ses pratiques culturales, favorise très certainement la dissémination des graines dans les parcelles cultivées. Les paysans savent que les *Striga* font mourir leurs céréales ; pour nombre d'entre eux, ce parasite est une malédiction d'origine occulte. En effet les graines, fines comme une poussière brune, passent inaperçues ; certains m'ont dit que c'est la seule plante qui pousse sans sortir d'une graine… puisqu'ils n'ont jamais vu les graines !

Dans la végétation naturelle les plantes parasites, les *Striga* en particulier, sont en général discrètes et ne nuisent pas vraiment. Les besoins d'une plante parasite sont sélectifs, elle ne peut se nourrir que sur certaines plantes-hôtes, voire sur une seule espèce ; heureusement dans la végétation sauvage de nombreuses espèces se côtoient, seules quelques-unes peuvent nourrir le parasite : son expansion en est ainsi naturellement limitée. Dans la nature sauvage, le parasite n'est pas dominant. A l'inverse, il le devient vite là où l'on cultive une seule espèce de plante qui se trouve être nourricière du parasite, sorgho ou mil par exemple.

Albert. Nous voyons que le *Striga* parasite est nuisible dans une végétation artificielle, constituée d'une seule espèce, tandis que la population de *Striga* est contrôlée naturellement dans une végétation sauvage, formée de nombreuses espèces. Une riche biodiversité limite l'impact des parasites !
Vaste domaine d'études.

Aline. Les *Striga*, parasites qui fleurissent parmi les céréales cultivées, sont bien différents des adventices des champs européens, nos coquelicots et nos bleuets des champs de blé, ou l'adonis aux fleurs couleur de feu ; nos adventices, compagnes de nos cultures, ont désormais presque totalement disparu, éliminées par les traitements herbicides ; bien que n'étant pas parasites, nos adventices étaient gênantes pour le cultivateur, c'est dommage pour la botanique !

Albert. Nous ne sommes guère armés pour lutter contre les plantes parasites des cultures vivrières.
Il y a pourtant, à notre époque, des traitements chimiques très efficaces et relativement peu onéreux. Les utilise-t-on ?

Aline. Sous l'égide du Ministère de l'Agriculture local, notre équipe a testé, deux années de suite, l'utilisation d'herbicides foliaires, qui agissent sur l'organisme végétal entier, se sont révélés efficaces sur les *Striga*.
Souviens-toi qu'un pied de *Striga* se fixe à la racine de son hôte par un suçoir ; ce suçoir relie l'appareil vasculaire du parasite à celui de son hôte : les vaisseaux ou circulent les sèves de la céréale et du parasite sont connectés. Si on traite ce parasite avec un herbicide à base de glyphosate, ses feuilles l'absorbent. L'herbicide, entraîné par la sève du parasite, passe dans la sève de la céréale via le suçoir. La dose utilisée est suffisante pour tuer le parasite, mais non la céréale. La céréale, puissante et haute de 3 à 4 m, résiste, mais affaiblie : en conséquence, sa croissance est considérablement ralentie ; elle subit un retard de développement ; quand la saison sèche arrive, la céréale n'a pas encore eu le temps de fructifier : elle meurt de soif.
Le traitement au glyphosate n'est donc pas la solution !
D'ailleurs, les paysans du Sahel n'ont pas les moyens d'acheter les produits de traitement efficaces et n'ont même pas de pulvérisateurs qui leur permettraient d'utiliser sans danger des produits toxiques.

Albert. Les paysans pourraient-ils utiliser le glyphosate sans danger ?

Aline. Mal informés et n'ayant pas l'habitude d'employer des produits très toxiques, ils ne peuvent pas se protéger. Quand nous faisions des essais de glyphosate, j'avais cherché à savoir comment un paysan local pouvait utiliser l'herbicide. L'homme avec lequel je m'étais entretenue m'avait dit :

> « je mets du « médicament » (= produit destiné à traiter les plantes parasites) dans la grande cuvette et je la remplis d'eau ; je prends

l'eau avec la bouteille et je vais en mettre un peu sur chaque touffe de « ségué » (= *Striga* en langue Bambara) ».

J'avais alors demandé ce qu'étaient la grande cuvette et la bouteille ; la réponse fut simple : la grande cuvette émaillée blanche, la seule qu'ils possédaient, servait quotidiennement à préparer le repas ; on la rinçait sommairement à l'eau claire ; la bouteille en plastique, récupérée je ne sais où, était aussi rincée puis, remplie d'eau de boisson, le gamin, fils du paysan, l'emportait pour boire en gardant les chèvres en brousse.

Mes collègues et moi étions horrifiés…

Albert. Alors, ils n'ont pas d'autres herbicides à leur disposition ?

Aline. Eh bien, non.
Nous avons donc immédiatement abandonné le projet d'utilisation des herbicides au Sahel.
Nous avons testé d'autres moyens de lutte qui nous ont donné quelques résultats encourageants, bien que partiels. Plus l'hôte est robuste, moins l'impact des parasites est grave, c'est évident ; si la céréale est vigoureuse, elle tolère les plantes parasites à condition qu'elles ne soient pas trop nombreuses ; la céréale peut alors poursuivre son cycle et donner au moins une petite récolte.

Albert. Pour que la céréale soit plus robuste, les paysans pourraient enrichir le sol grâce au fumier de leur bétail, à des engrais verts ou encore des engrais chimiques ?

Aline. Malheureusement, ce n'est pas si simple. Les conditions climatiques dans le Sahel entraînent la décomposition rapide, trop rapide, du fumier ou des engrais verts.
Les paysans n'ont pas les moyens d'acheter des engrais chimiques. Alors que faire ?
Notre équipe a expérimenté l'association de deux plantes vivrières de familles différentes, plantées côte à côte : la céréale, mil ou sorgho, d'une part, le niébé, haricot très apprécié, d'autre part.
Le niébé est une Légumineuse (Fabacée) importante dans l'alimentation des paysans ; il héberge dans ses racines des microorganismes qui fixent l'azote atmosphérique ; il enrichit donc le sol. La céréale en profite et en devient plus robuste et donc plus résistante aux parasites.

Après la récolte des grains de niébé riches en protéines, le feuillage fait un excellent fourrage pour le bétail, zébus et vaches, chèvres et moutons. Les paysans consomment les jeunes gousses de niébé pendant la saison humide ; quand la saison sèche arrive, on récolte les gousses mûres et sèches, on conserve les grains secs pour les temps de disette. Le niébé est une ressource azotée essentielle pour la population locale ; dans la soupe, l'unique plat du repas journalier, on ajoute un peu de niébé, quelques légumes cultivés près de la case, une poignée de céréales, parfois des herbes sauvages, un peu de beurre de karité, très rarement un peu de viande séchée et fumée, dite « boucanée ».

Albert. Je ne crois pas qu'on cultive le niébé en France ?

Aline. On l'a longtemps cultivé dans les pays méditerranéens et la France méridionale, sous le nom catalan de « mongete » ou « mongette ». Au 15e siècle, après l'introduction des haricots originaires des Andes, sa culture a régressé ; on a alors cultivé haricot et niébé, ce dernier étant distingué sous le nom de « haricot à œil noir ».

Confins sahariens

Albert. Avez-vous recherché des plantes parasites jusque dans le Sahara ?

Aline. Oui. En 1990, nous partons en mission pour repérer les limites géographiques des zones infestées par les parasites des cultures. Nous allons prospecter la vaste région du Mali aux confins du Sénégal et de la Mauritanie.
Nous sommes cinq chercheurs, Georges et Christiane, enseignants-chercheurs à l'Université Pierre et Marie Curie, Athena, anglaise, chercheur à l'Institut d'Agronomie de Bristol, Bouréma, ingénieur agronome malien, et moi, botaniste. Et deux chauffeurs du Ministère de l'Agriculture malien, qui a mis à notre disposition deux voitures tout-terrain : une vieille Land Rover et une jeep Mitsubishi.

Faute de route, nous partons de Bamako par le train, avec nos deux chauffeurs et les deux voitures. Un train vétuste et cahotant qui atteint à peine la vitesse de 70 km/h nous emmène à Kayes, à 500 km au nord-ouest de Bamako.
Arrivés à Kayes, nous voici au bord du fleuve Sénégal. Nous sommes à la fin de la saison des pluies, c'est encore un large fleuve au débit puissant, ce ne sera plus le cas en fin de saison sèche. La pluie menace ; mais un vent de sable se lève, la pluie, qui aurait été la dernière de la saison, ne tombera pas. Nous sommes en octobre, il a plu récemment, le fleuve est gros.
Il faut le traverser pour aller vers le nord… avec les deux voitures.

Albert. Il y a probablement un pont ou un bac, sur ce fleuve, long de près de 1 800 km ?

Aline. En 1990, un seul pont permet de traverser le fleuve Sénégal, il est à 600 km de nous, en aval, à Saint-Louis. Ici, à Kayes, il y a bien un bac, mais il est en panne… depuis des années. Ni pont ni bac, un barrage permet la traversée : à son sommet un radier, chaussée pentue, construit en dur.
Le fleuve en crue passe par-dessus le barrage. Sur le bord amont, le courant se brise en vagues jaillissantes. Le radier, large de 4 ou 5 mètres environ, est couvert de 40 ou 50 centimètres d'une eau impétueuse qui tombe, vers l'aval, en cataracte d'une hauteur de plusieurs mètres...
Aucun repère ne dépasse de l'eau, nous ne voyons pas les marges du radier. Quelques personnes le traversent à pied, elles suivent le bord amont, de l'eau au-dessus du genou. Aucune protection, ni amont, ni aval. On distingue à peine la chaussée, mais on doit pouvoir passer… prudemment.
Les deux chauffeurs se sont concertés ; les voitures passeront l'une après l'autre, en première.
Nous nous installons dans la Jeep qui s'engage en tête ; à l'avant, Bouréma avec le chauffeur ; à l'arrière, Athena dont c'est la première aventure lointaine, et moi. La Jeep avance très lentement, dans des gerbes d'eau.
Nous sommes très inquiets, cette traversée comporte de vrais risques. Des bouillonnements indiquent le bord aval du radier que nous ne perdons pas de vue : ne pas s'en approcher, pour ne pas être entraîné par le courant ; le chauffeur est tendu. La voiture, heureusement lourde

et puissante, avance lentement à vitesse constante ; l'eau suinte au bas des portières…
Enfin nous atteignons la berge.
La Land Rover s'engage à son tour et nous rejoint, sans problème. Tous réunis, nous pouvons nous détendre.

Albert. De l'autre côté du fleuve, vous trouvez une route carrossable ?

Aline. Non, nous roulons maintenant sur une piste terreuse, dans une brousse pelée et surpâturée ; de rares petits arbres, des *Balanites aegyptiaca* (Zygophyllacée), ont été taillés court par les éleveurs : les branches feuillées ont nourri quelques vaches efflanquées. Quelques *Balanites* repoussent en buissons bas qui portent des fruits appréciés des gamins qui gardent le bétail.
L'élevage, pourtant restreint, pèse trop sur cette nature subsaharienne sèche et pauvre ; le désert a progressé vers le sud de façon inquiétante depuis une quarantaine d'années, la diminution de la pluviométrie ainsi que le surpâturage en sont la cause.
Dix ans plus tard, la sécheresse s'est aggravée, le sahel est devenu presque un désert.
Nous allons vers le nord-est, sur une immense plaine, dominée par quelques collines rocheuses qui s'éboulent en blocs noirs de lave sombre. Piste cabossée, tracé incertain…

Albert. Vous ne voyez pas de villages, il y en a sûrement puisqu'il y a du bétail.

Aline. Nous rencontrons seulement quelques petits groupes de cases, entourés de maigres champs de mil ou de sorgho : les plants sont espacés de plus d'un mètre, petits, jaunissants, ils risquent de mourir de sécheresse avant même d'avoir fructifié ; nous n'y trouvons pas de parasites. De bétail, il ne reste que quelques bêtes squelettiques.
La piste longe une colline tabulaire de roche gris clair : un grès.
Nous rencontrons une troupe de quelques « singes rouges » (*Erythrocebus patas*), pelage clair, silhouette svelte, corps long de 50 à 60 cm et longue queue arquée. Ils s'enfuient devant nos voitures ; un jeune, curieux, se retourne un instant ; une femelle l'attrape prestement, l'accroche sur son pelage entre ses bras et court rejoindre le groupe.

Albert. Vous avez fait des haltes ? Vous roulez depuis combien de temps ?

Aline. Depuis des heures ; nous ne nous sommes même pas arrêtés pour manger une bricole.
L'air brûlant qui entre par les vitres ouvertes nous couvre d'une fine poussière de sable. La piste est réduite à des traces qu'on perd... qu'on retrouve plus loin ; est-ce bien notre piste ? Nous nous orientons à la boussole.
Pentes abruptes et caillouteuses sur lesquelles les voitures se cabrent, tressautent de bloc en bloc, retombent dans des bruits de... clochettes : la roche feuilletée, gris-bleu clair, une phonolithe, une lave encore, se délite spontanément en lames minces qui sonnent quand on les frappe.
Nous sommes dans un immense champ de volcans anciens. La région est inhabitée. L'horizon est noyé dans la brume dorée de sable scintillant.
Nous dressons nos lits de camp sur un plateau rocheux, encombré de pierrailles, nous dormirons à la belle étoile : nous fermons soigneusement les voitures car les singes rouges pourraient venir visiter nos bagages.

Le lendemain, nous redescendons dans la plaine, nous apercevons quelques arbres très espacés, petits et tortueux, des *Acacia senegal* au fin feuillage. Leur tronc tordu, qui avait été coupé à environ 50 cm du sol, a donné une grosse branche verticale qui produit de jeunes rameaux feuillés : les gardiens de chèvres taillent ainsi les arbres pour donner les branches fraîches à leurs bêtes ; seuls les arbres les plus robustes survivent et produisent de nouvelles branches.
La sève perle spontanément sur le tronc et les grosses branches, c'est la gomme arabique, qu'on récolte : on incise le tronc pour en augmenter la production. La gomme est utilisée localement pour lier les sauces ; elle est exportée car elle a de multiples usages. En Europe, c'est un épaississant alimentaire (E 414) ; elle entre dans la fabrication des dragées, du sirop d'orgeat ou encore du pastis ou du Coca-Cola. Elle favorise les bactéries intestinales utiles à la digestion. Elle a aussi des utilisations dans les textiles, la construction, la peinture d'art, l'encollage des enveloppes ou des étiquettes gommées, etc. elle sert aussi sur les archets d'instruments à cordes (c'est la colophane), les chaussons des danseurs... un vrai trésor. Il semble que la gomme

arabique était déjà utilisée par les Égyptiens il y a plus de 4 500 ans ; elle aurait servi à encoller les bandages des momies.
Les arbres sont rares ; les *Sterculia setigera* (Sterculiacée), beaux arbres dans les savanes, plus au sud, ne dépassent guère ici 4 mètres de hauteur dans cette région très aride. Les *Sterculia* portent des touffes d'un arbuste parasite, ancré sur leurs branches comme le ferait le gui : le *Tapinanthus globiferus* (Loranthacée) vit à leurs dépens : il se nourrit de leur sève ; il porte des bouquets de longues fleurs en tubes étroits, renflés à leur sommet, qui évoquent des… allumettes d'une belle couleur rouge vif, elles en ont la taille.
De loin en loin, un petit arbre haut de deux mètres, au tronc argenté, porte des branches courtes et charnues terminées par des bouquets de fleurs roses, inattendues dans ce désert : *Adenium obesum* (Apocynacée), le « baobab du chacal » ; son tronc renflé évoque celui d'un mini-baobab, et toutes les parties de cet arbre, très toxiques, sont dangereuses comme l'est… un chacal.
A perte de vue, plaine désolée ; sol nu ; arbres très rares.
Où est donc notre Land Rover qui nous suivait ? Se serait-elle perdue, ou en panne ? Son âge vénérable nous inquiète, elle a roulé sur de très mauvaises pistes pendant plus de 20 ans. Nous faisons demi-tour ; nos propres traces ne sont plus visibles, le vent les efface aussitôt… Enfin, nous apercevons le 4x4, au loin ; capot soulevé ; en panne. C'est l'allumage ! Les deux chauffeurs se mettent au travail, la Land redémarre, nous repartons.
Les quelques villages que nous rencontrons sont très distants les uns des autres. Nous faisons une brève halte dans l'un d'eux, un vieil homme très digne nous accueille sous une paillote ; pendant ce moment de repos, des margouillats (*Agama agama*), sortes de lézards, circulent en tous sens, mâles brillamment colorés de bleu et de rouge, femelles plus grises. Un grand mâle long de 30 cm, tête très rouge, s'arrête longuement devant un emballage de paquet de cigarettes vide, rouge et doré, tombé à terre ; il l'observe attentivement puis lui fait d'innombrables révérences saccadées en pliant brusquement les pattes antérieures. Que croyait-il reconnaître dans ce papier coloré ?
Les champs de mil sont misérables ; les invasions récurrentes de criquets finissent de détruire la céréale desséchée. Seules subsistent les tiges de mil nues, les criquets ont dévoré les feuilles ; pas un grain à récolter. Les paysans sont bien des éleveurs, mais leur bétail n'a presque rien à manger, ni rien à boire ; les bêtes piétinent des branchettes

desséchées. Parfois un cadavre de vache morte de soif, momifié par la sécheresse, la peau tendue sur le squelette.

Plusieurs nuits sous un ciel constellé, roulés dans nos couvertures ; aucune lumière parasite après l'extinction de nos lampes ; aucun bruit, seul le vent.

Dans la journée, nous roulons hors-piste ; de puissants camions vétustes, bricolés, traversent parfois la région pour aller de village en village, transportant on ne sait quoi ; des camions, nous n'en verrons que les traces qui se ramifient, disparaissent, se croisent, deviennent des ornières trop profondes et trop larges pour que nos voitures puissent passer. Ces traces sont impossibles à suivre… et d'ailleurs, laquelle faudrait-il suivre ? Où sommes-nous ? Au Mali, ou en Mauritanie ?

Albert. A l'époque, il n'y a pas encore de GPS. Comment vous orientez-vous ?

Aline. A la boussole, nous faisons route vers l'est.
Surtout ne pas se perdre. Pour des raisons de sécurité, les deux voitures doivent rester groupées au cas d'accident ou de panne grave, mais le nuage de poussière, soulevé par la première, contraint la seconde à rouler loin derrière, à 200 m peut-être. Nous avons le souci de la vieille Land, pas très fiable, qui roule en deuxième position ; nous arrêtons notre Jeep de temps en temps, nous prêtons l'oreille, guettant le vrombissement lointain d'un moteur.
Quelques heures plus tard, tous les quatre, mes deux collègues, le chauffeur et moi, n'entendons plus aucun bruit de moteur depuis un moment : la Land serait-elle en panne ? Nous faisons demi-tour ; après avoir erré, nous finissons par l'apercevoir, capot levé ; les deux chauffeurs s'affairent, ils réussiront à la remettre en route… deux heures plus tard.
Les voitures sautent, tapent, penchent, raclent, grincent, cognent sur les bosses, les roches, les creux.

Nous nous dirigeons maintenant vers le sud ; des ornières humides apparaissent : nous avons atteint une région moins aride. Quelques champs de mil aux feuilles vertes et des *Striga hermonthica* en fleurs : nous avons quitté le Sahara, nous voici dans le Sahel.

Les deux voitures se suivent à une centaine de mètres. Soudain la Jeep, voiture de tête dans laquelle je suis, glisse, se met en travers, et se plante sur le talus entre les ornières profondes d'un mètre, pleines d'eau boueuse ; les roues tournent dans le vide, fond de caisse, nous voici immobilisés. Le soir approche...
La Land nous rejoint enfin et dépasse la fondrière où nous sommes enlisés, fait demi-tour, revient vers nous en marche avant ; s'arrête nez à nez avec la Jeep, sur une dalle latéritique. Nous avons une corde dans chaque voiture : nous nouons bout à bout les deux cordes de 5 mètres, d'une voiture à l'autre.
Nous sommes « crépis » de boue. La nuit tombe, nous nous éclairons à la lampe torche.
La Land, « tracteur » avec ses deux ponts et son crabot, rugit en marche arrière. Les cordes se tendent, l'eau gicle dans le faisceau de la torche. La Land tressaute sur la dalle, après plusieurs tentatives, elle recule centimètre par centimètre, la Jeep glisse dans la boue sur le fond de caisse ; ses roues accrochent enfin la terre. Les cordes n'ont pas lâché. Malgré son âge respectable, la Land nous a tirés de là !
Nous étalons nos couvertures sur un coin de sol sec, à la belle étoile, pour une nuit de repos.
Le lendemain matin, nous traversons des villages entourés de champs de mil sur notre chemin, puis, enfin, une vraie piste au sol tassé, régulièrement empruntée par des véhicules. Nous approchons de la vallée du Niger, de Bamako.
Dans les champs de céréales fleurissent des *Striga* parasites. Nous n'en avions pas rencontré au nord du fleuve Sénégal. En effet, ces plantes parasites ont besoin d'un hôte assez riche en sève pour se nourrir, telles les grandes céréales cultivées. Vers le nord, le climat trop aride, le sol trop pauvre ne permettent pas aux céréales de se développer : les *Striga* parasites ne peuvent donc y vivre.
Nous arrivons dans une zone moins aride, la pluviométrie, bien que faible encore, permet cependant la culture de grandes céréales et, malheureusement, la prolifération du parasite...
Notre incursion saharienne aura duré plus d'une semaine, elle nous a permis de préciser les limites écologiques des *Striga*. Nos conclusions feront l'objet d'un rapport au Ministère de l'Agriculture du Mali.

Les eaux mortes

Aline. Fin 1964 ; mon mari et moi poursuivons au Cameroun notre mission de collecte d'échantillons botaniques pour le MNHN.
Nous sommes accompagnés d'un forestier camerounais et d'un chauffeur qui conduit un camion 4x4 prêté par les Eaux et Forêts. Nous avions déjà prospecté d'autres régions peu explorées par des botanistes, et allons maintenant vers l'extrême nord du Cameroun ; nous voulons en effet découvrir la région du lac Tchad et espérons bien pouvoir naviguer sur le lac pour observer la flore aquatique. La flore de cette grande étendue d'eau douce était alors imparfaitement connue à l'époque.
Nous étions partis de Yaoundé en direction de l'extrême nord du Cameroun, à près de 1 200 km à vol d'oiseau. Nous traversons, vers le nord, le plateau de l'Adamaoua et les massifs montagneux qui lui font suite. Nous sommes en pleine saison sèche, cependant quelques rivières ont encore un fort débit, certaines tombent du haut d'anciennes coulées basaltiques en chutes impressionnantes ; l'eau bouillonnante est teintée de rose par la latérite. Nous roulons à présent sur des pistes dans des savanes de plus en plus sèches, aux rares arbres de plus en plus rabougris. Le paysage est plat, pas une colline à l'horizon ; seulement une maigre végétation desséchée.

Arrivés à 150 km environ du lac Tchad, nous faisons halte dans un petit village en pleine cérémonie rituelle d'initiation, réservée aux jeunes femmes mariées ; cette cérémonie est censée leur donner force et fécondité, et les protéger contre des maladies…
Un groupe de musiciens joue à l'ombre d'un arbre, un gros tamarinier (*Tamarindus indica*, Fabacée Césalpinioïdée) au tronc court, d'un diamètre de 1 m ; sous son feuillage fin pendent des gousses brunes, des tamarins ; la pulpe qui entoure les graines est comestible ; on l'utilise localement en cuisine pour épaissir les sauces et, une fois dissoute dans l'eau, pour faire une boisson rafraîchissante acidulée. Pulpe et graines sont utilisées en médecine traditionnelle. Le fruit, riche en pectine, est commercialisé, il est employé en Europe dans diverses préparations telles que les confitures industrielles.
L'un des musiciens frappe sur un gros tam-tam au son grave, un autre sur un tam-tam long et étroit, au son plus aigu, deux autres jouent des flutes ornées de cauris, ces petits coquillages que nous appelons des

porcelaines ; deux vieilles femmes donnent le rythme, l'une en frappant un petit gong en fer, l'autre, une calebasse retournée sur une grande calebasse pleine d'eau. Une huitaine de jeunes femmes, vêtues de pagnes aux couleurs vives, dansent frénétiquement sur place en transe, elles tapent des pieds en secouant violemment la tête. L'une d'elles s'effondre ; la vieille pose son gong et, après avoir empli sa bouche d'eau, la lui souffle au visage… la fille se relève, la vieille la prend par les épaules, lui fait des étirements du dos… la fille reprend sa danse.

Albert. Lorsque vous repartez, c'est toujours la steppe pelée et grise ?

Aline. Bien sûr ! La route vers le lac Tchad fut encore longue avant d'apercevoir de la verdure.
Nous y arrivons enfin : des étendues herbeuses vertes et des dédales de chenaux bleus, jusqu'à l'horizon.
Au bord du lac nous atteignons Magala Kabir, un village de pêcheurs qui passent la « saison de pêche », c'est-à-dire la saison sèche, sur l'eau. Les bâtiments sont construits en briques d'argile rouge séchée, soigneusement crépis d'argile. Les constructions cubiques ont un toit en terrasse, les ouvertures sont très petites pour maintenir une ombre fraîche. Le sultan, qui exerce une autorité traditionnelle sur la région, nous reçoit dans son saré, sa demeure, constituée de plusieurs cases à toit plat ; chacune de ses épouses occupe une case avec ses jeunes enfants.
Le sultan nous fait l'honneur de nous proposer une case ; à l'entrée, un grand récipient en terre, un canari, plein d'eau claire pour nous rafraîchir.
Pour notre dîner, l'une de ses femmes nous apporte une soupe de poisson épicée.

Le lendemain au soleil levant, dans une brume légère et fraîche venue du lac, nous sommes sur la rive : face aux cases du village, les pirogues des pêcheurs, arrimées à des piquets.
De grandes étendues de hautes herbes masquent l'eau : ce sont des populations de papyrus (*Cyperus papyrus*, Cypéracée) spontanées dans le lac.
Après une conversation animée et sympathique avec des pêcheurs, nous partons en pirogue conduite par un piroguier expérimenté ; elle est faite de planches assemblées, c'est la seule du petit port qui soit construite ainsi et c'est la plus grande, les pêcheurs du village l'appellent « la belle

pirogue » ; son propriétaire la pousse avec une perche longue de 3,50 m environ. La profondeur moyenne du lac est voisine de 2 à 3 m, au plus profond elle atteint à peine 7 m.
Une dizaine de petites pirogues de pêcheurs nous environnent ; elles sont faites de tiges de papyrus assemblées par des liens végétaux, certaines pirogues sont si petites que le pêcheur se tient à califourchon sur l'embarcation, les jambes pendantes dans l'eau. D'autres petites pirogues sont faites de pièces de bois évidées, assemblées par des liens végétaux ; il n'y a pas ici d'arbres assez gros pour construire une pirogue monoxyle, creusée dans un seul tronc.
Notre pirogue glisse parmi les grandes herbes enracinées dans une eau profonde d'un mètre environ. Les petits nymphéas à pétales rosés et pointus (*Nymphaea micrantha*), les grands nymphéas blancs (*N. lotus* à fleurs larges de 15 à 20 cm), les *Nymphoides* (*N. brevipedicellata*, Ményanthacée) aux petites fleurs en étoiles blanches, les utriculaires (*Utricularia inflexa*, Lentibulariacée), fleurissent entre les grandes herbes ; les fleurs de ces plantes se dressent au-dessus de l'eau.
Un gros rhizome enterré au fond de l'eau produit feuilles et fleurs de nymphéa ; les enfants plongent pour arracher ces rhizomes, les rincent rapidement et les croquent avec délice ; c'est un complément alimentaire qui leur est utile.
Dans les peuplements de papyrus et de massettes (*Typha australis*, Typhacée) s'installent des grandes Graminées : le roseau bien connu chez nous (*Phragmites australis*) et d'autres herbes puissantes, *Vossia cuspidata*, *Leersia hexandra* par exemple.
Là où l'eau est plus profonde des masses vertes de ces grandes herbes luxuriantes dérivent librement ; la pirogue se faufile entre des îles flottantes, nous sommes dominés par les hauts toupets des papyrus.

Albert. Ces papyrus sont-ils ceux de l'ancienne Egypte ?

Aline. En effet, le papyrus est une plante aquatique originaire des lacs et des grands marécages africains ; il ne vit que dans l'eau. Il développe, à sa base, de puissants rhizomes qui peuvent atteindre 8 ou 10 cm de diamètre et des dizaines de décimètres de longueur ; ils se ramifient, produisent des tiges qui se dressent au-dessus de l'eau ; ces tiges, nues et luisantes, hautes de 3 à 4 mètres, portent à leur sommet un toupet de fines ramifications vertes, qui produisent de petits épis roux.
Herbe géante spectaculaire, emblématique de la végétation des eaux continentales africaines, le papyrus donne leur physionomie au Lac

Tchad et au « Sudd du Nil Blanc », ces marais formés par l'inondation du Nil Blanc au Soudan.

Nous sommes ici au royaume du papyrus, qui s'étendait autrefois jusqu'en Egypte : l'histoire de l'Egypte ancienne est indissociable du papyrus.

Venu de ces étendues d'eau où il est sauvage, le papyrus a été introduit et cultivé en Egypte il y a au moins 6 000 ans. Grâce aux crues annuelles du Nil et aux conditions climatiques, la plante s'y est répandue largement, offrant des milieux favorables à la prolifération des oiseaux aquatiques et des poissons.

Fig. 9. Un fourré de papyrus flotte et dérive librement sur le lac.
Cliché ARR.

Les peuplements de papyrus fournissaient aux paysans les matériaux utiles à leur vie quotidienne ; les grandes tiges nues, robustes et souples, permettaient de faire des nattes, des cloisons, des abris, des plateaux, des corbeilles… matériaux gratuits et toujours disponibles, d'autant plus utiles que, sur place, le bois était rare, de mauvaise qualité, ou absent. Une fois séchées, les tiges étaient la principale source de combustible. La moelle séchée servait de mèche pour les lampes à huile.

Les tiges flottent sur l'eau grâce à leur moelle spongieuse, blanche et souple, constituée d'alvéoles aérifères étanches. On pouvait en faire des embarcations qui naviguaient sur le Nil, certaines portant une voile.
Une barque faite de tiges de papyrus peut naviguer 6 mois environ, avant que les parois des alvéoles aérifères ne s'altèrent et que les tiges se gorgent d'eau.
J'ai vu sur le Lac Tchad, au 20e siècle, des pêcheurs naviguer, s'abriter, chauffer leur marmite, construire des paillasses… en utilisant les tiges de papyrus, comme le faisaient les paysans égyptiens il y a plusieurs millénaires.
La moelle de tiges de papyrus a joué un rôle essentiel dans le développement de la civilisation de l'Egypte ancienne. Tranchée en fines lamelles, elle servait à fabriquer le « papyrus », support d'écriture et de peinture apparu il y a environ 5 000 ans ; les lamelles juxtaposées, puis superposées en les entrecroisant, étaient arrosées de colle de sève du papyrus, et enfin martelées jusqu'à dessiccation.
Une feuille de « papyrus » ne dépassait pas 50 cm de largeur et de longueur, mais on pouvait en assembler plusieurs, pour former des rouleaux qui pouvaient atteindre 40 m de longueur.
De nos jours, en Egypte, on cultive encore un peu le papyrus pour fabriquer des feuilles décorées de peintures comme autrefois, à l'intention des touristes.
On trouvait le *Cyperus papyrus* partout dans l'Egypte ancienne, la multiplicité et la facilité de ses utilisations expliquent que cette grande herbe de marais ait été représentée dans l'architecture, la sculpture, la gravure, la peinture.

Albert. Le papyrus forme de grandes colonies sur le lac ; comment peut-il s'étendre ?

Aline. Les gros rhizomes se développent dans le sol où l'eau est peu profonde. En eau plus profonde les rhizomes ne reposent pas sur le sol, ils flottent, s'enchevêtrent et, mêlés à des racines, forment un radeau vivant naturel, une sorte d'île flottante vivante. Les îles flottantes peuvent être ancrées au sol par quelques longues racines, ou dériver librement au gré des mouvements de l'eau.
Ces îles flottantes peuvent n'être qu'un simple bouquet de papyrus couvrant quelques mètres carrés, d'autres peuvent atteindre une surface qui dépasse un kilomètre carré.

Pendant les 3 mois que dure la saison des pluies, les pêcheurs et leurs familles habitent le village sur la terre ferme.
Pendant la saison de pêche, en saison sèche, les familles s'installent sur des îles flottantes, instables, qui, bien qu'ancrées au fond, oscillent sous le vent et les vagues. Le radeau végétal est souple, le pied s'y enfonce et fait jaillir l'eau.

Nous accostons sur une grande île flottante de papyrus, habitée par une famille. Les pêcheurs y ont construit des abris saisonniers précaires faits de tiges de papyrus ; d'autres tiges sont assemblées en nattes sur lesquelles on peut marcher sans que les pieds s'enfoncent dans l'eau. Des bottes de tiges bien serrées forment les montants des petites cases ; les longues tiges droites et lisses, assemblées en nattes accrochées aux montants, servent de murs ; d'autres nattes de papyrus, étendues sur le tapis spongieux, forment le plancher, isolent un peu de l'humidité et permettent de s'allonger pour dormir… d'autres tiges assemblées deviennent toit. Des tiges sèches, enfin, fournissent le combustible qui permet de cuisiner sur le radeau mouillé et, surtout, de sécher et fumer le poisson fraîchement pêché.
Les gamins jouent dans l'eau, brisent les jeunes pousses de papyrus et en sucent la sève douce.
Les pêcheurs, de temps en temps, vont vendre leur pêche au marché du village, sur la berge du lac ; les poissons séchés se conservent parfaitement bien.
Dans les années 1960, le papyrus joue encore un rôle essentiel, il assure la vie courante des pêcheurs qui vivent sur le lac Tchad ; il fournit des matériaux de base ; les îles flottantes qu'il forme sont des lieux d'habitation temporaire, mais aussi des refuges pour les alevins qui peuvent se développer en sécurité, entre les racines et les rhizomes qui baignent dans l'eau.

Albert. Parle-moi de la pêche dans ce lac. Y avait-il beaucoup de pêcheurs ?

Aline. A l'époque, tous les habitants du village sont pêcheurs ; le lac est très poissonneux, on y pêche des perches du Nil, ou capitaines (*Lates niloticus*), qui peuvent atteindre une taille respectable, 2 mètres de longueur pour 200 kg ; des *Heterotis niloticus,* qui atteignent un mètre de longueur, peuvent vivre dans des eaux désoxygénées et même respirer temporairement dans l'air… Et des tilapias (*Tilapia zillii*), plus petits, et bien d'autres. On pêche aussi de grands Siluridés, comme des *Clarias* semblables à des poissons-chats.

Albert. J'ai moi-même pêché des perches du Nil, appelées localement « capitaines », au Cameroun, dans la Bénoué, non loin de Ngaoundéré ; elles dépassaient un mètre de longueur.

Aline. Ce sont ces « capitaines », ou divers beaux poissons de grande taille, qui sont souvent aussi pêchés dans le Niger.

Albert. Pourquoi « capitaines » ?

Aline. On donne ce nom à plusieurs espèces de grands poissons, certains d'eau douce, d'autres de mer, dont la chair est appréciée. On dit que le plus beau poisson pêché est réservé au capitaine d'un bateau… d'où le nom communément donné à ces divers poissons.

Un matin, nous naviguons sur le lac Tchad, dans un large passage entre de grandes îles flottantes, quand le piroguier dit brusquement : « fonçons vers l'île… » il pousse la pirogue avec sa perche, aussi vite que possible, vers une île de papyrus : il a aperçu la tête d'un hippopotame, animal capable de renverser une pirogue et de tuer ses occupants. On dit que les hippopotames feraient 300 victimes humaines par an au Cameroun. Pour l'instant, il nage calmement, sans bruit ni remous. Une fois serrée contre les papyrus, notre pirogue est à l'abri. L'hippopotame s'éloigne enfin, nous reprenons la navigation.

Sur une carte d'état-major datant des années 1950 consultée à l'IFAN de Dakar, j'avais repéré une île ; aujourd'hui, je veux l'explorer. La carte portait, sur l'île, les mentions : « anciens villages » et « épineux ». Le piroguier nous raconte qu'il y a une dizaine d'années, il y avait une île de terre ferme, qui portait encore un village habité en permanence et des champs cultivés ; le niveau de l'eau ayant monté, la surface de l'île s'étant fortement réduite, les habitants ont dû abandonner le village. Lorsque nous atteignons l'île, elle est submergée par près d'un mètre d'eau ; de hauts palmiers rôniers (*Borassus flabellifer,* Arécacée) aux grandes feuilles digitées et des *Acacia* épineux, sont à demi-morts, ces arbres ne supportent pas la submersion de la base de leur tronc. Les palmiers rôniers jalonnaient probablement l'emplacement des anciennes habitations ; peut-être furent-ils semés autrefois, le rônier est en effet très utile dans la vie quotidienne. La grande hauteur de ces palmiers mourants - ils dépassent probablement 20 m - montre qu'ils sont très âgés.

Albert. Je ne connais pas les rôniers, à quoi ressemblent-ils ?

Aline. La haute tige du rônier est couronnée par un bouquet de grandes feuilles digitées ; le limbe très coriace et raide émet un son presque métallique dans le vent. Les folioles ont été utilisées comme support d'écriture. Les feuilles fournissent des fibres résistantes qui permettent de confectionner des liens, des paniers, des chapeaux ; elles servent à couvrir la toiture des cases. Enfin la tige du palmier, le « tronc », donne un excellent bois d'œuvre, presque imputrescible.
Tout est comestible dans le rônier ! Ses fruits sont consommés comme légumes ; Ses graines gélatineuses servent dans des préparations culinaires. Sa sève recueillie lorsqu'on coupe une jeune inflorescence est un sirop sucré agréable ; fermentée, elle devient un « vin de palme ».

En revenant vers le village, vers la terre ferme, nos compagnons allument un feu de papyrus sec dans un petit fourneau de terre cuite posé au fond de la pirogue ; dans une marmite en terre ils font cuire des tilapias juste pêchés par le piroguier, et du mil ; tous ensemble, nous nous régalons.

Albert. Je ne connais pas le lac Tchad, mais il est clair qu'il est un élément déterminant de la vie et même de la survie des habitants de cette région subsaharienne. Tu as observé toi-même que le niveau du lac a monté d'un mètre entre 1954 et 1964. Je croyais que le niveau du lac Tchad était en cours de régression…

Aline. Exact, l'élévation du niveau du lac n'a malheureusement été que temporaire.
Depuis 1970 environ, la pluviométrie a diminué de façon drastique dans le Sahel ; l'alimentation du lac n'a pas été suffisante pour compenser les déperditions, son niveau n'a cessé de baisser.

Albert. A l'époque où tu es allée sur le lac Tchad, son niveau était probablement plus haut qu'il ne l'est de nos jours, plus de 50 ans plus tard ?

Aline. Oui, en fait son niveau a varié très largement, non seulement au cours de ces dernières décennies, mais dans le passé.
La surface du lac continue à se réduire. Aujourd'hui les dunes, poussées par l'harmattan, ce vent du nord-est puissant et brûlant, avancent sur ce qui fut le lac, voici quelques années.

Albert. Le lac Tchad a donc pratiquement disparu, le peuplement de poissons a diminué de façon tragique pour les habitants des rives, il est maintenant à peu près nul.
Et tous ces pêcheurs que tu avais vus en 1964, vivaient exclusivement de leur pêche, que sont-ils devenus, 60 ans plus tard ?

Aline. Le fond du lac, encore humide, se prête à la culture maraîchère, à l'élevage. Certains habitants des anciennes rives ont modifié leur mode de vie, d'autres sont partis… L'assèchement progressif du Lac Tchad a été, et reste encore, un désastre écologique et humain.

Albert. Ce phénomène est-il unique ? Peut-on l'espérer réversible ?

Aline. Non, il n'est pas nouveau, des catastrophes semblables se sont produites dans l'histoire ; le Lac a connu bien des péripéties au cours des derniers millénaires.
Mais comment savoir s'il pourra à nouveau se remplir ? Il n'est alimenté que par deux grandes rivières, le Chari et son affluent le Logone, et par quelques petits cours d'eau dont la plupart sont en voie d'assèchement. Il faudrait que la pluviométrie revienne à des chiffres plus élevés, donc que le débit des rivières augmente pour que le lac se remplisse…
Le lac n'a aucun débouché, c'est un lac « endoréique », c'est-à-dire une dépression close qui retient les eaux qui y parviennent ; l'eau ne peut quitter un bassin endoréique que par évaporation ou infiltration.
Aux confins du Sahara, ce lac Tchad était, à mon passage, une masse d'eau douce, ô combien précieuse, pour les hommes et la vie sauvage dans cette région très aride.
Le Sahara a connu, au cours des 10 derniers millions d'années, des phases sèches intermittentes. M'appuyant sur les travaux de spécialistes des climats anciens et des restes de fossiles, j'ai tenté de présenter un tableau montrant les variations du lac Tchad au cours des 50 000 dernières années.

Dates (approchées)		***Surface du Lac Tchad*** (valeurs approchées)
-50 000		2 000 000 km^2
-20 000	↓	Assèchement du lac à l'époque des glaciations
-5000	↑	400 000 km^2
-4000	↑	1 000 000 km^2
-2000	↓	2 500 km^2
vers 1000	↑	340 000 km^2
vers 1450	↓	Le lac est asséché
1908	↑	Le lac est un marécage, avec deux petits bassins
1963	↑	25 000 km^2
1973	=	25 000 km^2
1990	↓	2 000 km^2
2000	↓	1 500 km^2
2001	↑	4 000 km^2
2008	↓	2 500 km^2
2016	↓	1 500 km^2

Fig. 10. Variations de superficie du Lac Tchad
au cours des 50 000 dernières années.

Albert. Peut-on imaginer que la cause principale ait été, et soit encore, la diminution de la pluviométrie ?

Aline. Bien sûr, c'est important ! Mais il y a d'autres causes.

- La première cause : le développement des cultures maraîchères sur les rives ; les paysans ont été équipés de motopompes grâce auxquelles ils pouvaient arroser leurs légumes toute l'année ; une grande partie de l'eau distribuée aux cultures s'évaporait ainsi en raison de la chaleur et de la sécheresse de l'air ; le lac Tchad était vaste mais peu profond… il constituait une réserve d'eau limitée. De nos jours, l'augmentation des prélèvements par les populations locales, en particulier pour l'irrigation des cultures, menace l'existence même du lac et donc la survivance de ces mêmes populations.
- La deuxième cause : entre 1983 et 1994, la population riveraine a doublé et les surfaces irriguées ont quadruplé…

  Le lac Tchad est le dernier vestige d'un lac gigantesque qui, il y a 6 000 ans, s'étendait sur plus de 360 000 km^2, soit les 2/3 de la

France ; sa profondeur atteignait 160 m. En 1964, sa surface n'était plus que de 25 000 km^2 ; un demi-siècle plus tard, elle n'excède pas 1 500 km^2.

- La troisième cause : les périodes de sécheresse de 1972 - 73, 1982 - 84 et 2008 ont accentué la baisse du niveau du lac.

Albert. Au temps des grands lacs sahariens, ce qui est aujourd'hui le Grand Désert était verdoyant. Il y a peut-être 5 000 ans, des rivières coulaient encore, des marais entretenaient une végétation et une faune riches. Dans le Sahara on retrouve le tracé de rivières asséchées depuis longtemps. Que sait-on de ces milieux disparus ? l'Antiquité connaissait-elle des histoires s'y rapportant ?

J'ai lu que, dans cette vaste région, avait été décrit un immense fleuve mystérieux, dont on a longtemps ignoré s'il coulait vers l'est, ou vers l'ouest. Prenait-il sa source dans d'immenses lacs oubliés, quelque part au sud du Sahara ?
Jusqu'au milieu du 19e siècle le Sahara était un désert infranchissable, les explorateurs ne pouvaient pas atteindre ce (ou ces ?) fleuve(s) au sud du désert, ils ne connaissaient que les rivages côtiers.
L'ambigüité date de l'antiquité : Pline l'Ancien (23–79) dans son Histoire naturelle, distingue deux territoires, l'un qu'il nomme « Afrique » (notre Afrique du Nord), l'autre qu'il nomme « Ethiopie » (notre Afrique Noire, au sud du Sahara). Il mentionne qu'un fleuve, qu'il nomme « Nigris », sépare ces deux territoires. Ce fleuve, orienté est-ouest, aurait été issu de grands lacs et alimenté par des affluents venus du Sahara…

Aline. On a aujourd'hui des réponses qui résolvent cette ambigüité ; qu'en est-il en réalité ?
Au sud du Sahara coulent deux grands fleuves dont les sources sont distantes d'à peine plus de 200 km. Tous deux se jettent dans l'océan Atlantique, leurs embouchures sont à 2 800 km l'une de l'autre. L'un de ces fleuves coule d'est en ouest et se jette au nord du Cap Vert, c'est le Fleuve Sénégal, long de 1750 km. L'autre coule d'ouest en est, et se jette au fond du Golfe de Guinée, c'est le fleuve Niger, long de 4184 km.
Ces deux fleuves, qui coulent pourtant en sens opposés, étaient le fleuve Nigris dont parle Pline.

Albert. Je crois avoir lu que le Sahara aurait été autrefois une mer.

Aline. Bien qu'il n'y ait pas eu une vraie « mer », le désert actuel a longtemps été couvert d'une végétation abondante ; il y a même eu de grandes étendues d'eau en plein Sahara. On sait aujourd'hui qu'il y a environ 20 000 ou 22 000 ans, une vaste prairie marécageuse couvrait le Sahara central. De nombreuses rivières y convergeaient, elles alimentaient de grands lacs poissonneux, aujourd'hui disparus ; sais-tu que voici environ 10 000 ans on élevait des bovidés au Sahara ? Les marécages étaient peuplés d'éléphants, d'hippopotames, de crocodiles et… d'hommes qui pratiquaient l'élevage et ont laissé des peintures rupestres néolithiques ; certaines datant d'environ 7 000 ans, à Jabbaren (Tassili n'Ajjer), montrent des bovidés aux cornes longues et fines.
Le climat est peu à peu devenu plus sec au cours des 7 000 dernières années. Il y a encore 6 000 ans, le Sahara était très vert, il comptait de nombreux lacs et rivières.
Il y a environ 4 000 ans, le régime des pluies saisonnières, qui revenaient chaque année dans le Sahara, a changé : il n'y eut plus d'alternance de saison sèche et de saison humide, les pluies, de plus en plus rares, n'eurent plus aucune périodicité. Plus près de l'équateur, le climat est resté assez humide pour que les rivières restent en eau : celles qui coulaient vers le nord entretenaient des lacs sahariens.
Certains poissons, des genres *Heterobranchus* ou *Clarias,* ont subsisté dans des rivières sahariennes jusqu'à ce qu'elles s'assèchent, il y a environ 3 000 ans ; ils avaient peu à peu migré de rivière en rivière, ou de mare en mare, vers les régions moins arides, plus au sud ; ils continuent encore à migrer, ce sont des témoins de la faune aquatique saharienne. Ces poissons, des Siluridés, tolèrent les eaux très pauvres en oxygène ; ils sont munis d'organes respiratoires accessoires grâce auxquels ils peuvent respirer dans l'air, et même vivre longtemps à l'air libre ; ils sont alors capables de faire de petits déplacements en rampant et restent temporairement cachés dans la terre humide où ils s'enfoncent.
Quand on marche dans la savane à la fin de la saison humide, il n'est pas rare de rencontrer… un poisson qui ressemble tant à un serpent qu'on a le réflexe de s'écarter : il s'agit d'un Dipneuste africain, *Protopterus annectens*, qui peut atteindre 1 m de longueur. Il peut respirer dans l'air grâce à un poumon et dans l'eau par ses branchies. Il peut marcher sur ses nageoires étroites, et nager.

On considère que les Dipneustes actuels sont encore proches des premiers vertébrés qui, voici près de 400 millions d'années, sont sortis de l'eau, ont respiré l'air et ont... marché sur terre.
Lorsque les mares temporaires s'assèchent, le *Protopterus* s'enfonce dans la terre humide et s'entoure d'un « cocon » de mucus percé d'un orifice par lequel il pourra respirer ; il restera ainsi, endormi, pendant toute la saison sèche, soit 8 à 9 mois. Après les premières pluies de la saison suivante, il émerge du sol boueux ; plus tard, la mare étant de nouveau en eau, il reprendra sa vie aquatique et se reproduira, en attendant de s'enterrer de nouveau à la prochaine saison sèche.
Un poisson qui sort du sol... Une particularité qui est à l'origine d'une croyance dont des paysans m'ont parlé : les âmes des ancêtres survivent sous forme de poissons, capables de sortir de la terre boueuse et de marcher sur le sol...

En résumé, la désertification de plus en plus sévère a progressé par périodes successives, pendant 7 ou 8 000 ans, et se poursuit actuellement encore plus vite. Aujourd'hui, la pluviométrie annuelle moyenne dans le Sahara varie entre 0,5 mm et 2 mm, et il ne pleut pas tous les ans, loin de là !

Dans le Sahara, des nappes d'eau souterraines subsistent encore depuis les temps anciens, quand la région était arrosée. A plusieurs centaines de mètres de profondeur, voire à plus de 1 000 m, ces nappes phréatiques couvrent sous terre une surface presque égale à deux fois la France, elles contiennent probablement une énorme masse d'eau.

Ainsi de nos jours des forages permettent l'irrigation de cultures nouvelles en plein désert, mais l'eau de ces nappes n'est pas toujours propice à l'arrosage ou à son utilisation par l'homme : elle est souvent salée et sa température peut dépasser 80 °C.
Par ailleurs, bien que ces nappes aquifères soient réalimentées chaque année par les faibles pluies qui tombent à la périphérie du désert, les apports compensent moins de 40 % des prélèvements effectués par l'homme. Conséquence dramatique : depuis une trentaine d'années, nombre de puits artésiens et de sources qui alimentaient des oasis dans le Sahara se sont taris, la vie a quitté ces oasis.
Depuis des millénaires, le désert saharien se dessèche de plus en plus ; l'exploitation de ses nappes souterraines achèvera peut-être d'épuiser ses ressources en eau.

Albert. La désertification de cette immense région ne cesse de s'accentuer. Sauf changement climatique drastique, ces régions sont perdues pour l'homme, à plus ou moins long terme.

Aline. Une autre grande zone humide subsaharienne au sud du Grand Désert subit actuellement aussi un assèchement progressif.
Le fleuve Niger, long de 4 180 km, draine un bassin d'une superficie égale à quatre fois la France. Il coule vers le nord-est, s'approche du Sahara où il semble presque se perdre dans le « Delta Central du Niger », appelé aussi « Delta Intérieur » ; puis le fleuve s'échappe de ce Delta et reprend son cours.
Le Delta Central est une plainc où le Niger forme un vaste réseau de marécages et de lacs peu profonds, hélas temporaires ; ce fut, voici quelques millénaires, un immense lac.
La surface inondée annuellement s'est réduite considérablement depuis les années 1970.

Albert. As-tu accompli des missions dans cette région ?

Aline. J'y ai fait plusieurs missions d'étude des plantes parasites. En 1991, je faisais partie d'une petite équipe malienne, qui comprenait un ingénieur agronome, un technicien et un chauffeur. Depuis Bamako, capitale du Mali, nous roulions en direction du nord-est, vers Tombouctou.
Nous sommes en saison sèche.
Nous prenons la route et traversons des savanes sèches où poussent des karités (*Vitellaria paradoxa* appelé autrefois *Butyrospermum parkii*), arbres hauts d'une dizaine de mètres : ils peuvent vivre plus de trois siècles. L'écorce de ces arbres, épaisse et fissurée, brûle difficilement : elle protège le tronc des feux de brousse qui parcourent régulièrement la savane.
Les karités, arbres sacrés, respectés, ne sont abattus que dans de rares circonstances, lorsque l'on a besoin de creuser un nouveau grand mortier dans un tronc, par exemple.
En cette saison les karités sont en fleurs : des bouquets de fleurs blanches, parfumées, au sommet des rameaux. Les fleurs donnent des fruits de la taille d'une grosse prune, leur pulpe est agréable à manger ; leur noyau, la « noix de karité », est une ressource précieuse pour les habitants ; une fois sèches, les noix sont pilées dans un grand mortier de bois, puis malaxées avec de l'eau, elles libèrent alors une substance

lipidique, le « beurre de karité ». Ce beurre est la source essentielle de graisse alimentaire dans cette région ; il ne s'altère ni en vieillissant, ni à la cuisson ; sa surconsommation n'entraîne pas d'excès de cholestérol. On l'utilise aussi en médecine traditionnelle. Le beurre de karité préparé artisanalement dans les villages se présente sous forme de boules blanches, vendues sur les marchés ; la récolte des noix, la fabrication du beurre et sa vente sont l'affaire des femmes : elles gagnent là un peu d'argent qui leur est propre.
Dans les régions où les karités sont abondants dans la nature, les paysans récoltent les noix qui seront exportées ; l'industrie moderne utilise, en effet, du beurre de karité dans la fabrication du chocolat blanc et des cosmétiques. Malheureusement ces utilisations sont limitées en quantité par la difficulté de cultiver les karités : les agronomes ont tenté en vain toutes les techniques de multiplication qui permettraient de créer des vergers de karités. Cet arbre ne se multiplie que par semis de graines… et il ne fleurit et ne fructifie pas avant l'âge d'un siècle…

A 250 km au nord-est de Bamako, nous franchissons le fleuve Niger sur un pont métallique, long de 816 m, qui surmonte l'impressionnant barrage de Markala. Au pied du barrage, au ras des remous sur les rochers, des pêcheurs, de l'eau à la ceinture, lancent leur épervier ; je les vois sortir de l'eau un gros capitaine, poisson long d'un bon mètre.
Au barrage, une dérivation du fleuve alimente un canal qui irrigue, vers le nord, la région gérée par l'« Office du Niger » ; l'irrigation y permet la culture dans une région quasi désertique.

Nous filons vers le nord. Nous roulons parmi des karités morts, faute de pluies suffisantes depuis une vingtaine d'années. Les rares herbes sont sèches.
J'étais déjà venue dans cette région 30 ans auparavant, les karités étaient alors pleins de vie, ils fructifiaient en abondance.
C'est la conséquence des sécheresses qui sévissent depuis les années 1970. Dans la région où nous sommes, en une vingtaine d'années la sécheresse a progressé, le Sahara s'est étendu vers le sud de près de 200 km, les karités n'ont pas survécu.

Nous quittons la zone des savanes.
Nous sommes maintenant dans une steppe maigre, parsemée de rares *Acacia* aux épines acérées, longues de 6 à 8 cm.

Des *Balanites aegyptiaca*, « dattiers du désert », arbres épineux au feuillage grisâtre, petits et tortueux en raison de la sécheresse, portent des fruits qui ressemblent à des olives, ils n'ont guère de goût, mais sont acidulés et agréables à manger comme une friandise, quand on a soif ; l'amande du fruit donne une huile alimentaire, on la consomme cuite ; on parfume les sauces avec les feuilles séchées. L'arbre est utilisé aussi en médecine traditionnelle. Les rameaux, débarrassés des feuilles et des épines, sont mâchouillés pour nettoyer les dents : on les vend en petits bottillons sur les marchés.

Albert. Tu as essayé d'utiliser ces branchettes ?

Aline. Mais oui ! Imagine-toi qu'un jour, lors d'une tournée en voiture dans le nord du Burkina Faso, mon bagage était tombé sur la route ; je me suis retrouvée loin de tout commerce, sans brosse à dents ! Quelques rameaux de *Balanites* achetés au marché d'un village m'ont dépannée ! Je dois dire qu'ils ont on goût agréable. J'ai retrouvé mon sac au retour.

Albert. Y a-t-il des baobabs dans cette steppe ? Tu ne m'en as pas dit un mot.

Aline. J'y arrive. Oui, il y a quelques baobabs ; les plus beaux sont toutefois un peu plus au sud, là où la sécheresse est moins sévère.
Le baobab africain (*Adansonia digitata*, Bombacacée) est fort utile aux populations locales. C'est un arbre remarquable. Il peut dépasser 20 m de hauteur ; le tronc de l'un d'eux a été mesuré à plus de 15 mètres de circonférence, soit environ 5 m de diamètre.
Son port est massif et sa ramure est défeuillée pendant les 8 ou 9 mois de saison sèche ; pendant la courte saison des pluies il est couvert de feuilles et de fleurs. Le bois de baobab, mou et spongieux est peu utilisé, d'ailleurs on n'abat pas un baobab, l'arbre est sacré : couper ou mutiler un baobab, c'est un sacrilège. Le tronc d'un vieil arbre est généralement creux : la cavité du tronc a des usages traditionnels, elle a, en effet, longtemps servi de sépulture aux personnages importants, chefs de village, grands sorciers ou ces conteurs itinérants qu'on appelle griots ; en un mot, les personnages dépositaires d'un savoir.

Les Européens ont longtemps pensé que la taille des baobabs prouvait qu'ils étaient vieux de plusieurs millénaires, il n'en est rien ; les

datations, avec les méthodes modernes, donnent, pour les plus vieux d'entre eux, un âge de 1 000 à 1 500 ans.
Le baobab fleurit à la saison des pluies, il est alors feuillé. Sa fleur blanche, d'un diamètre de 15 cm, pend au bout de son long pédoncule, elle s'épanouit le soir ; les grandes roussettes (*Eidolon helvum*), chauves-souris à museau de petit chien, qui ont une envergure de 75 cm, viennent s'y accrocher pour lécher le nectar, leur museau se poudre de pollen qu'elles transportent de fleur en fleur, elles pollinisent ainsi les fleurs d'autres baobabs… le lendemain matin, les gros pétales blancs, charnus et cireux de la fleur sont striés des coups de griffes infligés par les roussettes ; elle fanera dans la matinée, pétales et étamines tomberont au sol. Le fruit, pendant à l'extrémité de son pédoncule, se développera en quelques mois.

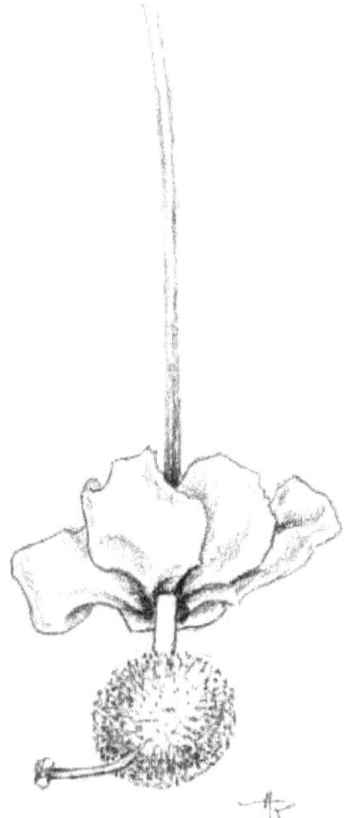

Fig. 11. La fleur du baobab. *ARR. del.*

Albert. Je crois qu'on appelle ces fruits « pains de singes ». Ceux que j'ai vus avaient une coque ligneuse et grisâtre, ils étaient oblongs, longs d'une vingtaine de centimètres, d'un diamètre de plus de 10 cm ; ils pendaient au bout d'un pédoncule long de plusieurs dizaines de centimètres. Ils sont comestibles mais je n'en ai jamais mangé.

Aline. Le pain de singe contient un grand nombre de graines noires noyées dans une pulpe farineuse blanche ; la pulpe se mange fraîche, elle est agréablement acidulée, riche en vitamines et en calcium : elle en contient deux fois plus que le lait ; diluée dans l'eau, c'est une boisson rafraîchissante ; elle a aussi des usages thérapeutiques, en médecine traditionnelle. Les graines se consomment grillées ou crues ; on peut en tirer une huile alimentaire.
Les feuilles, riches en protéines et en minéraux, sont consommées comme légumes, comme le seraient des épinards ; très nourrissantes, elles sont appréciées. Certains baobabs sont exploités pour la production de légumes : les jeunes rameaux feuillés sont régulièrement récoltés tout

au long de la saison humide ; leurs branches restent courtes et portent des moignons feuillés.
Même l'écorce fine et souple du tronc est utilisée : on en arrache des bandes pour faire des cordages, des paniers, des tissus grossiers ; l'écorce se régénère en peu de temps après son arrachage : elle pourra être à nouveau exploitée.
On utilise tout dans le baobab.

Albert. Vous alliez donc vers le Delta Central. Vous roulez dans la steppe, longtemps ?

Aline. Nous roulons sur un sol désertique gris pâle en suivant la piste qui passe entre des canaux, mares, marais, rizières juste moissonnées, champs de canne à sucre, cultures de légumes, irrigués par l'eau du Niger qui suit, depuis Markala, un réseau de canaux, creusés dans les années 1920.
Une diminution de la pluviométrie, aggravée par la sécheresse des années 1972-73, 1982-84 et 2008, a eu une grande incidence sur l'étendue des cultures. Le débit du fleuve a diminué, l'Office du Niger a dû réduire ses surfaces cultivées.

Dans les mares et les canaux, quelques petites herbes submergées. *Ludwigia adscendens* flotte sur l'eau, soutenue par des racines blanches, gonflées d'air ; d'autres racines, noires, rameuses et souples, pendent dans l'eau et nourrissent la plante.
Les hautes tiges raides et nues de *Cyperus articulatus*, dressées hors de l'eau, forment des peuplements denses. Selon la tradition, on arrache le rhizome enraciné au fond de l'eau ; une fois desséché, il dégage un arôme très agréable, on le suspend par une cordelette au cou des mariées et des bébés ; on dit : « il permet de se faire aimer ».

Albert. Tu m'as parlé de l'Office du Niger, au Mali. Je ne savais pas qu'il y ait de telles organisations en Afrique. Quelle est la surface exploitée sous l'égide de l'Office ?

Aline. L'Office du Niger exploite 175 000 ha en cultures vivrières. C'est l'un des plus grands aménagements hydro-agricoles du continent africain.

Albert. Vous avez repris la piste, en voiture.

Aline. Nous roulons maintenant dans une steppe très pauvre, au sol poudreux blanc ; les seuls arbustes sont des *Calotropis procera* aux larges feuilles rondes et laineuses et à fruits ronds et veloutés, appelés « roustoniers » ; ils sont très toxiques, le bétail n'y touche pas.
Sur le sol, quelques rares touffes broutées, desséchées, piétinées, de *Cenchrus biflorus* (Poacée), le « cram-cram » : une Graminée honnie des marcheurs en brousse.

Albert. Qu'est donc cette herbe détestée des marcheurs ?

Aline. C'est une petite herbe qui se dessèche vite au début de la saison sèche. Les épillets se détachent et s'agglutinent en paquets ; garnis en tous sens d'épines dures, ils s'accrochent au pantalon, pénètrent dans la toile et… blessent. Sur un pantalon de brousse, pas trop de problème pour les extraire ; s'il s'agit d'un tissu épais comme une serviette éponge, il est impossible de s'en débarrasser, la serviette est devenue inutilisable. Et pourtant le cram-cram est brouté par les herbivores…

Un peu plus loin, les rares plantes sont mortes de soif ; seuls subsistent quelques buissons de *Leptadenia pyrotechnica* (Apocynacée), hauts de 1,50 m, aux tiges fines et emmêlées. Très tolérant à la sécheresse, c'est souvent le seul arbuste dont on peut couper quelques branchettes pour allumer un petit feu et faire bouillir la théière. Malgré le latex contenu dans ses rameaux, il semble comestible pour les chameaux.

Albert. Ce sont des chameaux ou des dromadaires ?

Aline. Ce sont, bien sûr, des dromadaires, à une seule bosse, originaires d'Afrique et d'Arabie. Ils portent les charges ; les méharis, aux lignes plus fines, sont des dromadaires de monte. Localement, on a l'habitude de les nommer « chameaux ».
Un jour notre petite troupe comptait une jeune collègue française, universitaire ; nous étions près de la grande ville de Mopti, dans le sud du Sahara ; le chef d'un petit village, me prenant pour sa mère, m'a proposé de l'acheter et de me dédommager en me donnant 12 chameaux… ce qui représentait une somme considérable ! Je l'ai remercié de sa proposition, et lui ai dit que je gardais ma « fille » ; c'était une blague ! Nous avons ri ensemble.

Les chameaux, au sens strict, ont deux bosses, ils sont originaires d'Asie Centrale et adaptés au froid, ce sont les « chameaux de Bactriane ».

Albert. Les chameaux sahariens se sont naturellement adaptés à la chaleur, à l'aridité et à la sous-nutrition, ils peuvent emmagasiner plus de 100 litres d'eau bus en 10 minutes ; leur métabolisme leur permet d'économiser l'eau lors de la traversée de régions très arides ; la bosse, qui peut dépasser 100 kg, contient des réserves énergétiques, essentiellement lipidiques.

Aline. Nous continuons notre route vers la boucle du Niger, au nord-est. La piste n'est plus visible. Le vent est presque constant, il remanie sans cesse le sable qui pénètre partout, dans les sacs, dans les vêtements. Les dunes se déplacent, dans le sens du vent ; l'harmattan, vent dominant pendant plusieurs mois de saison sèche, souffle du nord-est vers le sud-ouest. Le sable gravit la pente et jaillit au sommet de la dune : la dune « fume » ; il retombe sur l'autre pente, ainsi, grain par grain, les dunes peuvent parcourir des milliers de kilomètres…
En 1960 j'ai moi-même, dans le nord du Sénégal, estimé le déplacement d'un groupe de dunes. J'ai pu exploiter d'excellentes photographies aériennes datant du début des années 1940 ; de rares points fixes, tels un palmier rônier isolé par exemple, bien reconnaissable sur les photos et encore existant en 1960, m'ont servi de repères. J'ai calculé qu'en une vingtaine d'années, les dunes observées s'étaient déplacées de plus de 80 m vers le sud-ouest…

Nous roulons, la voiture tangue sur le sable, dévie, glisse et se plante dans un buisson mort d'*Acacia tortilis* subsp. *raddiana* dont les rameaux portent des paires de fortes épines divergentes, blanches, longues de 8 ou 10 cm. Nous écrasons les branches sèches.

Albert. Voyage difficile, non ? Vous êtes maintenant arrivés ?

Aline. Attends, ce n'est pas fini.
Et toc ! Une cinquantaine de kilomètres plus loin, un pneu à plat, c'est un souvenir de l'*Acacia.* Changement de roue, et en route. Nous étions partis avec deux roues de secours.
Et paf ! Peu après, la nouvelle roue se dégonfle. Nos deux roues de secours sont à plat ; pas question de continuer… Pour réparer, nous

retournons au plus proche village distant d'une vingtaine de kilomètres. Nous y trouvons un vieil homme las, qui n'a que quelques outils suffisants pour réparer un vélo, peut-être une roue de R4, mais pas de matériel pour les gros pneus de la Toyota ; dans son échoppe, un pneu déchiré, deux ou trois chambres à air découpées en morceaux et un pont arrière de petite voiture, cassé. « Mes » hommes étudient le problème, les roues sont lourdes, nos outils devraient pourtant suffire... Au travail !
Enfin, réparation faite à l'aide de nos propres outils ! Nous avons deux roues de secours gonflées, et quatre roues en bon état montées sur la voiture. Nous payons généreusement ce brave homme, à la fois pour son travail et pour l'ombre de sa cahute.

Nous reprenons la direction du nord, dans une steppe bosselée de petites dunes : le sable s'accumule au pied de chaque arbuste. Des jujubiers, *Ziziphus spina-christi* (Rhamnacée), aux redoutables épines recourbées, portent des *Tapinanthus globiferus,* parasites aux fleurs rouges.

Fig. 12. Peuplement de palmiers doums morts de soif (1991). *Cliché ARR.*

Nous longeons des lacs à sec ; quelques années auparavant, la crue saisonnière du Niger les emplissait chaque année ; la sécheresse a sévi, aujourd'hui le débit du fleuve n'est plus suffisant pour qu'il sorte de son lit mineur. Nous progressons à travers des forêts de palmiers doums morts (*Hyphaene thebaica*, Arécacée) ; « doum » nom arabe des palmiers péri-sahariens à feuilles palmées. Seuls subsistent encore leurs troncs divisés en deux branches, elles-mêmes fourchues

Bien que spontanés ici, les palmiers doums ont été utilisés par les voyageurs et les habitants des villages ; les feuilles permettent de faire des liens, des corbeilles, et les fruits donnent des compléments alimentaires occasionnels. Les graines, très dures, ont pu, un temps, remplacer l'ivoire pour sculpter de menus objets.

Entre les palmiers doums secs se dressent des touffes de *Caralluma acutangula* (Apocynacée), plantes grasses parfaitement adaptées aux conditions désertiques, leurs tiges grises, largement ailées, portent des inflorescences sphériques de fleurs noirâtres et puantes où s'ébattent des nuées de mouches. Très toxique, la plante n'est mangée par aucun herbivore.

Le soir tombe, nous campons à la belle étoile sur la plaine d'argile durcie par la sécheresse. A peine sommes-nous installés, les lits Picot dressés, que les mouches arrivent ; innombrables ; d'où peuvent-elles bien venir ? Elles s'accrochent à la peau, sucent la sueur.

Ciel blanc de chaleur dans la journée ; nuit bleue constellée d'étoiles, air très frais ; sueur, crasse, sable et fatigue et… mouches n'empêchent pas de dormir.

Albert. As-tu vu au moins des animaux dans ces régions désertiques ? J'imagine que vous n'avez croisé personne.

Aline. Hé bien si. Nous avons vu un homme qui cheminait, accompagné de deux dromadaires chargés chacun d'une grosse botte de fourrage sec ; il allait probablement vendre le foin à des éleveurs, plus au sud ; il venait du Delta Central du Niger, plus au nord, où des mares temporaires se peuplent chaque année de Graminées qui donnent un excellent fourrage. Nous avons salué le voyageur, il nous a répondu sans ralentir sa marche ; combien de kilomètres pouvait-il parcourir à pied, sans s'arrêter ? Peut-être 50 km par jour ?

Parfois nous avons rencontré quelques voyageurs venus des savanes du sud accompagnés de leur âne, ils font commerce de bois pour faire bouillir la marmite, de céréales, de pièces de tissus, qui font défaut aux rares habitants du désert.

Dans la journée nous ne voyons pas d'animaux sauvages, mais à la nuit tombante, autour de nos lits Picot dressés sous les étoiles, de petites créatures couleur de sable courent, sautent, dansent : des gerboises (*Jaculus jaculus*), longues pattes arrière, gros yeux ronds, elles pèsent quelques grammes et font des sauts de plus d'un mètre.
Sous la lune, un petit rapace, visage pâle, deux courtes « oreilles », prend lourdement son envol cotonneux, c'est un « petit duc à face blanche » (*Ptilopsis leucotis*). Et au petit matin, sur le sable de la dune, des traces de cheminements d'insectes.
Nous reprenons la direction nord-est, vers Tombouctou.

Albert. Apparemment, selon ce que tu me racontes, au cours de votre voyage, sauf un chamelier et des commerçants, vous n'avez pas vu trace de civilisation, pas de village, même petit, pas de caravanes, rien.
LE désert…

Aline. Hé oui, pourtant la région fut peuplée autrefois, et même probablement riche, quand le climat était plus humide.
Le long de notre route, je remarque une colline de terre rouge, nue, surprenante dans ce paysage plat et gris ; c'est un tumulus, butte artificielle qui résulte de l'effondrement d'un gros village abandonné depuis longtemps. Du 4e au 15e siècle environ, au temps de l'Empire Songhaï, la région était densément peuplée ; chaque année, la crue du Niger recouvrait alors les grandes plaines qu'elle enrichissait de limon ; les lacs étaient en eau. La sécheresse croissante, les guerres, les invasions… la misère donc, ont chassé les habitants vers le sud, vers la vallée du Niger elle-même.

Albert. Au cours des siècles, les conditions écologiques ont changé ; la sécheresse s'est imposée, l'agriculture et l'élevage devenus impossibles, les villages ont été abandonnés. En émigrant vers la vallée du Niger, les habitants ont trouvé des moyens de survivre et des terres propices à la culture et à l'élevage.

Aline. En 1991, bien que les surfaces inondées se réduisent de plus en plus, la crue annuelle du fleuve inonde encore certains secteurs du Delta Central, région où la pluviométrie annuelle est généralement inférieure à 200 mm, répartis sur deux à trois mois. Outre la faiblesse des pluies, leur irrégularité prouve que le climat est de type désertique. En comparaison, à Paris, la pluviométrie annuelle est de plus de 600 mm, répartis sur toute l'année.

Le Delta Central est tout ce qui reste d'un lac qui se remplissait chaque année à l'époque où le Sahara était humide. On peut imaginer que ce lac était une vaste zone d'épandage où se déversaient des rivières nées plus au sud ; elles apportaient divers sédiments et des sables qui ont comblé la zone et qui, de nos jours, forment des dunes.
Nous disposons aujourd'hui de connaissances précises fondées sur l'étude scientifique de ces sédiments et les restes de plantes et d'animaux qu'ils recèlent. L'histoire de l'assèchement du Sahara dans la période comprise entre 5 600 et 2 700 ans avant notre ère a pu être reconstituée ; le régime des pluies avait diminué, entraînant la disparition des arbres et des grandes savanes humides ; la steppe sahélienne s'est alors installée : petits arbres tortueux et végétation herbacée pauvre et éparse, réduits à quelques plantes capables de résister à une sécheresse extrême : le désert s'est alors établi peu à peu.

Albert. As-tu vu les restes de ces anciennes dépressions où se rassemblaient les eaux de rivières et de fleuves qui ne rejoignaient pas la mer ?

Aline. Oui, dans le Delta Central, des lacs à fond plat, beaucoup d'entre eux sont aujourd'hui asséchés. Le site de certains de ces lacs d'eau douce anciens est encore, de nos jours, une zone humide dite endoréique, alimentée par un ou quelques cours d'eau qui ne se jettent pas dans la mer. J'ai vu les rares derniers biotopes en cours d'assèchement ; il ne subsiste plus que les vestiges de l'ancien marécage saharien.

D'ouest en est, persiste une succession de vastes dépressions résiduelles, où les eaux se rassemblent : le « Delta Central » du Niger, le lac Tchad et, plus à l'est, le « Sudd du Nil Blanc ». L'alimentation en eau douce de ces trois grandes zones humides, situées entre les 8e et 16e degrés de latitude nord, se réduit de plus en plus.
D'autres lacs anciens sont devenus des déserts salés, appelés *chotts* en Tunisie. A près de 3 500 km au sud-ouest des chotts, sur le littoral atlantique du Sénégal, le lac Tanma, qui fut autrefois le large estuaire d'un fleuve aujourd'hui disparu, est devenu une étendue désertique salée.

Nous approchons du fleuve Niger ; à plus de 1 000 km de sa source il n'est large que de quelques centaines de mètres. En saison des pluies, lors de la crue, le fleuve divague çà et là, mais les zones inondées temporairement se font de plus en plus restreintes ; la crue n'a plus l'ampleur qu'elle avait encore dans les années 1970.
Le fleuve coule dans le désert, où il décrit une boucle, la « Boucle du Niger », seule une étroite bordure d'herbes vertes longe ses rives.
Nous roulons dans les dunes.
Plus loin, nous découvrons un marais ; une bourgoutière, prairie de bourgou (*Echinochloa stagnina*, Poacée) robuste graminée sauvage, qui pousse dans une eau temporaire peu profonde ; on récolte ses panicules dressées un mètre au-dessus de l'eau : les grains qu'elles contiennent sont consommés comme céréale d'appoint. Les enfants sucent les tiges, tendres et sucrées, qui constituent un petit complément alimentaire riche en vitamines.
Après la récolte des grains, le bourgou est coupé ; une fois bien séché, ce fourrage est emporté plus au sud et vendu aux éleveurs de zébus et de chèvres ; les rhizomes attendront la prochaine crue. Les bourgoutières apportent une ressource alimentaire et procurent des revenus appréciables à la population ; elles sont malheureusement de plus en plus restreintes depuis l'aggravation de la sécheresse (voir plus haut : la régression de la superficie du lac Tchad).
Le marcheur rencontré hier, avec ses deux dromadaires, transportait du fourrage de bourgou.
Bien que les marais à bourgou ne soient en eau que 2 mois en moyenne par an, ils hébergent pendant cette période de nombreuses espèces d'oiseaux migrateurs qui trouvent là, après la traversée du désert, eau, nourriture et repos qui leur permettront de poursuivre leur voyage.
Une silhouette étrange de vieux notaire (!), veste noire et chemise blanche, cravate pendante rougeâtre : un marabout (*Leptoptilos crumenifer*) se tient droit, cou replié. Ce grand oiseau évoque une cigogne, haute de 1,50 m, au-bec énorme au-dessous duquel pend une longue poche rougeâtre et nue ; son cou et sa tête sont presque nus : il les enfonce dans les charognes dont il se nourrit, sans souiller son plumage.

La Toyota gravit des dunes et… s'ensable. Une brassée de rameaux tassés sous les pneus fait l'affaire ; nous repartons.

Un bras du Niger alimente de petits lacs auréolés d'une large berge sèche ; un réseau de canaux très peu profonds irrigue des lopins cultivés.
Les rares paysans cultivent des légumes, carottes et choux, et des plantes aromatiques, coriandre, cumin, anis vert. Des plants d'aubergines portent des draperies blanchâtres, ancrées sur les tiges et les feuilles : c'est de la cuscute (*Cuscuta australis*, Cuscutacée), seule plante parasite que nous observons dans la région.
Un peu plus loin, des parcelles plantées en blé sont entourées de diguettes de terre, hautes de 10 cm ; ces parcelles sont irriguées par des motopompes à pétrole qui puisent dans le Niger. Nous sommes dans la zone intertropicale et sommes surpris de trouver du blé : en effet le blé ne se cultive pas sous les tropiques. C'est probablement un blé tendre (*Triticum aestivum*) ; seul le blé tendre est cultivable sous les tropiques, en montagne, où il profite d'un climat tempéré. La culture d'une souche acclimatée à la sécheresse au sud de l'Algérie semble possible ici.

Autrefois, la crue annuelle inondait le Delta Central du Niger, créant de multiples cours d'eau temporaires qui alimentaient des lacs, certains permanents ou presque ; l'eau du fleuve s'infiltrait profondément dans le sol ; la crue déposait du limon. Les inondations ont diminué à partir de 1965. Depuis la grande sécheresse de 1972-73, le fleuve ne sort même plus de son lit, il faut des motopompes pour irriguer les plaines mises en culture. Dans les années 1980 les lacs saisonniers se réduisent à des flaques.
A présent, faute d'une inondation annuelle qui fertiliserait le sol, les paysans recueillent la terre enrichie par la décomposition des arbres morts de sécheresse ; ils épandent ce « terreau » sur les semis. Malheureusement, quand l'humus des derniers arbres morts aura été exploité, la terre ne pourra plus être enrichie ainsi…

Nous traversons à présent des étendues plates, blanches, nues : des « remontées salines » forment des croûtes de sel. Les faibles pluies et l'eau d'irrigation, pompée dans le fleuve, humectent le sol mais ne sont pas suffisantes pour-entraîner le sel en profondeur. L'évaporation est ici intense ; lorsque l'eau, salée ou non, s'évapore à la surface du sol, la capillarité entraîne l'eau sous-jacente, de plus en plus salée, vers la surface.
Le sel se concentre à la surface du sol où il cristallise.

Au cours du dessèchement progressif du sol, depuis les grandes sécheresses du début des années 1970, le sel contenu en profondeur remonte à la surface du sol où il s'accumule ; à terme le sol sursalé, couvert d'une croûte blanche, sera irrémédiablement perdu pour la culture.

De puissantes motopompes contribuent à une réduction de moitié du débit du fleuve ; de nos jours, en saison sèche, les pêcheurs peuvent même traverser le fleuve Niger à pied : la largeur du « Grand Fleuve », le « Djoliba » (en Bambara et en Mandingue), n'est peut-être plus que d'une soixantaine de mètres en certains endroits.

Nous venons de traverser le Delta Central du Niger sur plus de 300 km, ses vases desséchées, ses maigres cultures irriguées. A Goundam, nous quittons le fleuve Niger et roulons dans les dunes sur 100 km, puis nous retrouvons le Niger ; il coule ici dans le désert.

Enfin, nous voilà à Tombouctou qui dresse ses hautes murailles surmontées de créneaux, sa mosquée grandiose, ses mausolées hérissés et ses clochetons d'argile ; Tombouctou qui ne vit que par LE Fleuve et l'étroite berge verte qui le borde ; Tombouctou où un peu de verdure, un peu d'humidité permettent d'oublier le Sahara.
La ville grouillante de marchands, de notables, d'enfants, animée autour de son port, les pirogues des pêcheurs qui vendent leurs poissons juste pêchés, les bateaux descendus de Koulikoro, près de Bamako, qui apportent matériaux et aliments, font de Tombouctou, une ville active dans le désert.
Pour combien de temps encore ?

Chapitre 2

Amérique, pays des contrastes

Une Amérique sans gratte-ciels, une Amérique aux grands espaces sauvages, des espaces où nous rencontrons des fleurs et des bêtes…

Des grosses bêtes

Albert. Nous sommes quatre à participer à un voyage au Brésil, en 2002 ; Lindolpho, l'organisateur, jeune universitaire brésilien ; Frédéric, Directeur du Jardin botanique de Lyon ; toi et moi.
Le Brésil est un pays immense, sa superficie atteint plus de 17 fois celle de la France, avec ses 8 millions et demi de kilomètres carrés, un peu moins que l'Europe, il occupe la moitié de l'Amérique du Sud et compte 210 millions d'habitants.
Nous ne le connaissions que dans les livres, et voulions découvrir quelques régions dont la flore nous intéressait particulièrement. Nous souhaitions visiter les très belles réserves des riches forêts humides de la « Mata Atlantica » qui bordent l'océan Atlantique, dans l'Etat de Sao Paulo et le parc national d'Ibitipoca (Etat de Minas Gerais), dans les montagnes, au nord de Rio de Janeiro.

Nous découvrons le Pantanal, « marais » en portugais ; une immense plaine alluviale marécageuse, grande comme 1/3 de la France ; la plus grande part de la superficie du Pantanal est au Brésil, il s'étend vers l'ouest jusqu'en Bolivie et atteint la frontière du Paraguay. Troisième réserve naturelle du monde en surface, c'est la plus grande région humide de la planète ; il y pleut jusqu'à 3 m d'eau par an : 80 % du territoire du Pantanal sont submergés pendant 4 à 8 mois chaque année. C'est la région marécageuse la plus riche du monde en espèces, végétales et animales ; oiseaux, mammifères, reptiles, poissons sont tous représentés par des centaines d'espèces. Le Pantanal est inscrit au Patrimoine mondial de l'UNESCO depuis l'an 2000.

Aline. Pour mémoire :

> « Le patrimoine mondial de l'UNESCO désigne un ensemble de biens culturels et naturels présentant un intérêt exceptionnel pour l'héritage commun de l'humanité… »
> « Le patrimoine est l'héritage du passé dont nous profitons aujourd'hui et que nous transmettons aux générations à venir. Nos patrimoines culturel et naturel sont deux sources irremplaçables de vie et d'inspiration. » (repris de UNESCO).

Le Pantanal est un paradis pour naturalistes !

Albert. Un paradis qui nous a réservé bien des surprises. Nous y avons vécu quelques aventures.
En voici une que nous n'oublierons pas, souviens-toi du ruisseau.
Un matin, nous marchions toi et moi sur un étroit sentier qui menait à un lac au bord duquel une petite barque était mise à notre disposition. Nous avions l'intention d'observer les plantes aquatiques du lac et les plantes épiphytes qui poussent sur les arbres des berges.
Le sentier descendait vers un marécage peu profond qui prolongeait le lac : les herbes laissaient entrevoir l'eau.
Il nous faut traverser un ruisseau sur de grosses pierres, un gué large de 30 cm, long de plus de dix mètres.
Nous nous y engageons prudemment, les yeux fixés sur les pierres inégales et glissantes entre lesquelles s'écoule calmement l'eau qui alimente le lac.
Je marche lentement le premier, en regardant à droite et à gauche.
Parvenus au milieu du gué nous distinguons… de chaque côté… cinq ou six longs crânes aux gros yeux qui nous observent. Leurs narines émergent, à cinquante centimètres de nos pieds ; toutes les têtes sont tournées vers le gué… vers nous.
Euh… Ce sont des *Caiman yacare*, le jacara du Pantanal qui peut atteindre une longueur de 2,50 m ; il est bien entendu… carnivore ; serait-il « botanistovore » ?
Devrions-nous leur dire que les botanistes ne sont pas comestibles ? Que faire ?
Le sentier est si étroit que nous ne pouvons plus faire demi-tour sur place, sans risquer de mettre un pied dans l'eau : nous continuons donc, précautionneusement, en serrant les fesses…

Aucun de nos admirateurs ne bouge, seuls leurs yeux nous suivent. Nous avançons à petits pas, au milieu d'une haie d'honneur… Nous voilà enfin sur l'autre rive, où nous trouvons la barque, ouf !
Le long de la rive, de l'autre côté du lac, nous apercevons d'autres observateurs aux grandes dents qui sommeillent dans l'eau.
En revenant de notre prospection… à une centaine de mètres, nous voyons deux hommes, en uniforme de gardes, qui lancent des carcasses d'animaux à une dizaine de caïmans qui se régalent… bon appétit !

Sur les berges du lac, des arbres penchés au-dessus de l'eau sont drapés d'épiphytes. Des gerbes de *Rhipsalis* pendent longuement, ces plantes grasses épiphytes, sans épines et à petites fleurs sont de la famille des cactus ; des touffes de *Peperomia dahlstedtii* (Pipéracée) étalent leurs feuilles nervées de blanc. Un très petit *Oncidium uniflorum* (Orchidée), les grappes de fleurs jaune clair des *Oncidium auricula*, des *Tillandsia pruinosa*, fleurissent dans l'ombre moite. Des grosses rosettes de Broméliacées couvrent les talus.
Les branches des arbres sont de vrais jardins que nous explorons, depuis la petite barque avec laquelle nous faisons un grand tour.

Aline. Notre escorte de caïmans était bien paisible, mais les habitants des eaux ne sont pas tous de bonne compagnie !

Albert. Tu fais allusion aux piranhas, très abondants dans les rivières et les lacs brésiliens. Ce sont des poissons recherchés, car excellents une fois cuisinés. Nous en avons mangé…

Aline. Oui, c'est un épisode que nous avons vécu ensemble dans le Pantanal, avec nos amis français et brésiliens.
Un pêcheur, propriétaire d'une barque, nous emmène sur la rivière Miranda pour explorer la végétation des berges. Nous accostons dans une anse où les pêcheurs ont l'habitude de venir se reposer dans une ancienne plantation de bananiers ; ils sont plusieurs, ils cueillent des bananes pour leur petit déjeuner et bavardent. Dans leurs barques, nous apercevons des poissons trapus, gris sombre à gros yeux rouges : des piranhas noirs longs d'une quarantaine de centimètres, *Serrasalmus rhombeus,* très dangereux. A la saison sèche, le manque de nourriture les rend encore plus agressifs, ils vont même jusqu'à s'entre-dévorer.
Notre guide nous commente le danger que présentent les piranhas :

« Ce sont des poissons carnivores, extrêmement agressifs qui vivent en bancs. Ces poissons peuvent atteindre 50 cm de longueur. Ne mettez pas les mains dans l'eau ! Leurs dents sont aiguës et tranchantes ; les dents des deux mâchoires s'engrènent parfaitement : à chaque bouchée, un morceau de chair est découpé, détaché, avalé. Ils dévorent avec une frénésie incroyable. Une troupe de piranhas peut dévorer une vache tombée à l'eau en un quart d'heure, il n'en restera que les gros os, les sabots et les cornes. La force de morsure du piranha noir est trois fois supérieure à celle d'un alligator de la même taille. Ils font des ravages, les pêcheurs les craignent, mais… les pêchent pour les manger. »

On nous a servi, pour dîner, une excellente soupe de… piranhas. A chacun son tour de manger l'autre.

Albert. Les piranhas sont dangereux surtout lorsqu'ils se sentent menacés. Ils peuvent en effet couper le poignet d'un homme en 2 ou 3 coups de mâchoires. Les mains des pêcheurs qui nous entourent portent toutes des traces de morsures graves ; ils ont perdu des phalanges, ou des doigts entiers. Ces accidents surviennent lors du décrochage des poissons de l'hameçon. On nous a raconté qu'un banc de piranhas avait tué et dévoré un pêcheur tombé à l'eau, près de la berge où nous sommes.

Aline. Dans les eaux douces africaines il y a aussi des poissons armés de dents redoutables. A quelques kilomètres en aval de Bamako, le fleuve Niger traverse le banc rocheux de Sotuba, presque submergé pendant la crue annuelle ; mais en saison sèche, son cours forme des rapides dans une multitude de chenaux profonds où les pêcheurs viennent nombreux. Ils y attrapent des « poissons-chiens » (*Hydrocynus brevis*) dont les dents des deux mâchoires s'engrènent comme chez les piranhas, mais elles sont longues et pointues comme des crocs. Plus grand que le piranha, ce poisson peut atteindre 80 cm de longueur et peser 10 kg. Il ne se nourrit que de poissons et n'est pas dangereux pour l'homme… sauf au moment de décrocher l'hameçon.
Dans le fleuve Congo, un « poisson-tigre », *Hydrocynus goliath*, peut atteindre 1,70 m de longueur… Sa puissance lui permet même de s'attaquer aux crocodiles ; il fait bien sûr des victimes humaines.

Albert. Revenons au Brésil.

Aline. Un autre jour, au cours de nos prospections dans le Pantanal, région protégée, nous avons rencontré… un puma.

Albert. Oh, je m'en souviens bien.
Un matin, tous les quatre accompagnés d'un guide, nous nous engageons dans une forêt broussailleuse épaisse. Je marche en tête, sur un sentier étroit, tu me suis à une quinzaine de mètres, les trois autres marchent derrière toi en file indienne. J'avance d'un pas tranquille, en observant arbustes et arbres.
Voilà qu'à 5 ou 6 mètres devant moi, sur le sentier, surgit silencieusement un superbe puma brun roux, long de plus de 2 mètres queue comprise, haut de 70 cm, à la silhouette fine et musclée ; il avance lentement dans ma direction, je sais qu'il est capable de bondir, sans élan, à plusieurs mètres de hauteur, et 6 mètres de longueur : c'est le *Puma concolor*. Fauve magnifique ; arrière-train plus haut que l'avant ; museau pâle, oreilles rondes ; il se nourrit de grands mammifères et d'animaux plus petits. C'est un animal solitaire.
Je raccourcis peu à peu mes pas en gardant le rythme de ma marche ; ne pas rompre le mouvement, ne faire ni gestes ni bruits : mon vis-à-vis, qui s'approche de moi lentement, pourrait interpréter un changement de comportement comme une manifestation de peur ou d'agressivité. Ne pas parler, encore moins crier, ce qui risquerait d'irriter ou d'effrayer le fauve. Je continue doucement jusqu'à 3 ou 4 mètres de lui, je m'arrête… lui aussi… nous nous observons. Je garde les bras le long du corps, mains écartées en signe de danger pour t'avertir.
Nous restons immobiles, le fauve et moi… pendant… plusieurs siècles.

Aline. Je vois le geste retenu de tes mains : je comprends qu'il y a un problème que tu ne peux pas exprimer à voix haute.
Je retiens tous mes mouvements, j'allonge seulement mes pas en conservant leur rythme pour me rapprocher de toi.

Albert. Le fauve reste encore un moment immobile, son regard planté dans le mien, sans montrer ni peur ni agressivité… de la curiosité peut-être, et… s'enfonce lentement dans les fourrés de son côté.
Enfin !

Aline. J'arrive presque au contact de ton sac à dos. En tournant légèrement la tête vers moi, tu murmures « le puma ».

Je glisse un regard par-dessus ton épaule, et ne vois… rien. Le puma avait disparu.
Le petit groupe nous rejoint, surpris de nous voir arrêtés sur le sentier, sans aucune plante à regarder. Tu expliques que tu viens de croiser un puma.
Le guide, qui fermait la marche, dit d'un ton sûr : « impossible ».
Nous lui montrons les traces fraîches, sur le sol humide du sentier : larges empreintes à quatre doigts. Et celles de tes pas, à quelques mètres. Convaincu, impressionné, le guide manifeste une peur rétrospective : « Ne restons pas là ».
Nous avons repris notre marche en avant.
J'ai appris plus tard que le puma attaque rarement l'homme...

Albert. Revenus au campement, où ma rencontre avec le puma est déjà connue, on m'accueille en héros du jour. Le guide explique avec force détails aux habitants du village que les traces qu'il a vues étaient bien des empreintes fraîches de puma. Les habitants n'ignoraient pas qu'un puma rodait dans le secteur, mais personne ne l'avait encore vu de près.
Tard dans l'après-midi, nous nous reposons, tous les quatre, assis sur un tronc d'arbre, à l'entrée du village, en bavardant.
Au-dessus de nos têtes vole, puis se pose, une bande d'aras hyacinthe (*Anodorhynchus hyacinthinus*), grand ara bleu cobalt, les yeux cerclés de jaune. Les grands oiseaux criaillent dans les arbres, au-dessus de nous ; ils brisent des branchettes et les jettent sur nous. L'envergure de l'ara bleu approche 1,50 m, il pèse environ 1,5 kg et, lorsqu'il est posé, il atteint près d'un mètre de hauteur. Il se nourrit de noix qu'il brise facilement, de fruits et de feuillages frais ; son gros bec peut exercer une pression de 15 kg au cm^2. Il peut vivre jusqu'à 60 ans en captivité. Ce grand et bel oiseau est menacé de disparition, ses plumes d'un bleu intense servaient à décorer des chapeaux… Heureusement, les dames portent de moins en moins de chapeaux. Il est intégralement protégé et bénéficie d'un programme de reproduction en captivité pour tenter de préserver l'espèce.

Aline. Il n'y a pas que des aras autour de nous. De beaux perroquets verts à ailes marquées de rouge volettent dans les buissons, jouent dans les branches, se balancent, la tête en bas : ce sont des « amazones à front bleu » (*Amazona aestiva*). Posés, ces oiseaux mesurent près de 35 cm de hauteur. Un perroquet amazone, ailes largement ouvertes, plane au-dessus de nous et soudain… se pose sur mon épaule, doucement, mais

je me souviens de la gifle de son aile. Il a un bec noir, extrêmement puissant, capable de briser n'importe quel fruit ligneux, il porte une barre bleu clair entre les yeux. Je crains ce gros bec, je me méfie aussi de ses fortes griffes agrippées à mon T-shirt ; je n'ose pas bouger. Mes trois compagnons ne bougent pas non plus, de crainte de l'effrayer.
Quelques minutes plus tard, il prend son envol, en me flanquant une autre gifle, encore plus violente que la première : j'en ai eu le crâne endolori.
Ces grands perroquets, malgré leur puissance, leur poids et la taille de leurs ailes, ne sont pas du tout agressifs.

Albert. Dans les années 1980, Claudie et moi sommes allés en Floride : l'extrême sud de la presqu'île est une région riche autant en plantes qu'en animaux mal connus en Europe. Nous espérions bien voir des gros animaux !
Professionnellement, je voulais faire des repérages et tourner un petit film d'essai sur la végétation de cette région, en particulier sur les Broméliacées et les Orchidées, pour la chaîne FR3.
Le Parc National des Everglades couvre plus de 5°000 km^2 ; c'est l'un des plus riches écosystèmes de la planète ; il comprend un fleuve, des prairies, des savanes et des forêts inondées ; il est intégralement protégé.
La « Glades River », qui a donné son nom au Parc national, forme une nappe d'eau douce au courant lent, longue de 320 km ; elle atteint 112 km de largeur, pour une profondeur moyenne inférieure à 1 m. Elle est alimentée par les lacs du centre de la Floride, qui s'écoulent les uns dans les autres ; depuis le grand lac Okeechobee qui est à l'altitude de 4 m, l'eau parcourt 200 km pour atteindre l'océan Atlantique, au sud.
Le Parc national des Everglades nourrit plus de 350 espèces d'oiseaux, 300 espèces de poissons, 40 espèces de mammifères, 50 espèces de reptiles (dont les boas constrictors), de nombreux animaux semi-aquatiques (dont des alligators) ; on y trouve la plupart des 4 200 espèces de plantes à fleurs et de fougères de Floride, dont de nombreuses espèces endémiques, c'est-à-dire qui n'existent que dans cette région.
C'est un immense marécage, sa superficie dépasse 6 000 km^2 ; il est peuplé de forêts de cyprès-chauves (*Taxodium distichum*), arbres adaptés à vivre les pieds dans l'eau, ils manquent donc d'oxygène : certaines de leurs racines émergent pour absorber l'air, ce sont des « pneumatophores ». Le bois spongieux de ces étranges racines

aériennes qui croissent vers le haut contient de l'air ; la sève qui y circule transporte l'oxygène jusqu'aux racines noyées dans la boue asphyxiante.
L'humidité ambiante favorise les épiphytes qui croissent en touffes sur l'écorce des arbres.

Aline. As-tu vu ces alligators, dont on dit qu'ils sont si nombreux qu'on a nommé « Alligator Allee » la grande route qui conduit au parc des Everglades ?

Albert. Bien sûr, nous en avons vu beaucoup, ici et là, vautrés sur l'herbe ou prenant le frais dans un petit canal ; l'alligator américain, *Alligator mississipiensis,* est une grosse bête, il peut atteindre 5 m de longueur et peser 500 kg. Il n'est pas agressif, en aucune façon dangereux, si… on ne l'approche pas. Il ne faut pas le nourrir, nous ne le savions pas encore.
A l'occasion d'un piquenique rapide, nous nous installons au bord d'un petit cours d'eau ombragé qui suit notre route ; au menu : un demi poulet rôti, vite partagé, dégusté avec les doigts ; sans réfléchir, je jette un os dans l'eau ; quelle erreur : une gerbe d'eau nous asperge, en même temps qu'une bataille s'engage : une troupe de « gators » était là, immobiles et pratiquement invisibles. Abandonnant le reste du poulet, nous courons vers la voiture avant qu'ils ne nous barrent la route. Nous savons maintenant pourquoi des pancartes indiquent : « *Don't feed the gators* »…
Nous reprenons la route ; dans la forêt, les arbres portent des plantes épiphytes accrochées aux branches : *Tillandsia usneoides* pend en draperies gris clair démunies de racines, qui s'accrochent aux supports les plus variés, par exemple des fils électriques, elles sont cependant bien vivantes, elles poussent et fleurissent. Des épis roses ou mauves jaillissent des rosettes de Broméliacées.
Un sentier longe la rivière. Parfois un petit pont sous lequel se dissimulent des poissons ; mais il vaut mieux ne pas se pencher pour les observer, car sous le pont il y a souvent aussi un superbe alligator long de 4 ou 5 m, qui sommeille.
Les alligators se rassemblent volontiers autour des hammocks, dans l'eau très peu profonde, où ils trouvent de la nourriture abondante.
Les hammocks sont des îles, surélevées d'un mètre ou moins au-dessus du niveau maximum de l'eau, faites d'amas de matériel végétal mort. Ce sont des boisements naturels denses qui peuplent les hauts-fonds

dans un environnement marécageux. Ils portent des arbres à feuilles caduques ou non, tels que des chênes (*Quercus virginiana*, Fagacée), des gumbo-limbos (*Bursera simaruba*, Burséracée) à tronc rouge, dont la gomme-résine odorante a été utilisée en médecine traditionnelle et dans des cérémonies religieuses.

Aline. Les hammocks portent aussi des palmiers-pinots, ou açaï (*Euterpe oleracea*) dont les fruits sont de plus en plus commercialisés ; on les vend sur les marchés, ce qui menace la reproduction de l'espèce dans certaines régions. Ces fruits, rouge-violacé, gros de 2 cm, sont appréciés pour leur goût et pour leurs propriétés. Ils contiennent peu de glucides mais en revanche, beaucoup de lipides qui représentent 50% de la matière sèche, teneur exceptionnelle pour un fruit ; ils sont riches en oligoéléments et permettent de réduire le taux de cholestérol sanguin.

Albert. Ces hammocks, seuls endroits émergés au milieu des grands marécages, sont des havres de sécurité pour les animaux terrestres : lynx, ratons-laveurs, cerfs ou panthères qui les atteignent à la nage.
J'y ai vu des fauves, des « panthères de Floride » (*Puma concolor coryi*), dont certains individus ont une fourrure noire ; c'est une forme qui ne diffère que par la couleur et qu'on appelle localement « panthères noires ».
Il me souvient avoir vu, à une vingtaine de mètres de moi, une « panthère », accompagnée d'un petit, descendre de la forêt au coin d'une maison entourée d'un jardin qu'elle avait traversé ; elle s'est éloignée sur le chemin que nous suivions.
Quelques jours plus tard, nous visitons l'immense réserve naturelle d'Etat, au centre de la Floride, le Fakahatchee Strand. On y trouve un grand nombre de plantes et d'animaux que l'on ne rencontre nulle part ailleurs aux USA. Là, pas de routes, seulement des chemins de terre surélevés. Nous espérions rencontrer un ours noir dans la forêt, peut-être une panthère… Le seul emplacement où garer la voiture porte une pancarte : « The Florida Panther ».
Je descends de la voiture, caméra au poing, car je vois, accrochées à un tronc, les fleurs blanches du « ghost orchid » (*Dendrophylax lindenii*), l'étrange « orchidée fantôme » donnée comme rare et en voie de disparition en raison des prélèvements faits par les collectionneurs d'Orchidées ; sa fleur évoque une silhouette humaine, avec deux jambes pendantes ; je filme des Broméliacées et d'autres Orchidées en fleurs,

accrochées aux arbres, dont la petite *Encyclia tampensis*, appelée « Florida butterfly orchid ».
Claudie se promène près de la voiture, photographie la pancarte et entend un froissement de feuilles derrière elle : une panthère noire descend de la forêt jusqu'à la route, à 4 ou 5 mètres d'elle ; puis deux jeunes sortent des broussailles, rejoignent la maman qui les accueille de quelques coups de langue. Peu après, la petite famille rentre dans la forêt, sans s'intéresser à nos personnes.

La région marécageuse est infestée de moustiques. Des nuées noires s'abattent sur les visiteurs, se collent sur la peau et les vêtements et piquent, et piquent... On peut utilement glisser des feuilles de journaux sous les vêtements et enduire visage et mains de lotion répulsive... avec toutefois une efficacité modérée.
Les moustiques, petites bêtes bien plus dangereuses que les grosses !

Aline. Un tel marécage dans lequel se perd une rivière puissante, qui s'écoule plus par la poussée des eaux qui arrivent de l'amont, que par la pente, est un site exceptionnel. La vie y est partout, sous des formes diverses, elle occupe tous les milieux offerts par le marais.

Albert. C'est un pays de rêve pour naturalistes, bien que la progression dans le marais soit particulièrement difficile... et les animaux rencontrés parfois désagréables, comme le sont les moustiques ou les alligators !

Aline. J'ai eu la chance, en 1979, d'aller prospecter un marécage comparable aux Everglades, bien que moins étendu ; c'était une vaste plaine inondable parcourue par une rivière au cours très lent, la rivière de Kaw.
C'est en Guyane, département français, au bord de l'océan Atlantique.
Nous sommes trois collègues botanistes, Henri, professeur de botanique à l'Université de Toulouse, Fanchon, chercheur botaniste à l'ORSTOM (Cayenne), et moi ; nous sommes accompagnés de ma fille, 7 ans.
Nous voulons prospecter les marécages, à Kaw, à 70 km au sud-est, à vol d'oiseau ; mais le village de Kaw n'est, à l'époque, accessible que par bateau, il n'y a ni route, ni pont, ni service organisé ; pour y aller, on doit naviguer sur l'océan jusqu'à l'embouchure de la rivière, puis la remonter.

Le village, situé au milieu d'un immense marécage drainé par la rivière de Kaw, est à environ 80 km de Cayenne.
Depuis 1998, les Marais de Kaw et la Montagne de Kaw située en amont des marais, ont été érigés en « Parc Naturel Régional de la Guyane ». Cette réserve naturelle botanique et zoologique, d'une superficie de près de 100 000 hectares, est, par sa surface, la troisième de France. On y trouve une riche biodiversité.
En 1979, il nous faut une grande pirogue capable de naviguer, sur l'Atlantique, en haute mer sur une cinquantaine de kilomètres, puis susceptible de remonter la rivière encombrée d'ilots de végétation flottants, sur une trentaine de kilomètres ; nous avons besoin aussi d'un pilote expérimenté.

Une prospection parmi les pêcheurs, dans le quartier de la Crique, à Cayenne, nous fait rencontrer Joseph, un aventurier passionné par la protection des caïmans ; il accepte de nous emmener à Kaw pour une somme modeste. Il possède une grande pirogue robuste avec laquelle il va souvent au marais de Kaw, pour observer les grands caïmans noirs menacés de disparition, et donc intégralement protégés ; ce caïman est inscrit sur la liste rouge de l'IUCN (Union Internationale pour la Conservation de la Nature). Le caïman noir (*Melanosuchus niger*) est le plus grand des crocodiliens américains, il atteint 7 m de longueur et peut peser plus d'une tonne. Joseph espère que ses passages fréquents dissuadent les braconniers qui les tuent pour vendre leur peau, fort cher.

Fanchon, Henri, ma fille et moi, embarquons de bon matin ; Joseph tient la barre. Grand beau temps prévu pour plusieurs jours...
La pirogue, longue de 6 mètres et large d'un mètre, est équipée de trois planches transversales, des bancs, et d'un bon moteur. En se serrant un peu, on peut s'assoir à deux sur un banc.
Nous quittons les eaux grises de la Crique et naviguons droit au sud-est sur l'Océan Atlantique, d'un bleu intense, à peine ondulé.
Soudain, un coup de vent nous flanque un paquet d'écume à la figure, comme une gifle. En quelques minutes, sous les rafales, l'océan blanchit ; la pirogue est secouée comme un bouchon. L'eau passe par-dessus bord, nous écopons sans relâche avec de vieilles gamelles ; Joseph tient fermement la barre contre le vent. Un coup de mer pourrait emporter la plus légère d'entre nous, nous attachons donc ma fille sur le banc du milieu avec des sangles à herbier. La pirogue n'a aucun équipement de secours, pas même de gilets de sauvetage.

Nous continuons, nous écopons, nous nous cramponnons, nous écopons toujours, la tempête ne faiblit pas, nous progressons… lentement. Nous devrions être déjà sur la rivière depuis des heures.
Enfin, aux dernières lueurs du jour, le vent se calme un peu, nous apercevons l'embouchure ; nous entrons dans le chenal, en évitant les palétuviers (*Rhizophora mangle,* Rhizophoracées) et leurs bouquets de racines qui descendent des branches. Joseph, notre piroguier, connaît parfaitement les lieux : la pirogue zigzague entre les masses sombres des arbres ; la nuit est tombée.
Nous n'allumons qu'une torche à la fois pour économiser les piles. Les palétuviers de la mangrove font enfin place à des buissons et des hautes herbes ; nous ne naviguons plus en mer, mais en eau saumâtre : nous sommes dans le marais.
Parfois, dans le faisceau de la torche, deux points rouges apparaissent au ras de l'eau : les yeux d'un caïman qui veille. Le fond de la pirogue racle sur des obstacles invisibles, mouvants, inquiétants. Encore des points rouges qui semblent flotter sur l'eau.
Les îlots flottants d'herbes entremêlées, de plus en plus nombreux, sont souvent reliés entre eux par un feutrage de racines submergées. Le moteur peine même sur l'eau libre, en raison des racines qui s'enroulent autour de l'hélice ; des paires de points rouges… encore.
Malgré notre réticence, Joseph descend dans l'eau pour dégager l'hélice.
La végétation est si dense qu'il lui faudra recommencer plusieurs fois le nettoyage de l'hélice, nous craignons à chaque fois une attaque surprise. Nous n'avons aucune arme.
Depuis combien de temps naviguons-nous dans la nuit sur cette rivière ? Nous sommes tendus, aux aguets, nous tentons de repérer les obstacles pour les signaler à Joseph.
Enfin, il annonce : « Nous arrivons ! ».
Au bord de la rivière, quelques maisonnettes dans la nuit : le village de Kaw, qui compte une trentaine d'âmes. Nous débarquons et amarrons la pirogue.
Il est plus de 2 heures du matin, nous avons navigué pendant plus de 18 heures. Sans boire ni manger.
Nous réveillons une aimable villageoise, Madame Philomène, qui vient en aide aux rares visiteurs ; elle ne peut nous offrir qu'un potage en sachet, il nous réchauffe faute d'être très nourrissant : nous sommes trempés d'eau de mer depuis le matin. Elle met à notre disposition un carbet, simple auvent couvert de palmes, où accrocher nos hamacs ; le

repos est bienvenu. Heureusement nous avons nos couvertures, car la nuit est fraîche.
Au matin, notre hôtesse nous prépare un vrai repas ; des piranhas grillés accompagnés de couac. Le couac a été préparé ici, au village, à partir de racines du manioc cultivé derrière les maisons.

Albert. Je ne sais pas ce que c'est, le couac ; est-ce agréable à manger et nourrissant ?

Aline. C'est une bonne nourriture ! Les racines de manioc amer sont râpées, additionnées d'eau, puis mises à fermenter quelques jours. La pâte grossière obtenue est ensuite pressée pour exprimer le jus afin d'éliminer les composés très toxiques de la plante, substances générant du cyanure ; la pulpe est émiettée puis étalée sur une tôle au-dessus d'un feu pour la faire griller ; on la retourne régulièrement pendant cette phase de la préparation ; on obtient une sorte de semoule nourrissante, de bonne conservation, agréable, qu'on peut ajouter, sans autre cuisson, à tout liquide chaud ou froid, eau, thé, jus de fruit...
On cultive deux formes de manioc, le « manioc doux » et le « manioc amer », qui diffèrent par leur teneur en substances toxiques ; bien qu'il soit peu toxique, le manioc doux est moins cultivé que le manioc amer, plus productif et plus apprécié dans l'alimentation.

Notre hôtesse aura la gentillesse de nous préparer des repas pendant tout notre séjour au village ; au menu, poisson fraîchement pêché et manioc. Nous passons nos journées en pirogue dans le marais, à prospecter la végétation, sans même nous arrêter à midi.
Le village de Kaw sera notre base pendant les deux semaines que nous y passerons.

Sur la berge de la rivière, un minimum d'aménagement permet d'amarrer les quelques barques des habitants, entre lesquelles des plantes fleurissent : des grands *Ludwigia octovalvis* (Onagracée), hauts de près de 2 m, des touffes denses d'*Hydrolea spinosa* (Hydroléacée) aux délicates fleurs bleues et… aux épines acérées.
Pendant une grande partie de l'année, le marais est une prairie flottante : les herbes forment un couvert continu, racines et rhizomes entremêlés flottent à la surface de l'eau. Lorsque survient la saison sèche, du mois d'août à octobre ou novembre, le marais s'assèche partiellement, le tapis flottant vient à reposer sur le fond, où il s'enracine ; lors de la

prochaine crue, de nouvelles pousses suivront la montée de l'eau et le tapis végétal remontera vers la surface.
Dans le marais, la pente est à peu près nulle : l'eau s'écoule très lentement vers la mer. La rivière de Kaw, qui traverse le marais, est en eau toute l'année ; à son embouchure, la marée remonte la rivière sur une vingtaine de kilomètres : dans ce secteur, l'eau est donc plus ou moins salée.
Je récolte un échantillon de chaque espèce de plante observée et note la conductivité de l'eau qui la baigne, mesurée au conductimètre, pour obtenir la corrélation entre la répartition de cette espèce et la charge en sels du milieu où elle pousse.
Les palétuviers (*Rhizophora mangle*) vivent racines et tronc dans l'eau de mer, ils sont hauts de 4 à 8 m. Leurs branches produisent des racines-échasses ramifiées et arquées qui contribuent à stabiliser l'arbre, dans ce milieu où règnent la vase et l'eau de mer. Les palétuviers n'absorbent pas le sel ; on les appelle « palétuviers noirs », par opposition aux « palétuviers blancs » (*Avicennia germinans*, Avicenniacées) qui vivent en arrière de la mangrove. Les *Avicennia*, eux, absorbent le sel contenu dans l'eau par leurs racines et l'excrètent sur les bords de leurs feuilles qui en sont blanchies, d'où leur nom de « palétuviers blancs » ; leurs racines produisent des pneumatophores, fines racines dressées vers le haut qui sortent de la vase et leur permettent de respirer.

Albert. J'ai vu des fruits de *Rhizophora*, ils sont étranges, mais quelle étonnante adaptation à un milieu hostile à la vie végétale.

Aline. C'est vrai que la nature a inventé des solutions efficaces.
Les fruits pendent au-dessus de la vase recouverte d'eau salée à chaque marée ; chaque fruit contient une unique graine qui germe alors que le fruit est encore fixé à la branche : une grosse racine fusiforme sort du fruit, orientée vers le bas ; lorsqu'elle atteint une trentaine de centimètres de longueur, le fruit se détache et tombe, la racine s'enfonce droit dans la vase comme le ferait le plantoir d'un jardinier. Le jeune palétuvier va grandir, le pied dans l'eau et la vase, jusqu'à devenir un arbre. Parfois le fruit, muni de sa grosse racine, flotte sur l'eau : il ira s'installer plus loin, où un jeune palétuvier se développera.
La mangrove est parcourue de chenaux d'eau de mer dont le niveau varie avec la marée. Dans les chenaux et dans l'estuaire, des troupes de « gros-yeux », ou « quatrezyeux », poissons longs de 30 cm, semblent courir sur l'eau dans des éclaboussements boueux ; ce sont des

Anableps. Ces poissons ne restent jamais plus de quelques secondes sous l'eau ; ils nagent en surface, leurs yeux à demi submergés ; leur pupille est en forme de 8 : la partie supérieure leur permet de voir hors de l'eau, la partie inférieure, de voir, en même temps, sous l'eau.
Des « hirondelles à ventre blanc » (*Tachycineta albiventer*) à dos bleu, et nombre d'autres oiseaux tournoient entre les palétuviers. Des ibis rouges (*Eudocimus ruber*) fouillent la vase de leur long bec courbe à la recherche de petits insectes et d'autres invertébrés dont ils se nourrissent.
Certains arbres portent un grand nombre de nids tissés, en forme de chaussettes longues de 30 ou 40 cm ; leurs habitants, des caciques cul-jaune (*Cacicus cela*), oiseaux agités et bruyants, tournoient à l'approche de la pirogue

Albert. Dans la mangrove, les périophthalmes (*Periophthalmus modestus*), ces petits poissons, longs d'une vingtaine de centimètres, respirent par leurs branchies lorsqu'ils sont dans l'eau ; ils nagent en surface, leurs gros yeux globuleux, comme ceux des *Anableps*, ont une structure double, qui leur permet de voir simultanément dans l'eau et hors de l'eau. Leurs yeux protubérants peuvent tourner dans tous les sens et s'orienter indépendamment l'un de l'autre, comme ceux des caméléons. C'est pour cette raison qu'on les appelle « périophtalmes », qui signifie « voir autour ».
Les périophthalmes ne restent jamais très longtemps dans l'eau ; ils peuvent vivre jusqu'à deux heures hors de l'eau, en respirant par la peau et par la gorge. Ils sautent sur la vase émergée et se déplacent sur leurs nageoires pectorales puissantes, d'où leur nom de « poissons-grenouilles » ; ils grimpent sur les racines des palétuviers, « marchent » le long des basses branches.
Ils creusent des terriers dans la vase détrempée pour y pondre leurs œufs. Au cours de leurs excursions hors de l'eau, ils chassent de petits insectes.

Aline. La végétation change progressivement depuis l'océan et la mangrove, jusqu'aux eaux très douces, déminéralisées, au bas des collines.
Dès qu'on quitte la mangrove, en remontant la rivière, l'eau est de moins en moins salée. Les « moucou-moucou » (*Montrichardia arborescens*), grandes Aracées, se dressent jusqu'à 2,5 m de hauteur.

Les fleurs de *Crinum erubescens* (Amaryllidacée) aux longs pétales blancs, étroits, dominés par une gerbe d'étamines rouges, se dressent au-dessus de l'eau ; un buisson de *Rhabdadenia biflora* (Apocynacée) allonge ses rameaux qui portent de grandes fleurs blanches.
Quelques groupes de grands arbres, hauts de plus de 20 mètres, bordent la rivière ; la base de leur tronc, dans l'eau boueuse moins saumâtre que dans la mangrove, est élargie en grands contreforts ; ce sont des *Pterocarpus officinalis* (Fabacée, Faboidée), appelés localement « moutouchi-marécage ».

Sur une basse branche, un oiseau gros comme une poule porte un plumage bariolé, une huppe hérissée et, sur la tête et le cou, des plumes effilochées, comme mouillées… un hoazin (*Opisthocomus hoazin*). Cet oiseau à larges ailes vole très peu, et sur de courtes distances : il marche sur les branches. Il présente une particularité : les ailes des jeunes, à leur naissance, sont pourvues de griffes mobiles comparables à des doigts, dont ils se servent pour se déplacer dans les branches, marchant « à quatre pattes », leurs pattes et leurs ailes. Ces griffes disparaissent lorsque l'oiseau grandit.

Albert. Je crois que cet oiseau a aussi d'autres particularités. Il se nourrit de feuilles et de fruits, et possède un système digestif unique parmi les oiseaux ; il digère comme les ruminants : des bactéries hébergées dans son jabot dégradent la cellulose en acides gras assimilables, on pourrait dire de lui que c'est une « vache volante ». Ces bactéries, responsables d'une odeur désagréable, valent à l'oiseau le surnom d'« oiseau puant ».

Aline. Plus loin de la mer encore, on entre dans une immense prairie inondée, l'eau y est encore saumâtre. Quelques buissons de *Combretum cacoucia* (Combrétacée) dressent leurs épis rouge vif, des *Allamanda cathartica* (Apocynacée) si souvent cultivés dans les jardins tropicaux poussent ici, sauvages, couverts de fleurs jaunes, longues de 5 ou 6 cm ; la plante contient un latex caustique, toxique.
Entre les grandes Graminées de différentes espèces, apparaissent des jacinthes d'eau aux fleurs délicates (*Eichhornia crassipes* Pontédériacée) et des *Eichhornia diversifolia* aux tiges trainantes sur l'eau. Les feuilles de *E. crassipes* ont un pétiole renflé, en forme d'œuf, plein d'air, surmonté par un limbe luisant : la plante flotte à la surface de l'eau.

Des peuplements de jacinthes d'eau couvrent la nappe d'eau : racines et tiges enchevêtrées rendent difficile le passage de la pirogue.

L'œil balaie l'immensité de grandes herbes avec çà et là, quelques buissons ; la densité y est telle qu'on ne voit pas l'eau ; on ne peut toutefois ni y marcher, ni y naviguer.
Sur l'eau, se dressent les grandes fleurs blanches des *Nymphaea.*
Les étoiles blanches des petites fleurs des *Nymphoides indica* sont un peu au-dessus de l'eau, les feuilles, étalées sur l'eau, ressemblent à celles des *Nymphaea.* Les tiges des *Nymphoides* et des *Pontederia* courent sous la surface de l'eau.

Fig. 13. Le marais de Kaw, immense prairie inondée ; au loin, dans la brume matinale, la Montagne de Kaw. *ARR. del.*

Albert. Dans ce grand marais où l'eau, peu profonde, est couverte de végétation, il y a probablement beaucoup de poissons, des piranhas ?

Aline. Oui, les poissons abondent ; les habitants du village pêchent, même au pied de leur maison. Ils capturent des piranhas qui, curieusement, ne semblent pas attaquer : ici, à Kaw, je n'ai pas entendu parler de pêcheur blessé, et on se baigne impunément dans la rivière.

Albert. Il y a probablement aussi des caïmans, ces grosses bêtes se nourrissent en grande partie de poissons.

Aline. Les grands caïmans noirs, devenus si rares, vivent dans des secteurs reculés du marais, je n'en ai pas vu. En revanche je rencontre le « caïman à lunettes » (*Caiman crocodilus*), long de près de deux mètres : une tête bombée et deux gros yeux hors de l'eau qui nous observent, il s'enfuit en fouettant l'eau de ses pattes.
Des Jacanas, jolis petits échassiers brun-roux à ailes jaunes, marchent élégamment sur les feuilles qui flottent, en levant leurs longues pattes.
Un grand « héron cocoï » (*Ardea cocoi*) va pêcher poissons et grenouilles, tandis que son petit concurrent, un « martin pêcheur vert » (*Chloroceryle americana*) perché sur une branchette, s'apprête à plonger sur une proie.
En vol stationnaire, des colibris à reflets irisés butinent, de leur long bec mince, les bouquets rouges et jaunes de *Palicourea croceoides* (Rubiacée).
De grands urubus à tête jaune (*Cathartes burrovianus*), sortes de vautours, dont l'envergure dépasse 1,50 m, tournent dans l'air pour repérer des cadavres d'animaux.

Albert. Tu as vu beaucoup d'oiseaux, mais il doit y avoir aussi des serpents, sur terre et dans l'eau ?

Aline. Oui ; un matin, une bande de jacanas s'envolent brusquement devant moi : un serpent, un anaconda (*Eunectes murinus),* s'approche. L'anaconda, long de près de 6 mètres, est en chasse, il ondule sur l'eau, il glisse entre les herbes comme un train entre deux tunnels. Le diamètre de son corps atteint bien 25 cm. Serpent non venimeux, l'anaconda est le plus gros serpent du monde, sa longueur peut approcher les 9 mètres, il atteint 200 kg et peut nager jusqu'à 20 minutes sous l'eau. Il chasse surtout la nuit.
L'anaconda se nourrit de gros rongeurs comme les capybaras (*Hydrochoerus hydrochaeris*), qui vivent dans les marais et peuvent peser plus de 60 kg ; ce serpent se nourrit aussi de poissons et même de jeunes caïmans et d'oiseaux. Il lui arrive d'ingurgiter des animaux domestiques, des porcs, des chèvres, il est parfois cannibale.
En dehors de l'Homme il n'a pour ennemis que les piranhas.

Albert. As-tu déjà assisté à la chasse d'un anaconda ?

Aline. Non, car la capture d'une proie se passe sous l'eau : j'ai vu une fois un anaconda passer dans les herbes flottantes, et soudain un gros

remous dans l'eau ; je n'ai pas pu savoir quelle était la proie, un poisson peut-être ?
On connaît la technique de chasse de l'anaconda : il mord sa proie de ses dents acérées, l'enserre, l'entraîne sous l'eau, s'enroule autour d'elle en serrant de plus en plus les spires de son corps pour l'étouffer et broyer ses os. Puis l'anaconda avale sa victime progressivement, tête la première ; il lui faut 6 heures pour avaler une proie plus grosse que lui, comme un capibara, il lui faudra quelques semaines pour la digérer. Il a la réputation d'être dangereux, il semble pourtant qu'on n'ait pas connaissance d'attaques sur l'homme.

Albert. Quelle puissance dans ces grands serpents prédateurs qui, finalement, ressemblent à des gros tuyaux. J'imagine qu'on ne voit pas un anaconda tous les jours ; moi, je n'en ai jamais rencontré !

Aline. Il m'est arrivé plusieurs fois d'en voir onduler dans les hautes herbes flottantes du marais.
Et, figure-toi, j'ai, un autre jour, approché un anaconda… de près. C'était en Guyane, dans les immenses savanes mouillées qui longent le littoral à l'écart du village d'Iracoubo. Accompagnée de ma fille, 5 ans, nous sommes basées dans la forêt non loin de St-Elie, bien en retrait de ces savanes mouillées.
J'étudie les herbes aquatiques et semi-aquatiques ; nous pataugeons dans 30 cm d'eau tiède, au milieu du marais ; la rive est peut-être à un kilomètre.
En passant derrière un buisson, j'arrive à moins de deux mètres de ce qui ressemble à… une pile de pneus de camion… un gros anaconda lové, je m'arrête net. Ariane comprend qu'il se passe quelque chose, elle s'accroche aussitôt à ma jambe qu'elle serre de toutes ses forces. Nous battons en retraite prudemment, en évitant les clapotis.
Grâce au ciel, l'anaconda n'a pas bougé, il était probablement occupé à digérer son repas au soleil.

Chaque soir nous retournons dans la forêt, vers St-Elie, où nous retrouvons les collègues qui travaillent sur la régénération de la forêt ; les carbets nous accueillent,
Un carbet, abri sans parois, se compose de quatre forts poteaux, des troncs verticaux hauts d'environ 1,75 m, reliés à leur sommet par des troncs horizontaux ; l'ensemble forme un parallélépipède long d'environ 5 ou 6 mètres, large de 3 ou 4 mètres ; il est coiffé d'une

charpente à deux pentes couverte de plusieurs épaisseurs de palmes soigneusement assemblées : on suspend les hamacs dans le sens de la largeur du carbet, leurs grosses cordes sont attachées aux longs troncs horizontaux, on peut dormir au sec même s'il pleut.

Fig. 14. Un carbet dans la forêt. *ARR. del.*

Attention, petites bêtes

Aline. En Guyane, j'ai fait parfois de mauvaises rencontres.
Après une nuit dans un carbet, je sors de mon hamac un matin ; j'ai le réflexe de taper chaque chaussure par terre : un scorpion brun-noir long

de 3 cm tombe d'une chaussure et part tranquillement se cacher sous une bûche, c'est un *Bothriochactas,* peu dangereux, mais je n'ai pas eu envie de le fréquenter davantage !

Albert. La nature guyanaise est riche, mais elle abrite aussi des plantes et des animaux dangereux. Dans la forêt il faut toujours être sur ses gardes.
As-tu vu des animaux étranges ?

Aline. En Amérique, dans les zones défrichées de la forêt équatoriale, des arbres, les bois-canons (*Cecropia schreberiana*, Urticacée) peuvent atteindre 20 m de haut, ils poussent très rapidement, ils donnent un ombrage léger. Ce sont les premiers arbres qui s'installent après une déforestation : la forêt se reconstitue peu à peu dans leur ombre.
Un animal bien étrange, inoffensif, se nourrit essentiellement des feuilles de bois-canon, qu'il digère... lentement : le paresseux (*Bradypus tridactylus*) ; il est difficile à voir bien qu'il mesure plus de 50 cm, il vit suspendu à une branche d'arbre par ses fortes griffes. Ce « paresseux » peut dormir plus de 12 heures par jour, il reste immobile la plupart du temps ; s'il se déplace, c'est à la vitesse de moins de 10 mètres à la minute : record de lenteur : 600 m/heure. La lenteur de ses mouvements le dissimule à ses prédateurs, ainsi que son pelage grossier, verdâtre, qui héberge des algues vertes microscopiques et des algues bleues.

Albert. Bien d'autres animaux doivent vivre dans ces forêts en cours de reconstitution.

Aline. Oui, des oiseaux, des insectes, des reptiles.
Le groupe d'animaux probablement le plus omniprésent dans toutes les forêts est celui des fourmis. Elles trottent au sol, dans les arbres, dans des galeries souterraines et sur les plantes.
As-tu déjà cueilli un rameau de « bois-canon » en Guyane ? Un jour, j'en ai coupé un rameau et reçu une pluie de fourmis qui se sont empressées d'entrer dans mes vêtements et de mordre. D'où venaient-elles ? Le rameau de bois-canon est creux, il forme un tube, cloisonné au niveau de chaque feuille. La logette comprise entre deux cloisons s'ouvre par un petit trou rond large de 2 à 3 mm qui sert de porte d'entrée à une petite fourmilière installée dans la logette. L'arbre

héberge les fourmis, et les fourmis le protègent contre… les botanistes, entre autres.
Aux Antilles, le *Cecropia* n'héberge pas de fourmis, ses rameaux creux ne sont pas habités.
Bien d'autres plantes sont associées à des fourmis. Par exemple, la feuille de *Tococa guianensis* (Mélastomatacée) présente, à la base de son limbe, un double renflement naturel dans lequel peuvent loger des fourmis ; le renflement est divisé en deux petites chambres, ouvertes sur le limbe.

Albert. Un jour au Costa Rica, en passant dans une plantation de cacaoyers, j'ai vu, parmi les petites plantes épiphytes accrochées aux branches, un *Tillandsia bulbosa* (Broméliacée) aux épis rouges dressés au-dessus d'une rosette renflée à sa base : les bases des feuilles se recouvrent, comme dans un artichaut ; entre les bases, de petites logettes vides hébergent des fourmis. Lorsque je me suis approché pour observer de près les bractées rouges d'où sortaient de délicates fleurs violettes, des fourmis vigilantes sont sorties de la rosette, prêtes à piquer.
J'ai vu dans le sud du Mexique un autre *Tillandsia*, *T. seleriana*, qui héberge aussi des fourmis dans les bases épaisses et renflées de ses feuilles ; les fourmis accèdent à leur nid par des petits orifices.

Aline. Les fourmis sont partout. Un jour, près d'une mare en Guyane, j'observais un *Conobea aquatica* (Plantaginacée) aux jolies fleurs larges de 1 cm, mauves marquées de jaune ; ses tiges couraient dans l'eau peu profonde, elles portaient des rameaux dressés. Je m'assieds sur le sol presque nu, sors carnet de croquis et crayons de mon sac pour dessiner la fleur ; je commence à faire un schéma de la disposition des fleurs sur la tige, lorsqu'une brûlure à la jambe me fait sursauter. Je distingue à peine la responsable : une minuscule fourmi rouge. Je n'en vois aucune autre parmi les gravillons latéritiques rougeâtres du sol, je peux donc continuer mon travail. Mais soudain la brûlure se renouvelle, dans le dos, sur l'épaule… des fourmis m'envahissent et passent à l'attaque.
Je me relève pour terminer mon observation. Et là, aïe, je ressens plusieurs piqûres sur les pieds.
Comment continuer mon dessin tandis que ces bestioles, toutes petites et de la couleur des gravillons, m'infligent des brûlures ?

Je ramasse mon matériel à la hâte et m'enfuis… la douleur persistera des jours.

Albert. Dans les années 1980, avec mes amis botanistes Jean-Claude et Colette, Claudie et moi nous avions décidé de découvrir l'extraordinaire flore du Mexique, magnifique pays qui s'étend sur près de 2 millions de km^2 ; sa biodiversité est l'une des plus élevées au monde, avec plus de 25 000 espèces végétales, plus de 700 espèces de reptiles, plus de 1 000 espèces d'oiseaux…

Au sud du Mexique, dans la région de Zapotitlan-de-las-Salinas, des cactus de formes diverses se dressent comme de grands cierges ; certains (*Cephalocereus columna-trajani*), hauts de 10 m, ne sont pas ramifiés, d'autres (*Neobuxbaumia tetetzo)*, branchus, forment des bouquets dressés, hauts de 15 m, leurs fleurs blanches, nocturnes, très odorantes, attirent les chauves-souris pollinisatrices ; d'autres, tels les petits *Mammillaria,* couverts de poils blancs, ne mesurent que 4 cm de diamètre.
Après avoir longé la Sierra Madre del Sur, nous parcourons les forêts chaudes et humides de la région de Tehuantepec. Les arbres portent des draperies de plantes épiphytes, Orchidées, Broméliacées, qui poussent dans la ramure ; nous tentons de les identifier à la jumelle.
Il fait très chaud dans ces régions, la température en cette saison dépasse 36 °C, et pour nous rafraichir, nous sommes allés passer quelques heures au bord de la mer, peu éloignée. Sitôt arrivés sur la plage, des nuées de petites mouches noires déferlent sur nous : ce sont des simulies (*Simulium* sp.). Les simulies sont longues de 1,5 à 5 mm, noires ou rougeâtres, pourvues de gros yeux et d'antennes courtes ; elles sont parfois si nombreuses qu'elles forment des nuées ; elles attaquent les animaux dans les marécages et sur les bords de rivières, et… n'épargnent pas les humains. Ces insectes se nourrissent de sang, ils mordent la peau, injectent un anticoagulant allergogène, et pompent tranquillement le sang de la victime ; cet anticoagulant, qui subsiste dans la peau, provoque une inflammation et un œdème douloureux. Nous sommes rapidement couverts de boutons qui nous démangent…

Aline. Les simulies sont parfois dangereuses pour le bétail, y compris en France. La chronique relate qu'en 1863, 80 % des bovins du canton de Condrieu (Rhône) moururent en quelques heures après une attaque de simulies.

Albert. Impossible de lutter contre ces sales bêtes, courage fuyons… nous décidons de monter vers le nord, en passant par les hauts plateaux de Oaxaca ; l'air y est frais, nous sommes enfin tranquilles, les simulies ne montent pas en altitude.
Notre route descend en direction de Veracruz, dans la baie de Campeche ; nous retrouvons la chaleur humide et les forêts denses. La route, plaquée contre la montagne, est masquée par des Orchidées, des Broméliacées, des lianes, des fougères arborescentes : l'exubérante végétation tropicale.

Aline. Je n'ai pas fréquenté les méchantes simulies du Mexique, mais je suis allée, en Guyane, voir de près des fleurs et… les grandes tortues-luth. J'y ai subi, en outre, des escadrilles de moustiques assoiffés de sang.
A l'extrême nord-ouest de la Guyane, le fleuve Maroni, qui constitue la frontière avec le Surinam, se jette dans l'océan Atlantique par un grand estuaire bordé de mangroves. A l'est de l'estuaire, de vastes plaines humides sont drainées par des rivières sinueuses.
J'avais le projet d'aller prospecter ces zones mouillées.
En 1979, au cours d'un séjour dans la région de Cayenne, je pars avec Françoise, une collègue, et nos trois enfants, âgés de 2 à 7 ans.
Un matin nous quittons Cayenne, chacune conduisant une voiture chargée de matériel de campement, de presses à herbier, de nourriture. Nous avons à peine 250 km à faire pour atteindre les Hattes, petit village en arrière de la plage qui compte quelques cases où vivent des Galibis, à l'écart de tout autre village ; les Galibis, une ethnie amérindienne, ont leur propre langue, leurs traditions.
Près du village, un ancien centre pénitencier désaffecté depuis 35 ans. Nous logerons dans la vieille maison qui fut celle du gardien du centre ; c'est la seule construction qui subsiste, le pénitencier a été détruit : il n'en reste que des amas de briques, moulées autrefois par les bagnards.

Albert. Donc, vous avez été condamnés au bagne pour quelques jours.

Aline. Oui, mais un bagne sans gardes-chiourme !
Aussitôt arrivés, nous nous hâtons de nous installer. Les enfants jouent devant la maison.
Nous donnons un bon coup d'œil dans tous les recoins où pourraient se cacher mygales ou serpents. Heureusement pas de vilaines bestioles visibles… Nous accrochons cinq hamacs et leurs moustiquaires, nous

vérifions qu'aucun hamac n'est situé sous une fuite du toit, il pleut souvent ici.
Albert. A quelle distance étiez-vous de la mer ?

Aline. Nous étions à moins de 200 m. Les fleuves Mana, avec un débit moyen de 320 m^3/s, et Maroni, avec un débit moyen de 1 700 m^3/s, se déversent dans le même estuaire ; en atteignant l'océan, leurs flots se heurtent avec violence, il n'y a donc ni pirogues de pêcheurs, ni baigneurs. La mer, ocre jaune, n'est qu'un vaste remous.
Mais la plage porte une végétation intéressante.
Sur le sable, on voit des petites plantes qui poussent en lignes, c'est *Remirea maritima* (Cypéracée) ; la tige s'allonge dans le sable de la plage, parfois sur plus de 10 mètres ; elle porte de petits rameaux régulièrement espacés, alignés, dressés hors du sable.
Quelques cocotiers (*Cocos nucifera*, Arécacée) à la tige mince, haute de plus de 10 m, inclinent leur touffe de longues feuilles pennées vers la mer. Le cocotier se sème spontanément sur tous les rivages tropicaux : les noix de coco peuvent flotter sur la mer tout en conservant leur aptitude à germer pendant des mois. On dit que « le cocotier aime entendre le bruit de la mer ».

Albert. Avez-vous vu des grands animaux ?

Aline. Oui, des tortues luth (*Dermochelys coriacea*), dépourvues de carapace, longues de 2 m, qu'on dit peser jusqu'à 700 kg ; c'est la plus grande des tortues marines. Cette plage est connue pour être l'un des plus importants sites de ponte des tortues marines au monde.
L'immense plage est jonchée de coquilles d'œufs de tortues luth que la marée dégage du sable ; coquilles souples, blanches, sphériques, la plupart déchirées, une petite tortue a dû en sortir. Le soir, avant la tombée du jour, nous allons sur la plage, ma collègue et nos trois enfants, nous marchons à pas de loup.
A la limite des plus hautes mers, nous nous avançons vers une grande tortue qui pond dans le sable sec. Trop occupée par la ponte, elle ne bouge pas à notre approche lente et silencieuse. Son dos est gris-verdâtre tacheté de blanc, la peau souple est tendue sur sept carènes dont les courbes évoquent un luth. Son ventre est blanc, mais nous ne le voyons guère. Ses membres antérieurs sont de grandes nageoires puissantes. Elle a creusé une large excavation dans laquelle roulent les œufs au fur et à mesure qu'elle les pond.

Ensuite, la tortue recouvre de sable ses œufs puis retourne à la mer, son milieu de vie naturel ; elle ne le quitte en effet que le temps de pondre. Le sable chauffé par le soleil incube les œufs pendant deux mois. Quand les petits éclosent, sitôt la coquille souple déchirée, ils se dégagent du sable et courent vers la mer… malheureusement pour eux, les oiseaux et les crabes se jettent sur les petites proies et font bombance.
Une tortue peut pondre jusqu'à un millier d'œufs par an, en plusieurs fois. Cependant très peu de ces jeunes tortues parviendront à l'âge adulte.

Albert. J'ai vu aussi des tortues géantes, aux Galapagos, mais jamais de tortues luth.
Tu parles des tortues, mais as-tu vu des plantes ?

Aline. Bien sûr ! Derrière le cordon sableux où nous sommes installés, je pars seule explorer les savanes inondables et les marais. Ma collègue Françoise, linguiste, part avec les trois enfants vers le village Galibi dont elle étudie la langue.
Je traverse les broussailles d'arrière-plage, parmi les épis bleus de *Stachytarpheta jamaicense*, *Passiflora foetida* étale sur le sable ses fleurs en jupon de dentelle ; un *Mansdevilla scabra*, liane à fleurs jaunes, grimpe dans un *Himatanthus articulatus* à fleurs blanches. J'avance jusqu'à une savane inondée ; entre des touffes de la grande fougère *Acrostichum aureum*, les *Cyperus articulatus* dressent leurs tiges nues semblables à des joncs ; la présence de ces plantes indique que le milieu est légèrement salin : je ne suis pas loin d'une mangrove ; les palétuviers noirs, *Rhizophora mangle,* barrent l'horizon.

Depuis que je suis sur le terrain, les moustiques m'accompagnent fidèlement. Je tape sur mon visage, sur mes mains pour les écraser ; bientôt, je ressens des piqûres sur le corps, sous les vêtements. Je décide de ne pas penser à ces désagréments, je continue mes observations ; quand une bestiole s'approche trop de mes yeux ou de ma bouche, je cogne ; difficile de fixer mon attention.
J'explore le marais pendant deux bonnes heures. Peu à peu, je ressens une grande fatigue, proche du malaise ; envie de vomir ; des étourdissements. Je pense à une réaction aux moustiques…
Je me traîne jusqu'à notre gîte. J'y arrive épuisée. Mon visage est barbouillé de noir, moustiques écrasés, et de rouge, le sang qu'ils avaient aspiré. Je m'effondre dans mon hamac après avoir bu une

grande rasade de sirop de Phénergan, traitement connu des réactions de type allergique ; nous avions mis ce flacon dans nos bagages au cas où les enfants en auraient eu besoin…
Je dors… Au cours de la nuit, le vent se lève, accompagné d'une forte pluie qui fait fuir les moustiques. Au matin, après avoir récupéré, je reprends mon exploration botanique sous la pluie qui dure. Chaque matin, je revêts pantalon et T-shirt encore trempés : sensation d'enfiler un vêtement fait de limaces !

Albert. Les moustiques sont une plaie dans de nombreux pays, mais j'en connais une autre… une histoire de fourmis, au Mexique dans le sud de la presqu'île du Yucatan, où nous étions, Claudie et moi, accompagnés de Jean-Claude et Colette… une histoire plutôt drôle, mais qui aurait pu ne pas l'être.
Le sentier que nous empruntons traverse une rivière peu profonde, un tronc d'arbre sert de pont ; nous passons avec précaution ; Jean-Claude traverse le dernier, lentement, prudemment. Lorsqu'il est encore au milieu de la rivière, nous apercevons une longue colonne de fourmis qui le suit, le rattrape : nous crions « attention ! ». Il se retourne et voit le danger avancer vers lui. Le tronc étroit, arrondi, humide et glissant, ne lui permet pas de courir. La tête de la colonne de fourmis le dépasse...
Ce sont des fourmis rousses du genre *Atta*, des « fourmis parasols » dites aussi « fourmis champignonnistes » ; elles avancent en rangs serrés, portant chacune un fragment de feuille dressé comme un drapeau ; les drapeaux, tous bien alignés dans le sens de la marche, droit en direction de leur fourmilière où elles les empileront pour cultiver un champignon (*Leucoagaricus gongylophorus*) qui nourrira la colonie.
Rien ne peut les arrêter. Une telle colonne peut compter des millions d'individus. Leurs mandibules puissantes et tranchantes sont capables de découper, comme le ferait une cisaille, des feuilles coriaces et épaisses ; elles peuvent défeuiller complètement un arbre en 48 heures… elles peuvent aussi mordre le botaniste imprudent ; heureusement, elles ne sont pas venimeuses.
Les fourmis grimpent le long des jambes de Jean-Claude, sur et dans le pantalon.
Il saute sur la rive, à l'écart de la colonne qui poursuit sa progression et, sans hésiter, baisse le pantalon, l'explore et gifle les intruses. Plus de peur que de mal, il s'en sort avec quelques morsures sans gravité.

Attention, plantes redoutables

Albert. Il n'y a pas que des insectes qui soient désagréables, bien des plantes peuvent être dangereuses, sans même besoin de les consommer. Toxiques, irritantes, voire mortelles. Un exemple ?
En Californie, Claudie et moi partons, paniers au bras, cueillir des champignons, des girolles (*Cantharellus cibarius*) pour faire une bonne omelette.
Nous savions qu'il était possible d'en trouver en abondance au bord d'une rivière, au bas d'un talus en pente raide qui descendait vers l'eau. Claudie descend le talus, glisse et tombe apparemment sans dommage, elle est, en effet, arrêtée par de petits buissons aux jolies feuilles lobées, semblables à des feuilles de chêne. Nous remplissons nos paniers et rentrons à la maison préparer l'omelette.
Le lendemain matin, Claudie se gratte bras et jambes… ils sont couverts de boutons rouges qui bientôt deviennent des cloques suintantes, douloureuses. Nous allons donc consulter un médecin qui, après examen, délivre son diagnostic :

> « Vous avez touché le « poison oak » (*Toxicodendron diversilobum*, Anacardiacée,) ; vous aurez des démangeaisons désagréables pendant plusieurs semaines. Je ne peux que vous prescrire une pommade calmante ».

Les coupables étaient les « petits buissons aux jolies feuilles lobées ».

Aline. Le *Toxicodendron diversilobum* est un sumac, arbuste plus ou moins grimpant dont les rameaux traînent parmi les broussailles. Ses feuilles ont trois folioles, comme les feuilles de trèfle, chacune de ses folioles finement poilues est lobée.
Un contact avec cet arbuste, même avec son bois mort, provoque des éruptions cutanées et peut entraîner des réactions allergiques graves ; si on le fait brûler, la simple inhalation de sa fumée est dangereuse.
Un jour une mésaventure est arrivée à des jardiniers d'un jardin botanique français ; un pied de ce sumac y était planté, à l'écart du public et dûment étiqueté. L'arbuste ayant pris trop d'importance, il fallait le tailler. Sécateur en main, les jardiniers font le travail avec soin, puis emportent au dépotoir, dans leurs bras, les branches coupées … le lendemain, ils étaient admis à l'hôpital.

Fig. 15. *Toxicodendron diversilobum*, le sumac, « poison oak ». *ARR. del.*

Vilaines bêtes rampantes

Albert. L'aventure botanique, si elle procure intérêt et plaisir, réserve parfois des moments difficiles. La prudence doit être de tous les instants lorsqu'on arpente un terrain inconnu. Les plantes, comme les animaux, sont parfois dangereuses.

Aline. J'ai le souvenir d'une rencontre avec un serpent, en Guyane, en 1975. Au cours d'une mission de prospection dans la grande forêt dense et humide d'Amazonie, je marche le long d'un maigre filet d'eau courante. Je l'enjambe pour faire des macrophotos d'un arbuste constellé de fleurs vertes, un *Myriopus volubilis* (Heliotropiacée) ; un pied de chaque côté du ruisselet, l'œil droit dans le viseur, je règle l'appareil ; de l'œil gauche, je perçois un mouvement entre mes pieds : un serpent corail, annelé de noir, rouge et jaune, descend le ruisseau en nageant ; long de plus d'un mètre, c'est un *Micrurus surinamensis*, qui a la réputation d'être très dangereux. Je lui ai laissé libre passage… et ai esquissé un sourire pour la grâce de son ondulation et l'élégance de ses couleurs !

Albert. Il y a des animaux peu fréquentables ! Je me souviens avoir fait des rencontres désagréables, dans le nord du Mexique.
Nous étions, Claudie et moi et nos amis Jean-Claude et Colette, à la recherche d'Orchidées rares du genre *Chysis*, dont les belles fleurs ont un labelle orné de crêtes : nous espérions trouver *C. bractescens* à fleurs blanches et *C. limminghei*, à fleurs roses.
Un jour, en fin d'après-midi, je rentre dans ma chambre, après une journée passée dans les forêts, lorsque je découvre, à mes pieds, une magnifique mygale, *Brachypelma smithi,* large de 8 cm, noire bordée de beige, aux pattes annelées d'orangé. Cette araignée peut « mordre » douloureusement, mais son venin n'est pas plus dangereux que celui d'une guêpe. Je la regarde attentivement ; elle gratte son abdomen et fait de drôles de mouvements avec ses pattes arrière… Du pied je la pousse doucement vers la sortie, elle ne s'attarde pas et se glisse dans les buissons. Peu après, je ressens des démangeaisons et des brûlures aux chevilles. Devine pourquoi ? Hé bien la mygale m'a lancé des poils urticants qu'elle avait détachés de son abdomen. J'ai eu des démangeaisons pendant plusieurs jours ; elle est bien connue pour avoir recours à ce genre de défense.
Ce *Brachypelma* se nourrit de petits mammifères et d'insectes, tisse autour de sa proie une sorte de cocon pour l'immobiliser. Puis elle régurgite des sucs digestifs qu'elle injecte dans sa victime, elle absorbe ensuite par succion le contenu liquéfié.
Au Mexique, dans les forêts, les enfants capturent certaines mygales, abondantes, qui courent et sautent parmi les feuilles mortes ; ils les embrochent sur des baguettes et les font griller sur un petit feu de bois… il parait que c'est délicieux…

Aline. J'ai vu en Guyane des enfants marcher en forêt, portant un panier tressé, ajouré : ils chassaient de grosses mygales qu'ils faisaient griller le soir comme font les petits Mexicains. Ils recherchent l'« araignée-crabe » (*Theraphosa blondi*), la plus grosse mygale du monde, qui n'est pas rare en Guyane ; elle vit dans un terrier, et chasse à l'affut pendant la nuit. Cette mygale se dissimule dans les feuilles mortes, ses poils sont urticants, elle atteint 30 cm d'envergure et peut peser près de 170 grammes ; lorsqu'elle pince, elle-injecte du venin par ses crochets longs de 2 cm ; le venin, neurotoxique, provoque de fortes douleurs, mais il est peu dangereux pour l'homme.

Fleurs de l'enfer

Albert. Nous sommes quatre botanistes dans le sud-ouest des Etats-Unis, Jean-Claude et Colette, Claudie et moi, en 1985. Nous traversons les immenses déserts du sud de la Californie et de l'Arizona, fascinés par la diversité et les dimensions des cactus.

Aline. Les cactées sont toutes des plantes grasses, dites « succulentes », qui stockent de l'eau dans leurs tissus pour affronter les longues périodes de sécheresse. Il en existe de toutes les formes : sphériques, cylindriques, en colonne ou encore en raquettes, en arbres… Le plus grand, *Pachycereus pringlei*, dépasse 19 mètres, alors que le plus petit, *Blossfeldia liliputana,* atteint au plus 2 cm de diamètre.
La famille des cactées (Cactacées) compte peut-être 2 000 espèces, toutes spontanées en Amérique. Leurs formes et leur grande résistance à la sécheresse et à la chaleur expliquent que les hommes aient voulu se les approprier et les cultiver ; elles ont été introduites dans tous les pays tempérés et chauds de la planète. Dans de nombreuses régions chaudes et sèches, on les cultive en grand à diverses fins : certaines espèces produisent des aliments pour l'homme et les animaux d'élevage ; le figuier de Barbarie a diverses indications thérapeutiques. Dans les cultures du même figuier de Barbarie (*Opuntia ficus-indica*), en Amérique du Sud, on infeste le cactus avec un petit insecte parasite, une cochenille (*Dactylopius coccus*) qui fournit le pigment rouge carmin « rouge de cochenille », non toxique, utilisé dans l'alimentation (E 120), la cosmétique… On obtient le pigment en écrasant les insectes séchés.
On utilise aussi les cactus comme haies infranchissables contre la divagation des animaux ou… des hommes.

Tous les cactus, quels qu'ils soient, sont protégés : leur ramassage, dans la nature, est interdit. Au Mexique, le ramassage des cactus est puni de prison.

Albert. Nous roulons dans les déserts de l'Arizona, entre Tucson et Phoenix. Les films de « Western » montrent toujours ces paysages désertiques, ensoleillés de sable jaune, parsemés de cactus hérissés de piquants. La température atteint ici 40 °C, et plus…
De grands buissons denses, couverts de longues épines scintillantes sous le soleil ardent : les redoutables « teddy bear cholla » (*Cylindropuntia bigelovii*), hauts parfois de plus de 2 mètres ; leurs articles cylindriques se détachent au moindre frôlement… et leurs longues épines se plantent dans les mains ou les jambes du botaniste imprudent, si ce n'est dans ses pieds, à travers le cuir des chaussures. C'est pourquoi il a la réputation de lancer à distance ses articles épineux sur les passants, d'où son surnom de « jumping cholla » (« le cholla sauteur »), mais ce n'est qu'une légende. Les articles détachés tombent au sol, s'enracinent vite et édifient des fourrés impénétrables.

Aline. Les cactus ont des ports, des dimensions, des modes de vie très variés. Cette diversité est remarquable dans l'Arizona.

Albert. Ce sont des plantes des régions chaudes et semi-désertiques de l'Amérique ; cependant dans les Andes, on en trouve jusqu'à 6 000 mètres, ils poussent sous la neige et supportent des gelées de l'ordre de -10 °C.
L'Arizona, Etat grand comme les 2/3 de la France, est une région chaude où les cactus, bien que nombreux, forment des populations clairsemées de plantes diverses, grasses et piquantes.
Au-dessus des fourrés d'épines se dressent des saguaros (*Carnegiea gigantea*), hautes colonnes verticales qui, parfois, portent des branches redressées, qualifiées de « bras » ; ces branches n'apparaissent qu'à un âge avancé.
Le saguaro peut atteindre une quinzaine de mètres de hauteur.
Les fleurs blanches, pleines de nectar, groupées en une couronne au sommet de la colonne, sont visitées et pollinisées par des chauves-souris, des abeilles ou des oiseaux qui viennent y boire. Les fruits rouges et juteux qui leur succèdent sont, pour des oiseaux ou de petits rongeurs, une nourriture importante dans ce milieu inhospitalier ; ils

contiennent de très nombreuses petites graines que les animaux disséminеront.
Les racines du saguaro, rayonnantes en tous sens autour de sa base, occupent une surface dont le rayon est sensiblement égal à la hauteur de la plante ; elles se développent dans les 15 centimètres supérieurs du sol, elles peuvent absorber l'eau de la moindre pluie ; la plante pourrait se déraciner facilement si les racines n'entouraient solidement les roches. Le saguaro stocke d'énormes quantités d'eau dans sa tige plissée longitudinalement : l'eau peut représenter 75 à 95 % de son poids ; un saguaro haut de 15 mètres, âgé de 150 ans, pèse environ 10 tonnes, c'est un réservoir d'une capacité de plus de 8 tonnes d'eau.
Ce géant du désert se développe très lentement. Lorsqu'une graine germe, le jeune cierge âgé d'un an mesure 1 cm ; à 15 ans, il atteint 30 cm de hauteur ; à 50 ans, il atteint 2 à 3 mètres et peut fleurir pour la première fois. Entre 75 et 100 ans, il produira sa première ramification et mesurera 6 ou 7 mètres.
Un saguaro ne vit guère plus d'un siècle et demi, le maintien de la population de ces grandes plantes implique un remplacement par des jeunes issus de graines ; la croissance des jeunes est très lente ; ils ne peuvent se développer que s'ils sont abrités du soleil et de la chaleur par quelque petit buisson : le renouvellement des saguaros est aléatoire. Des oiseaux, les « Gila woodpeckers » (*Melanerpes uropygialis*), creusent leurs nids dans la pulpe humide du cierge ; lorsque la température extérieure dépasse 40 °C, la température dans le nid est de l'ordre de 20 °C.

Aline. Certains cactus, telles certaines espèces d'*Opuntia*, se sont naturalisés depuis longtemps dans diverses régions, tempérées chaudes ou tropicales, d'Afrique, d'Eurasie et d'Océanie, dans les déserts et les steppes, où ils sont parfois devenus de vraies pestes végétales.
Les cactus, principalement des *Opuntia*, se développent très bien dans les milieux arides de l'Afrique du Nord. Certains sont des envahisseurs redoutables, mais fort utiles ! Les *Opuntia* à raquettes peu (ou pas) épineuses constituent, en effet, un fourrage acceptable, même pour les bovins ; elles contiennent 90% d'eau, ce qui assure 80% des besoins du bétail en eau.
Toutefois, dans de nombreux pays arides où ils ont été introduits par l'homme, les cactus constituent un problème majeur ; en Australie par exemple, leur prolifération a rendu 40 000 km² de terres inutilisables

pour l'agriculture et inexploitables par les kangourous sauvages pour se nourrir.

Albert. Des cactus introduits loin de leur région d'origine s'adaptent à leurs nouvelles conditions ; certains se trouvent en France, et pas seulement sur la côte méditerranéenne. Nous en avons observé dans plusieurs départements, notamment dans la Loire et dans l'Isère ; il s'agit d'*Opuntia humifusa*, petite espèce peu épineuse originaire du Canada, qui, chez nous, couvre des collines rocheuses ; cet *Opuntia* résiste à une température de l'ordre de -15 °C.

Aline. Les cactées sont un bel exemple de spécialisation et d'adaptation à des milieux inhospitaliers.
Leurs formes en boule, en œuf ou en colonne justifient l'attrait qu'elles exercent sur les amoureux des plantes. Ces formes compactes permettent à la plante de vivre ; grâce à elles, la surface de la plante vivante est la plus petite possible pour son volume : les pertes d'eau par évaporation sont donc faibles et la résistance aux changements de température est bonne, leur surface est en outre couverte d'un épiderme cireux, étanche.
Par ailleurs, de nombreux cactus portent des côtes longitudinales ou des mamelons qui projettent sur l'épiderme une ombre bienvenue.

Albert. L'organisation d'un cactus lui permet donc d'économiser la grande quantité d'eau qu'il contient. Comment peut-il accumuler autant d'eau alors qu'il pleut si rarement dans les milieux où il pousse ?

Aline. Il pleut très peu, en effet, mais il pleut chaque année dans les déserts américains : la pluviométrie est relativement régulière. Une faible pluviosité suffit à assurer aux cactus assez d'eau pour passer sans encombre la rude saison sèche, ce sont des plantes de « semi-déserts ». En effet, dans les déserts vrais, comme le Sahara, les pluies sont trop rares et surtout trop irrégulières pour que des plantes grasses, même des cactus, puissent y vivre.
Les racines des cactus s'étendent sur une grande surface, peu au-dessous de la surface du sol, souvent dans les 10 premiers centimètres : elles absorbent rapidement l'eau de chaque pluie.
Les ressources en eau ne se limitent pas à la pluie. La fraîcheur de la nuit favorise la condensation d'une rosée en gouttelettes sur les épines.

Les gouttelettes ruissellent jusqu'à la base de la plante, l'eau est absorbée par les racines superficielles.

Albert. Je suis allé dans un autre désert américain, le Parc national de la Vallée de la Mort (Death Valley National Park), en Californie, qui s'étend sur près de 14 000 km² dans le désert Mojave. C'est le point le plus bas de tout le continent américain, 86 m au-dessous du niveau de la mer à Badwater (« eau mauvaise »).
Il y fait très chaud, on aurait enregistré, en 1913, l'une des températures-météo les plus élevées relevées sur Terre : 56,7° C. La pluviométrie y est faible, inférieure à 50 mm par an, et même nulle, certaines années. On dit que le nom : « Vallée de la mort », tient au fait que l'eau de la rivière, qui coule au fond de la vallée, contient du natron (carbonate de sodium décahydraté). On y aurait autrefois immergé des cadavres pour en assurer la conservation... C'est bien possible car, en Egypte ancienne, on utilisait le natron lors de la préparation des momies.
Malgré la chaleur et la sécheresse, on recense dans la vallée près de 1 000 espèces de plantes, dont 23 sont endémiques.
Ces conditions climatiques rigoureuses, sur un sol caillouteux et nu, favorisent les cactées : on y trouve donc de nombreuses espèces, de toutes tailles, et bien d'autres plantes qui supportent l'aridité, les grands écarts de température entre le jour et la nuit, et, en bien des endroits, les sols salés.
Je me souviens des *Yucca elata* (Asparagacée), hauts parfois de plus de 4 m, couronnés de grandes inflorescences blanches, entre lesquels le petit *Opuntia basilaris*, dit « queue de castor », formait des touffes hautes de quelques décimètres, à fleurs rose vif.

Aline. Dans le désert Mojave on trouve le créosotier, *Larrea tridentata* (Zygophyllacée), cet arbuste haut de 3 ou 4 mètres donne sa physionomie au désert ; après une petite pluie, il dégage une odeur de créosote.
C'est en Californie, dans l'Ancient Bristlecone Pine Forest, que se trouvent les arbres les plus vieux connus : un « bristlecone pine », *Pinus longaeva* (Pinacée), perché sur une pente caillouteuse, chaude et sèche, aurait aujourd'hui 5 100 ans : le « Mathusalem » des arbres ; un autre arbre recensé aurait 5 062 ans.

Albert. La Vallée de la Mort s'étend sur la moitié du désert Mojave. Les plantes y sont adaptées à des conditions extrêmes. Le sol est souvent

couvert de concrétions salines sur lesquelles se développe l'*Atriplex hymenelytra* (Amaranthacée), petit arbuste gris-blanc à feuilles épineuses ; c'est une plante remarquablement résistante à la sécheresse et au sel. Sur le sol nu, de petites touffes basses et plates, arrondies, à feuilles veloutées blanchâtres, densément emboîtées : c'est le *Psathyrotes ramosissima* (Astéracée).
La journée a été torride, la température est montée à 50 °C : 13 degrés au-dessus de la température normale d'un humain. Chaque année, des visiteurs imprudents sont victimes d'insolation ou de déshydratation qui justifient qu'on leur porte secours.
Malgré cette chaleur écrasante, les nuits sont relativement fraîches.

Les Andes, un monde à 4 000 mètres

La Cordillère des Andes longe toute la façade ouest de l'Amérique du Sud ; elle s'étend, du nord au sud, sur une longueur de 7 100 km, sa largeur varie entre 200 et 800 km. C'est la plus longue chaîne de montagnes du monde. Son altitude moyenne est de l'ordre de 4 000 m ; plus de 70 sommets dépassent 5 000 m, et au moins 30 d'entre eux dépassent 6 000 m ; le plus haut, l'Aconcagua en Argentine, atteint 6 960 m ; rappelons, pour mémoire, que le Mont-Blanc, la plus haute montagne d'Europe, n'atteint « que » 4 810 m ! Nombre de sommets andins sont des volcans actifs.

Aline. Souviens-toi, en 2001 nous étions, Claudie, toi et moi, en Amérique du Sud, en Équateur, et avions décidé d'entreprendre un voyage itinérant de trois semaines en altitude, pour découvrir la riche végétation ; nous voulions observer les Broméliacées et les Orchidées de montagne, autant terrestres qu'épiphytes.

Albert. Le séjour, très fructueux, se terminait : nous devions rejoindre l'aéroport de Quito, distant, à vol d'oiseau, de 420 km, mais 667 km par la route ; compte tenu du relief très accidenté et de l'absence de cartes, il nous faudrait bien deux jours de voiture pour être à l'heure à l'aéroport.

Aline. Vers 1 200 m d'altitude, les pentes sont souvent couvertes de pâtures dans lesquelles de gros arbres ont été respectés pour faire de l'ombre aux vaches ; sur ces arbres et sur les rochers affleurants, nous photographions de nombreuses Broméliacées épiphytes, *Tillandsia gardneri*, *T. latifolia*, *T. secunda* et aussi *Vriesea hitchkockiana* en fleurs et bien d'autres ; à la crête d'une falaise, une grosse rosette de *Vriesea petraea* porte son épi dressé, rose vif à fleurs vertes.
Nous montons à flanc de montagne et entrons dans une brume légère ; les silhouettes de grands *Puya* se détachent sur les pentes dénudées.
A une quarantaine de kilomètres au nord de Catamayo, nous traversons un petit village ; il s'y tient un marché local animé, les femmes portent de larges jupes colorées et des chapeaux ronds.
Les villageois sont souvent accompagnés de petits chiens maigres, mais bien entretenus, qui pèsent semble-t-il 5 à 7 kg, crâne arrondi, museau court et pointu, stop très marqué, oreilles dressées : ils ressemblent beaucoup aux chihuahuas mexicains, très petits chiens dont la race est connue depuis l'époque toltèque, il y a plus de 1 000 ans…

La route à deux voies monte, de plus en plus dégradée, trous, nids de poules ; goudron arraché, terre meuble mouillée où la voiture glisse plus qu'elle ne roule.
La route redescend, nous sortons de la brume, la végétation est moins montagnarde ; sur des arbres abattus, des épiphytes faciles à photographier : des Orchidées comme *Epidendrum nocturnum* aux grandes fleurs blanches, des *Oncidium* aux longues inflorescences couvertes d'un nuage de petites fleurs jaunes ; de curieuses Cactées qui aiment l'humidité, telles que *Rhipsalis micrantha*. Aux arbres, aux fils électriques sont accrochées des draperies de *Tillandsia usneoides* dit « mousse d'Espagne ». Au sol, des Broméliacées, *Tillandsia fraseri*, grande rosette fleurie haute d'un mètre, *T. multiflora* haut de 50 cm.
Nous continuons à descendre, la route est ravinée, toujours aussi dangereuse. Nous sommes à présent à environ 600 m d'altitude, la végétation est celle de basse altitude sous l'équateur : dans les fossés, des *Heliconia* (Héliconiacée), sous les arbres, des *Costus* (Costacée) et des touffes de *Sobralia macrantha*, Orchidée à port de bambou qui atteint 3 m, aux tiges terminées par des fleurs rose vif, d'un diamètre de 15 cm. Dans les plaines humides, la route est bordée de grandes cultures de bananiers.

La route suit une chaîne de montagnes, la Cordillera Real ; nous reprenons de l'altitude. Les bananiers disparaissent, les arbres se couvrent à nouveau d'épiphytes.
Les longues tiges de *Rhipsalis micrantha* forment des tentures ; ce cactus épiphyte, sans épines, développe des tiges souples et plates, larges de 8 mm environ, qui portent sur leurs bords de petites encoches, des aréoles, où se développent des fleurs auxquelles succèdent de petits fruits blancs, translucides. Tu voulais en prendre un rameau pour t'assurer de son identification, mais la plante était trop haute ; te souviens-tu de ta mésaventure ?

Albert. Bien sûr ! Je ramasse une longue branche droite et je décroche un rameau de *Rhipsalis*, bien au-dessus de moi, il virevolte, tombe et fouette… un nid de guêpes.

Aline. Des « guêpes de feu », dont la piqûre brûle horriblement, sortent de leur nid et se précipitent sur toi. Leur nid rond était suspendu sous une large feuille.

Albert. Par chance, je n'ai eu que quelques piqûres, supportables.
Le soir avance et nous sommes encore loin de Riobamba où nous espérons trouver un hôtel.

Aline. La route grimpe, nous attaquons la montée, le soleil est passé derrière la montagne, la nuit est tombée en quelques minutes ; nous sommes ici sous l'équateur, en montagne, l'obscurité s'installe en 5 minutes, entre 18 h 15 et 18 h 20.
Nous avons déjà roulé 10 heures, soit 400 km, avec quelques courtes pauses seulement : Claudie, au volant, résiste à la fatigue ; elle est toujours vigilante ; la chaussée à deux voies, très étroite, est franchement mauvaise, trous, ravines, blocs rocheux tombés de la falaise ; phares de la voiture de location insuffisants.

Albert. La route, sinueuse et de largeur inégale, est accrochée à la paroi. De l'autre côté, c'est le vide, sans accotement ni barrière. Les virages serrés se succèdent. Nous sommes seuls, ni voiture, ni camion en vue.
Il fait maintenant nuit noire ; nous entrons dans le brouillard, nous montons toujours. La pente est forte. Le vieux moteur de la petite voiture de location peine.

Je dis à Claudie « arrête-toi ! », je descends de la voiture. Tu me suis avec la lampe de poche pour nous éclairer ; je soulève le capot, démonte le filtre à air très encrassé et le jette dans le vide : nous repartons, le moteur tire mieux.

Aline. Lampe de poche en main, je marche à la limite du goudron entaillé de ravines : Claudie, au volant, me suit. Il fait très froid. J'avance en veillant à ce que la voiture reste dans l'axe de la route ; toi, par la portière entrouverte, tu veilles à ce que la voiture n'approche pas trop de la falaise, ni du précipice.
Nous atteignons enfin le col vers 5 000 m d'altitude, enfin nous descendons. Le brouillard se dissipe. Nous apercevons les lueurs de Riobamba.
Nous avons fait plus de 550 km dans la journée, dont 150 de nuit, dans la traversée de la cordillère par une route très difficile. 18 heures de route dont 8 dans la montagne…
Nous sommes maintenant à 2 500 m d'altitude. Nous arrivons dans la petite ville vers 4 h du matin et nous nous arrêtons devant un hôtel éclairé, l'Hôtel Canada ; deux personnes bavardent devant la porte. Tu t'approches d'eux, tu leur expliques que nous n'avons pas mangé depuis le matin et que nous avons besoin de dormir.

Albert. Le propriétaire, fort aimable, envoie un gamin nous chercher un casse-croûte et des bières. Il nous propose deux chambres, puis il nous prépare une omelette. Souper nocturne dans une chambre, assis sur un lit, repos.
Le lendemain, nous arriverons à Quito, à moins de 3 000 m d'altitude, à temps pour prendre l'avion du retour.
Un magnifique voyage de découvertes botaniques, culturelles, et plein de photos.

Aline. Le monde des Andes est d'une surprenante richesse biologique et d'une grande beauté.
Une vingtaine d'années auparavant, j'étais allée sur l'altiplano bolivien, cet immense plateau situé à presque 4 000 m d'altitude, encadré à l'ouest et à l'est par de hautes montagnes, les deux cordillères. La Cordillère Occidentale est une chaîne volcanique « jeune », en cours de croissance, beaucoup de sommets dépassent déjà 6 000 m d'altitude.
L'altiplano est la plus haute région habitée du monde, après le Tibet.

Il est situé sur l'emplacement d'un vaste lac, sec depuis près de 10 000 ans. L'histoire de ce plateau, inondé il y a des millénaires et désormais aride et désertique, n'est pas sans évoquer l'histoire d'un autre grand désert qui fut humide, le Sahara.

Albert. Quel était l'objectif de ton séjour en Bolivie ?

Aline. En 1979, pour le compte de l'ORSTOM j'avais pour mission de faire un relevé des plantes aquatiques du lac Titicaca. Ce travail est paru dans « El Lago Titicaca», synthèse publiée par l'ORSTOM.

Au départ de Paris, le vol se fait par « sauts » successifs, Cayenne, Manaus, Lima, enfin La Paz.
Au cours du vol au-dessus des Andes entre Lima et La Paz, je suis collée au hublot, je profite du spectacle. Le relief des pentes est accentué par une neige légère que le vent a poussée sur un côté.
Un petit plateau se termine en pente vers une vallée profonde ; un demi-cercle de falaises, sombres, soulignées de neige, limite un promontoire du plateau ; au milieu, un cône ombré de blanc sur un côté. Le cône est entouré par un arc de cercle en relief, d'épaisseur variable ; je ne le verrais pas s'il n'y avait pas cette petite trace de neige plaquée sur l'une de ses faces… J'aperçois des lignes qui évoquent un grand dessin à même le sol : le dessin d'un visage dont le cône est la bouche. Je distingue deux ovales inégaux qui pourraient figurer deux yeux.
Je n'ai pas le temps de sortir l'appareil photo rangé au fond du sac ; en poche, j'ai le carnet de route et un crayon : je croque rapidement les yeux et la partie inférieure du « visage » ; l'avion vole vite, l'image glisse et disparaît.
A quelle altitude était l'avion ? Quelle est la dimension du « visage » ? Je n'ai aucun point de repère.

Albert. Où se situe cette image d'un visage ?

Aline. Dans la région de Nazca peut-être. Le trajet Lima–La Paz survole ce désert dont les hauts plateaux portent des « géoglyphes » grands dessins à même le sol. Les plus célèbres sont les lignes de Nazca au Pérou, qui auraient été tracées par le peuple Nazca entre 300 av. J.-C. et 800 de notre ère.

Atterrissage à l'aéroport de La Paz, Bolivie, à 3 650 m d'altitude, c'est la capitale la plus haute du monde.
Aussitôt l'échelle mise en place, je descends et m'engage d'un pas vif sur le tarmac, mon lourd sac de cabine sur le dos. Très vite un léger essoufflement me rappelle que nous sommes presque à 4 000 m d'altitude. Je ralentis un peu et tout va bien. Daniel et Laurent, des collègues en poste à l'ORSTOM, m'accueillent chaleureusement et m'entourent de conseils de prudence à suivre dans une atmosphère pauvre en oxygène, par exemple ralentir les mouvements et éviter de porter des charges lourdes. Ils m'offrent un rafraîchissement, je propose de prendre une petite bière ; ils se regardent un instant, puis ils vont chercher des canettes, les ouvrent avec précaution, chaque canette libère d'un coup un grand jet de bière mousseuse. La bière nous rappelle que la pression atmosphérique à 4 000 m est, à peu près, les deux tiers de ce qu'elle est au niveau de la mer. Nous avons bien ri de la farce, en buvant le peu de bière qui restait dans les canettes.

Albert. Tes collègues veillaient à ce que tu prennes les habitudes de prudence qu'ils avaient adoptées depuis leur installation à La Paz. Sans leur sollicitude, tu serais peut-être partie sur le terrain sans avoir vraiment conscience des conditions de vie à haute altitude. Par exemple, faire cuire des pâtes à 4 000 m est impossible, puisqu'à cette altitude, l'eau bout vers 85 °C. Il faut aussi penser à éviter les gros efforts et ralentir sa marche, surtout si on porte une charge, afin de ne pas s'essouffler : l'oxygène est rare à cette altitude, l'air contient 1/3 d'oxygène de moins qu'au niveau de la mer !

Aline. Mes collègues étaient charmants, compétents dans leurs spécialités ; l'un, Daniel, écologue, l'autre, Laurent, ichtyologue, spécialiste de l'étude des poissons ; travailler avec eux fut un vrai plaisir.
Ils avaient une grande expérience de la Bolivie. Ils me conseillent de m'équiper d'un ciré et d'un pull chaud. Un matin, Laurent m'accompagne en ville. Nous marchons dans une rue étroite et encombrée : des hommes à bonnet de laine et poncho multicolores tirent de petites carrioles ; des femmes en larges jupes de couleurs vives et petit chapeau rond, portent sur leur dos un gros baluchon dans un grand châle noué sur les épaules.
Nous passons par la rue dite « des sorcières », entre les échoppes et les étals de plantes médicinales (ou magiques ?). Une grande corbeille est

pleine de fœtus de lamas séchés, tous dressés verticalement, en gerbe ; la construction d'une maison s'accompagne de pratiques magiques qui exigent qu'on scelle, dans un mur, l'un de ces fœtus, il portera bonheur aux habitants de la nouvelle maison. Sur les étals, des poudres, des sachets, énigmatiques pour moi ; on peut aussi acheter des grenouilles ou des petites tortues séchées. La population, bien que christianisée de longue date, reste très fidèle aux croyances ancestrales ; ces objets hétéroclites sont offerts aux divinités pour s'assurer leur intercession.

Laurent, à voix basse, me dit : « Sur le trottoir, en face, Klaus Barbie ». Je vois un petit homme âgé, le sourcil broussailleux, le cheveu rare et blanc, veste légère beige clair. Le criminel de guerre nazi, ancien chef de la Gestapo de Lyon, qui sera expulsé vers la France en 1983.

Albert. Les chemins de la vie nous mènent à de curieuses rencontres.

Aline. Le lendemain nous partons, Laurent et moi, dans la jeep Toyota, pour aller prospecter les mares et les marais de haute altitude, dans la Cordillera Real, à l'est de l'Altiplano.
Nous prenons la route du sud-est, l'Illimani, montagne qui culmine à 6 462 m, nous domine de ses glaces.
La jeep grimpe lentement sur une piste difficile et dangereuse.
Au détour d'un virage serré, le ronflement du moteur fait fuir quelques vigognes qui déboulent en bondissant sur la pente ; elles évoquent de petits lamas graciles hauts de 80 cm. Avec le guanaco, ce sont les seuls représentants sauvages du groupe de camélidés sud-américains.
Nous nous arrêtons un peu au-dessus de 5 000 m d'altitude. Bottes aux pieds, nous partons vers un grand marais semé de rochers granitiques, où brillent de petites flaques d'eau ; au loin, le marais est limité par une falaise étincelante : un glacier dont la fonte alimente le marécage. Le front de glace, haut de 15 à 20 m, est fissuré : un bloc effondré depuis peu, gros comme un camion, repose sur le marais. Les gros coussins arrondis de *Distichia muscoides*, une Joncacée dont les feuilles hautes de 1 cm, raides et tassées, couvrent le marais ; c'est un proche parent de nos joncs. Seule la partie supérieure de la plante est vivante, la partie inférieure, spongieuse et très mouillée, est parcourue d'innombrables racines ; le *Distichia* exploite les ressources nutritionnelles de ses propres feuilles mortes. Entre les *Distichia*, des crevasses où coulent des ruisselets dus à l'alternance quotidienne de gel et de dégel. Dans ces

crevasses, à une profondeur de 50 cm, je distingue une couche de glace brune translucide : le sol ne dégèle probablement jamais…

Fig. 16. Une vigogne s'enfuit sur la pente ; animal plus petit et plus fin qu'un lama. *ARR. del.*

J'ai vite la sensation d'avoir le souffle trop court, l'altitude me contraint à ralentir le rythme de mes pas dans le grand marais. Je collecte de nombreuses petites plantes, qui subissent le gel toute l'année ; je les identifierai à mon retour au MNHN.

Le froid est vif. Le paysage, l'ambiance lumineuse, la falaise de glace translucide et irisée nous enchantent.

C'est à regret que Laurent et moi avons repris la voiture pour descendre vers La Paz.

Albert. A La Paz, tu n'étais pas loin du lac Titicaca où vivent les plantes que tu venais étudier.

Aline. Oui, le lac est à une cinquantaine de kilomètres de La Paz. Avant d'arriver au lac, la route traverse de petits marais, alimentés par des sources. Le matin, les mares sont couvertes d'une fine pellicule de glace.
Un matin, Laurent et moi prenons la route du lac Titicaca, avec une Toyota 4x4 et un Zodiac de l'ORSTOM. Nous allons jusqu'à Huatajata, où réside un technicien de l'Office : il nous aidera à gonfler le bateau et à le mettre à l'eau ; Huatajata sera notre port d'attache pendant mon séjour à La Paz, nous y reviendrons chaque jour.

Vers 3 900 m d'altitude nous nous arrêtons plusieurs fois pour prospecter à pied les grands marais où se rassemblent les eaux qui descendent des lacs et des glaciers de la Cordillera La Paz. Nous nous attardons dans les ruisseaux et les mares peu profondes.
Une mare est entièrement couverte d'*Azolla filiculoides,* une fougère aquatique : des millions de petites plantes qui n'excèdent guère 2 cm de longueur flottent librement, étalées sur l'eau ; leurs courtes racines pendent dans l'eau, elles ne se fixent jamais dans le sol. Cet *Azolla* abrite entre ses feuilles des cyanobactéries qui absorbent l'azote de l'air et synthétisent des acides aminés : il enrichit le milieu en azote.
Dans l'eau claire d'un ruisseau rapide, des bouquets de filaments verts se balancent dans le courant : *Ranunculus trichophyllus* (Renonculacée) ; seules ses fleurs blanches sortent de l'eau.

Albert. L'eau est abondante sur les pentes ; pleut-il régulièrement ? Quel climat avais-tu au cours de ce séjour ?

Aline. C'était en juillet-août, une saison où il pleut très peu ; les pluies sont plus abondantes entre décembre et mars. Pendant mon séjour la plupart du temps, le ciel est très pur, la luminosité intense. La température est fraîche, une légère gelée blanche matinale disparaît vite ; malgré le soleil, je porte un lainage. L'eau des marais est très froide ; de nombreux ruisseaux et des sources alimentent le lac Titicaca ; on dit qu'il recevrait les eaux de 25 rivières.

Albert. Alors le lac ? Comment le découvres-tu ?

Aline. Le lac Titicaca s'étend à 3 812 m d'altitude. C'est un éblouissement, une beauté surprenante ; une nappe de lumière bleue jaillie des profondeurs qui fait pâlir le ciel. Un lac si grand qu'on ne voit pas la rive opposée ; au-delà, les sommets enneigés de la cordillère.
Long de 190 km, le lac a une superficie de 8 562 km^2, soit 14 fois la superficie du Lac Léman. Sa profondeur maximale est de 327 m : c'est le plus grand volume d'eau douce retenue dans un lac d'Amérique du Sud, soit près de 900 km^3.
La frontière entre la Bolivie et le Pérou traverse le lac.

Avec l'aide du technicien, nous mettons le Zodiac à l'eau.
La berge du lac descend en pente douce dans une eau cristalline ; à quelque distance, une barrière dorée se dresse dans l'eau, c'est un peuplement de « totora » (*Schoenoplectus tatora*, Cypéracée). Au-delà de cette barrière, des barques élégantes, appelées localement « balsa », certaines munies d'un mât articulé et d'une voile carrée, glissent sur l'eau bleue ; ce sont des barques de pêcheurs.

Le totora est une herbe puissante qui évoque un jonc géant ; les totora forment une ceinture proche de la berge, jusqu'à une profondeur de 5 ou 6 m environ ; leur gros rhizome est enraciné au fond de l'eau ; les tiges cylindriques, nues et sans aucune ramification, peuvent atteindre 8 m de hauteur, dont 2 m sortent de l'eau. Ces grandes tiges, épaisses et spongieuses, ont une surface lisse et coriace ; elles portent à leur sommet une petite inflorescence brunâtre
Des gamins jouent dans l'eau ; ils arrachent des jeunes pousses de totora, les mordent et les sucent avec plaisir.
Depuis plus de 5 000 ans le totora est utilisé comme matériau de base par les habitants du lac : il permet de compenser l'absence d'arbres, donc de bois d'œuvre, dans la région. On assemble ses longues tiges, lisses, robustes et souples, gorgées d'air, pour construire des maisons légères, mais étanches et (à peu près) isolées. Le totora sert aussi à fabriquer des sièges, tables, placards...
C'est aussi avec des totora que sont faites les balsa qui naviguent sur le lac : ces barques sont des bottes de tiges de totora assemblées par des liens végétaux. Elles n'ont pas de quille. Certaines de ces barques sont assez grandes pour permettre le passage de 8 ou 10 personnes d'une rive du lac à l'autre, elles avancent à la rame ou, plus souvent, à la voile ; d'autres, très petites, portent un seul pêcheur qui godille.

Albert. Les voiles sont-elles en toile ? Les habitants peuvent-ils les acheter ?

Aline. Non, les voiles, carrées, sont des nattes de tiges de totora assemblées et maintenues par des liens végétaux ; les pêcheurs mettent en œuvre une technique qui remonte à des millénaires.

Albert. De telles barques doivent être fragiles, elles ne durent certainement pas longtemps ?

Aline. Eh bien, contrairement aux apparences, une balsa est solide et sûre ; elle peut résister, sans se casser, aux violentes tempêtes du lac ; et même, j'en ai vu certaines équipées d'un petit moteur !
Elle peut naviguer pendant 6 à 8 mois ; au-delà, les tiges de totora, gorgées d'eau, coulent.
Le nom de ces barques ne doit pas être confondu avec celui de l'arbre (*Ochroma pyramidale*, Bombacacée) dont le bois très tendre et léger est appelé aussi « balsa ».

Albert. Les totora sont-ils assez abondants pour répondre aux besoins des habitants ?

Aline. Les rives du lac Titicaca sont bordées de grands peuplements de totora, mais il y a d'autres peuplements en pleine eau, qui dérivent sur le lac.
En effet, des populations de totora peuvent se détacher du fond de l'eau, les rhizomes puissants, entremêlés, forment alors spontanément un radeau flottant, vivant, sur lequel se déposent des débris végétaux qui se transforment en humus : ce sont des îles flottantes. On consolide parfois ces radeaux en y entassant des tiges de totora.

Le lac Titicaca porte par ailleurs des îles flottantes artificielles.
Les Uros, peuple qui fut important au temps des Incas, vivaient sur le lac depuis des millénaires ; ils disparurent en 1960. Ils avaient développé un mode de vie et une agriculture adaptés au lac Titicaca. Ils édifiaient des îles flottantes artificielles en accumulant à la surface de l'eau des tiges de totora, soigneusement attachées pour former des radeaux qu'ils recouvraient de terre, la végétation naturelle s'y installait ; ils y construisaient des habitations de totora et y établissaient

quelques cultures vivrières : des pommes de terre (*Solanum tuberosum*, Solanacée), du quinoa (*Chenopodium quinoa*, Chénopodiacée).
De telles îles, régulièrement consolidées par l'apport de nouvelles tiges de totora, existent encore. Quarante ans après mon séjour, les Aymaras ont remplacé les Uros, ils accueillent des touristes sur des îles flottantes.

Albert. Le totora a permis le développement d'un mode de vie original.

Aline. En effet. On m'a dit que, depuis plusieurs millénaires, le totora est le matériau grâce auquel l'homme a pu et a su développer une civilisation pré-inca sur le lac.
Je suis frappée par les similitudes entre les usages du totora et ceux du papyrus, que j'avais vus sur le lac Tchad, une quinzaine d'années auparavant. Ils appartiennent tous deux à la même famille botanique, les Cypéracées, qui compte plus de 5 000 espèces ; ses représentants sont connus pour n'avoir que très peu d'usages… sauf ces deux espèces.
Sur les lacs Titicaca et Tchad, des îles flottantes de totora et de papyrus, naturelles ou construites, sont habitables ; avec ces herbes géantes utilisées comme matériaux, on construit des bateaux, des objets d'usage domestique, des habitations permanentes sur le Titicaca ou saisonnières sur le Tchad.
Sur le lac Titicaca comme sur le lac Tchad, les tiges sèches servent de combustible pour les foyers domestiques, dans ces régions où le bois fait défaut : en effet, les arbres ne peuvent pousser ni sur les rives humides du Titicaca à 3 800 m, ni sur celles du Tchad dans les dunes arides, à 280 m d'altitude.
Les lacs Titicaca et Tchad ont en commun d'être deux immenses étendues d'eau douce qui, l'une et l'autre, sont bordées de grands roseaux sans lesquels, probablement, deux civilisations n'auraient pas pu éclore.

Albert. As-tu réussi quand même faire de la botanique ?

Aline. Oui, bien sûr. Mes collègues de l'ORSTOM et moi prospections les berges du sud-est du lac.
Un matin en cuissardes, à la recherche de plantes submergées, j'avance précautionneusement dans l'eau encombrée de végétation. Des myriophylles (*Myriophyllum elatinoides*, Haloragacée) et des *Lilaeopsis andina* (Apiacée) trainent dans l'eau peu profonde ; un mouvement entre des rochers : un petit serpent, long de moins de 50 cm,

dos orné de losanges sombres, c'est *Tachymenis peruviana*, venimeux, mais réputé peu dangereux. Il chasse les grenouilles sur les berges marécageuses. C'est la seule espèce de serpents du lac.
Les herbes aquatiques, enracinées au fond, s'entremêlent. Des *Elodea potamogeton* (Hydrocharitacée), entièrement submergés, lancent jusqu'à la surface un fin pédicelle souple portant une petite fleurette, qui flotte. Des potamots (*Potamogeton strictus*, Potamogetonacée) et des myriophylles portent des épis de fleurs minuscules à la surface de l'eau. La plupart de ces plantes sont utilisées en aquariophilie, en Europe.
Entre les Myriophylles, les lentilles d'eau (*Lemna gibba*, Lemnacée) semblables à des grains flottants, forment de petits tapis luisants.
Dans l'eau à mi-cuisse, des paysans ramassent de grosses brassées de ces herbes submergées dont ils nourriront leur bétail : il n'y a pas de pâturages sur les pentes alentour. La berge se prolonge en pente douce jusqu'à la large ceinture de totora.
Les poissons pullulent dans la zone littorale de faible profondeur, où l'abondance de la végétation assure une bonne oxygénation de l'eau.
Un chenal a été ouvert dans la ceinture de totora, le Zodiac passe sans problème.
Au cours de nos sorties sur le lac, les jours suivants, chaque fois que nous voulons nous rapprocher du littoral, nous devons franchir le peuplement de totora… Les hautes tiges résistantes, serrées les unes contre les autres, s'opposent au passage du Zodiac ; il faut relever le moteur et forcer le passage en faisant glisser le bateau à la main en tirant sur les tiges. Ainsi progressons-nous lentement, au prix de beaucoup d'efforts, les mains raidies par le froid : l'eau est à 8 °C, nous sommes en effet à près de 4 000 m.
Au-delà du peuplement de totora, l'eau est étonnamment transparente, nous apercevons les tapis de verdure et de sable clair, par 10 ou 12 mètres de fond. Nous lançons régulièrement le grappin et remontons des touffes de plantes, arrachées du fond ; nous pourrons alors les identifier et préparer des échantillons à conserver.
Nous récoltons des *Chara* en abondance ; ces algues fragiles et translucides couvrent une grande partie du fond du lac, il est rare d'observer de tels peuplements de *Chara*. Je m'aperçois que différentes espèces croissent en mélange : Micheline Guerlesquin, professeur à la Faculté des Sciences d'Angers, spécialiste des Characées, reconnaîtra plus tard plus de 10 espèces dans mes récoltes : une telle diversité et une telle abondance sont très exceptionnelles dans ce groupe de plantes.

Les Characées ont une longue histoire, les plus anciens fossiles connus sont vieux de 425 millions d'années ; elles ont existé, et existent encore, dans le monde entier.

Dans une grosse touffe de potamot remontée par le grappin, par 12 m de fond, je trouve… quelque chose de mou, plissé, sans forme définie… mais muni de pattes. C'est la grenouille géante du Titicaca (*Telmatobius culeus*), qui est en fait un crapaud ; son corps est long de près de 15 cm. Sa peau beaucoup « trop grande » pour son corps fait des plis profonds qui avancent sur sa tête large et plate et sur ses pattes ; la surface démesurée de cette peau fine et souple permet les échanges gazeux : la grenouille peut donc ainsi respirer dans l'eau enrichie en oxygène par les herbes du fond, sans utiliser ses poumons ; contrairement aux autres amphibiens, cet animal étrange ne monte jamais respirer à la surface. Je le remets doucement dans l'eau : sa peau se déplisse et forme des vagues qui ondulent sur son corps malingre. On dit que certains exemplaires peuvent peser jusqu'à un kilo, celui que j'ai eu en mains pesait quelques centaines de grammes.

Soudain, un coup de vent brutal ; des vagues courtes, serrées, hérissent la surface du lac ; le Zodiac est secoué comme un bouchon : nous rentrons à Huatajata aussi vite que possible, obligés de nous cramponner pour ne pas tomber à l'eau. Les colères du lac sont bien connues et imprévisibles, il est arrivé que des barques se retournent. Nous reprendrons nos navigations le lendemain.

Depuis le début du 21e siècle, le niveau du lac Titicaca baisse de façon sensible ; la pluviométrie diminue ; la population humaine augmente ; les cultures irriguées, donc le pompage de l'eau du lac, se développent aux abords du lac. En outre l'eau des nombreuses rivières qui l'alimentent est de plus en plus polluée par le plomb, le mercure, le cadmium, le zinc libérés par les exploitations minières. L'eau du lac a perdu sa transparence et sa luminosité : elle est devenue trouble.
L'eau du lac, autrefois claire et pure, devient de plus en plus rare, car la consommation agricole et industrielle tend à excéder les apports pluviaux. Le Titicaca devient toxique ; la biodiversité remarquable qu'on y observait s'effondre… Les populations de poissons diminuent et, plus grave encore, les poissons pêchés sont contaminés aux métaux lourds, mettant en péril la santé des pêcheurs qui s'en nourrissent. Des

milliers de grenouilles géantes viennent mourir sur les berges : cette espèce, rare et endémique du lac, est au bord de l'extinction.
Vers l'an 2 000 des pêcheurs se sont reconvertis, aujourd'hui ils reçoivent des touristes ; ils cultivent des légumes, des pommes de terre, pour les nourrir ; cette horticulture qui se développe exige beaucoup d'arrosages, en effet l'évaporation est très importante à cette altitude. Ils pratiquent donc d'importants prélèvements dans le lac.
Une activité « agricole » ancestrale se développe avec succès : la récolte du totora sauvage sur le lac et la mise en œuvre de ce matériau. Les habitants du lac déploient leur savoir-faire et leur inventivité. Pour les touristes, ils construisent sur des îles flottantes de jolis villages qui resteront inhabités, faits de totora. Ce sont en réalité des villages-décors, dans lesquels les touristes descendus d'une grande balsa viennent prendre des photos.
Les anciens pêcheurs construisent des balsa ventrues, ornées de figures de proue ou de ponts surélevés adaptés aux bains de soleil ; des balsa équipées de moteurs puissants, manœuvrées par un équipage vêtu de larges ponchos et de gros bonnets multicolores, semblables à ceux que portaient traditionnellement les paysans des rives du lac.
Le totora est devenu de moins en moins le matériau nécessaire à la vie quotidienne ; les balsa ne sont plus que des attractions pour les touristes. Grâce au tourisme, les habitants du lac ont maintenant les moyens de vivre sur la terre ferme, d'avoir même des maisons « en dur », de naviguer sur des barques en bois équipées de moteurs ; pour combien de temps encore ?

Albert. Pourquoi dis-tu « pour combien de temps » ?

Aline. Parce que la vie naturelle dans le lac est aujourd'hui menacée. Les résidus toxiques s'y accumulent de plus en plus ; à cela s'ajoute la baisse du niveau du lac. Les animaux endémiques, telle la grenouille géante, sont en voie de disparition.

Cruelle nature

Aux hautes altitudes, dans les Andes, l'air sec, les vents constants et la pression atmosphérique basse favorisent l'évaporation de l'eau. Le sel contenu en profondeur dans le sol, entraîné par l'eau qui remonte à la surface, s'évapore, cristallise en un dépôt blanc. De grands affleurements salins, désertiques, sont appelés localement « salars ».

Albert. Tu as prospecté le lac Titicaca, cette étendue d'eau douce. As-tu vu certains de ces immenses lacs d'eau salée, qui sont secs au moins une partie de l'année ?

Aline. Oui, je suis allée au lac Poopo.
En 1979 je quitte La Paz, en Bolivie, dans un 4x4 Toyota de l'ORSTOM en compagnie de Laurent, ichtyologue de l'Office ; nous voulons faire un pré-inventaire des plantes et des poissons qui peuplent les eaux du lac Poopo, à 300 km à vol d'oiseau de La Paz ; ce grand lac est situé à 3 686 mètres d'altitude sur l'Altiplano, aucun ruisseau n'en sort : c'est un lac endoréique.
Cette année-là, le lac mesure 85 km de longueur sur 55 km de largeur, sa superficie dépasse 4 500 km^2. Sa profondeur moyenne atteint à peine 2 m ; il est cependant assez grand pour que des tempêtes redoutables puissent s'y lever brusquement.
Le Rio Desaguadero, exutoire du lac Titicaca, alimente le lac Poopo en eau douce ; son eau se mélange progressivement à l'eau du lac très chargée en sel.
La faiblesse de l'apport en eau douce par le Rio Desaguadero, son unique affluent, et l'absence d'écoulement hors du lac, ainsi que l'intense évaporation liée à la grande aridité du climat, provoquent l'accumulation du sel à la surface du sol libéré par la baisse du niveau de l'eau. Le lac Poopo est une immense flaque salée au milieu de l'Altiplano.
Ni route, ni piste ; seulement quelques traces de camions sur la boue sèche et blanche ; laquelle suivre ?

Nous arrivons au lac Poopo ; il est entouré d'une immense plaine boueuse, inondée lorsque son niveau monte ; nous voyons luire l'eau du lac de très loin. Nous ne pourrons pas approcher le véhicule assez près de la rive pour mettre notre Zodiac à l'eau : nous ne voulons pas

courir le risque d'embourber la Toyota qui est lourde ; et nous ne sommes que deux…
Pour transporter le Zodiac et son moteur jusqu'à l'eau, le véhicule ne doit pas être trop loin de l'eau libre ; un moteur, un 35 CV, c'est lourd, plus de 40 kg. Le transporter à bras, sur 300 ou 400 mètres, en marchant dans la vase collante… à 3 600 m d'altitude n'est pas évident.

Albert. La boue dont tu parles est certainement saturée en sel. Il n'est pas étonnant que le sel cristallise sur la vase humide soumise à une évaporation intense.

Aline. En effet, sur la berge plate, souvent large de plusieurs kilomètres, le sol est une argile mouillée et instable, couverte de flocons de sel.
Sur le sol blanc, on distingue jusqu'à l'horizon des touffes de « tola », la seule plante qui tolère ce milieu inhospitalier. La tola, *Lepidophyllum quadrangulare* (Astéracée), forme de petits buissons denses, jaune-vert, hauts de 1 m au plus ; ses rameaux, couverts de feuilles minuscules, à odeur de résine, collent aux doigts ; je trouve des fleurs : petits capitules larges d'environ 1 cm, à peine distincts à l'extrémité des rameaux ; je n'aurais probablement pas remarqué les fleurs si je n'avais pas vu quelques étamines jaunes.
Exploitée par les habitants d'une grande région de l'Altiplano, la tola est le seul combustible à usage domestique. Des camions, dont nous avons vu les traces, viennent ici chercher des buissons de tola qui seront vendus dans les villages.
Canards, goélands et une escouade de flamants roses s'envolent à notre approche.
Nous suivons la rive du lac Poopo, en direction de l'embouchure du Desaguadero, à bonne distance pour ne pas embourber la voiture ; nous faisons quelques haltes pour observer des plantes aquatiques et des poissons qui suivent le gradient de salinité de l'eau : la salinité de l'eau du lac est presque à saturation, c'est-à-dire environ 350 g de sel par litre ; à l'approche du Rio Desaguadero, l'eau est de moins en moins salée.

Albert. Je crois que vous aviez emporté un Zodiac plié, son moteur et la nourrice d'essence. Etes-vous parvenus à le mettre à l'eau ?

Aline. Oui, après bien des tentatives et des efforts. Nous réussissons à gonfler le Zodiac et à le transporter jusqu'à l'eau, ainsi que son moteur.

Par chance, malgré l'effort, je ne me suis pas trop essoufflée ; pourtant, à cette altitude, le taux d'oxygène de l'air est faible. L'essoufflement peut être fatal ; et nous n'avons pas de bouteille d'oxygène…

Albert. L'essoufflement peut être fatal à cette altitude, tu en es sûre ?

Aline. Oui, à une autre occasion, j'ai assisté à une scène édifiante. Près de Milluni, vers 4 500 mètres d'altitude, c'est presque le sommet du Mont-Blanc, j'ai vu des enfants de 8 ou 10 ans jouer entre eux dans un petit hameau accroché à une forte pente. Les enfants riaient ; l'un d'eux fait quelques pas en courant ; un adulte, peut-être le père, attrape l'enfant et lui donne une gifle. Le Quetchua qui m'accompagne m'explique : « L'enfant ne doit jamais courir, s'il court, il s'essouffle, il risque de mourir d'asphyxie ».

Albert. Bonne leçon pour toi !

Aline. Oui, en effet, à de telles altitudes il faut toujours être attentif et mesurer ses mouvements.
Revenons à mon histoire, Zodiac et moteur sont maintenant à l'eau !
Nous pouvons enfin observer la végétation du lac. Nous ne trouvons qu'une seule espèce de plante vivante, une curieuse salicorne naine (*Sarcocornia pulvinata*, Amaranthacée), plante grasse minuscule, aux rameaux dressés, haute de 5 mm environ, enracinée dans quelques centimètres d'eau sursalée, parfois installée sur la berge plate et sèche, couverte d'efflorescences salines.
L'accès à une profondeur navigable du lac est très éloigné de la berge où la Toyota stationne.
Il nous faut donc traîner le Zodiac à pied dans l'eau peu profonde, sur près d'un kilomètre, parmi les algues et les herbes aquatiques, avant de pouvoir utiliser le moteur ; enfin, nous pouvons le mettre en route…
Le grappin, que nous lançons régulièrement ne ramène que deux espèces de plantes submergées, un *Chara* aux tiges translucides et ramifiées, et un *Ruppia* (Ruppiacée) dont les mèches de feuilles fines flottent dans l'eau. Je récolte ces plantes ; Laurent capture quelques poissons avec une épuisette, les observe, il en conserve quelques-uns dans des tubes.
Les mains mouillées, glacées, nous avons froid malgré gros pulls et cirés ; celui qui tient la barre s'engourdit à la tenir, nous nous relayons sans cesse.

Nous revenons enfin au bord, tirons le Zodiac au sec ; nous nous installons pour passer une nouvelle nuit à la belle étoile, à plus de 3 600 m d'altitude ; il fait probablement -5 ou -6 °C. Cette nuit, le ciel, le froid, l'eau et le sel seront notre décor. Une boite de sardines vite avalée, puis nous sortons les lits Picot de la voiture ; le froid tombe comme une chape… Nous dressons nos deux lits, tu connais cette toile large de 60 cm, tendue entre deux barres de bois portées par des pieds en X : voilà le lit confortable qui nous attend. Nous disposons chacun de deux duvets épais, l'un dans l'autre.
La nuit passe en tentatives d'assoupissements interrompues par le froid : écrasés sur la toile par le poids du corps, les duvets ne protègent pas vraiment, je me retourne dès qu'un côté est trop froid. La température n'a cessé de baisser tout au long de la nuit, elle a atteint probablement -10 ou -12 °C au petit matin.
Au lever du jour les sommets se parent d'une lueur rose, je veux fixer cette image magique, je sors mon appareil photo : il a passé la nuit entre les deux duvets dans lesquels je me suis allongée ; je déclenche et entends un « clic » métallique. L'obturateur à iris de l'objectif de mon Leica, gelé, a cassé…
Pas d'appareil photo, pas d'images ; j'ai pris des notes, j'ai fait des croquis. De retour à La Paz, un collègue de l'ORSTOM aura la gentillesse de me prêter son appareil photo pour quelques jours ; merci Jean-Jacques.

Le matin, nous remettons le Zodiac à l'eau et naviguons maintenant vers le nord, vers l'embouchure du Desaguadero, vers des eaux de plus en plus douces. La flore aquatique est presque aussi pauvre qu'hier : je pêche néanmoins une autre espèce de *Chara*, aux tiges vert sombre.
Il gèle toute la journée à l'altitude où nous sommes. Je manie le grappin depuis des heures, je pêche des herbes aquatiques, toujours les mêmes ; je suis glacée, mes mains bleues et raides ne répondent plus, Laurent doit m'aider à réajuster mon ciré.
Deux jours encore dans le froid et l'eau…
Mes récoltes sont pauvres en espèces de plantes aquatiques. Laurent ne capture que quelques poissons.
Nous sommes déçus ! Le séjour se termine.
Il nous faut ramener le matériel à la Toyota, d'abord transporter le moteur ; puis traîner le Zodiac sur la vase, le dégonfler, le plier, le charger dans la voiture… avec nos mains engourdies et malhabiles.

Nous revenons à La Paz où le climat est moins rude, bien que, chaque matin, les petites mares soient couvertes d'une pellicule de glace.

Par la suite, j'ai appris que le lac Poopo avait subi, à partir du début des années 2000, un désastre écologique qui avait entraîné sa disparition.

Albert. En effet, j'ai lu, il y a peu, que son niveau baissait significativement en 2014, en raison d'une pluviométrie inférieure à 5 mm par an depuis quelques années, et d'une diminution du débit du Rio Desaguadero ; son affaiblissement était dû à la baisse du niveau du lac Titicaca, son unique affluent. Le niveau du lac Titicaca baissait aussi en raison des prélèvements massifs faits par l'agriculture et l'exploitation minière, responsables de l'effondrement des réserves d'eau douce, pourtant indispensables à la survie des populations de l'Altiplano subdésertique.
En 2015, un an seulement plus tard, 99 % de la superficie du lac Poopo étaient déjà à sec.
En 2016, un an encore plus tard, et le lac Poopó avait fini par disparaître totalement sous l'effet d'une sécheresse particulièrement intense.

Aline. En 1979, je te rappelle que la superficie du lac Poopo était de 4 500 km^2, soit 10 fois le lac Léman. Au début des années 1990, il s'étendait encore sur plus de 2 000 km^2.
Près de 40 ans après mon séjour, en 2018, le Lac Poopo n'est plus qu'une zone humide couverte d'efflorescences de sel… Il est néanmoins encore alimenté par le Rio Desaguadero, trop affaibli pour compenser l'évaporation intense et les infiltrations.
Les populations d'oiseaux et de poissons sont anéanties : 200 espèces, d'oiseaux, de mammifères, de poissons, ont disparu ; les flamants roses appartenant à trois espèces en voie d'extinction, ont été contraints de migrer.
Il ne reste plus que quelques vieilles embarcations à l'abandon sur le sol blanc de sel où gisent les dépouilles momifiées de poissons et d'oiseaux.
En 2014, la Bolivie a déclaré le Lac Poopo « zone de désastre ». Il est aujourd'hui considéré comme disparu depuis décembre 2015.
La disparition du Lac Poopo a entraîné une catastrophe écologique et biologique. La nature y est pour beaucoup mais l'homme y a largement contribué.

Je sais qu'on peut rapprocher un autre drame écologique de celui du lac Poopo, c'est celui de la Mer d'Aral (Kazakhstan/Ouzbékistan), où je ne suis d'ailleurs pas allée. La surface de cet immense lac salé, endoréique, régresse depuis 1980 environ, à la fin du 20e siècle, à la même époque que la régression du lac Poopo. Une grande partie de la Mer d'Aral, aujourd'hui asséchée, est désormais un désert couvert d'une croûte de sel sur laquelle courent de puissantes dunes. Si l'assèchement de la mer d'Aral est partiellement dû à une évolution climatique, le facteur majeur semble bien être, comme au lac Poopo, une exploitation excessive de l'eau par des entreprises minières.

Albert. La prospection du Lac Poopo vous a certainement fatigués ; la marche dans la boue qui colle aux bottes, l'eau libre trop lointaine pour les rincer, les charges à porter, le froid jour et nuit… l'altitude…
La botanique c'est que du bonheur !

Aline. Oui, la vie d'un prospecteur en pleine nature est riche de difficultés.

Albert. La prospection naturaliste, pour passionnante qu'elle soit, engendre parfois des problèmes difficiles à résoudre.
Surtout qu'on ne s'y attend jamais, ça n'arrive qu'aux autres.

Aline. En effet, partant pour les Antilles, en 1975, je n'imaginais pas que j'y vivrais une aventure qui aurait pu mal tourner.
Voici l'histoire : je suis seule à Sainte-Lucie (Saint Lucia), petit Etat insulaire des Caraïbes ; il n'y a encore, à cette date, aucun aménagement touristique. J'y recherche des plantes de marécages. Sainte-Lucie porte un volcan : la Soufrière, où je parviens avec ma petite voiture de location.
Des rochers aux arêtes vives se dressent dans une petite plaine éblouissante sous le soleil. Je veux voir de près les rares plantes que j'aperçois. Je passe entre des rocs et m'approche du fond du cratère, parfaitement horizontal. Une odeur de soufre règne, des bouches, petites comme des trous de rats, auréolées de soufre jaune clair, soufflent un air brûlant. Pourtant, dans ce milieu inhospitalier, quelques arbustes rabougris, des *Clusia* (Clusiacées) aux larges feuilles raides et luisantes, survivent sans toutefois parvenir à fleurir, semble-t-il. Un filet d'eau glisse entre les rocs et s'épanouit en éventail sur le fond plat du cratère. Près du filet d'eau, à quelques pas, une petite touffe malingre,

un *Eleocharis* (Cypéracée), s'est solidement installée dans un milieu où l'on ne s'attend guère à trouver une herbe bien verte.
J'avance lentement, prudemment, pas à pas, j'atteins la plante et j'en prélève une partie destinée à être mise en herbier ; soudain le sol, sur lequel je marche, se liquéfie brutalement sous mes pieds : je suis dans un sable mouvant ! Je m'enfonce d'un coup jusqu'aux genoux dans une vase blanchâtre, brûlante, collante. Choc brutal aux deux jambes : un rocher providentiel noyé dans la boue a arrêté mon envasement, aïe ! Je m'allonge sur la vase presque fluide et rampe sans à-coups, centimètre par centimètre, en tirant doucement sur mes jambes ; presque 2 mètres à faire…
Enfin j'atteins le sol stable ; je n'ai pas lâché ma petite herbe. Je m'assieds, prise d'un énorme fou rire nerveux en pensant que j'aurais pu disparaître dans ce lac de vase chaude. Décompression… Je me reprends. Toute boueuse : il va falloir que j'aille me rincer à la plage la plus proche, éloignée de 3 ou peut-être 4 km…
Pour rejoindre la voiture, 200 mètres me semblent bien longs : j'ai mal aux jambes, mais je marche. Je suis arrivée à conduire la voiture en tenant les pédales avec mes gros orteils. Une fois sur la plage : bain frais, toute vêtue pour me débarrasser de cette colle blanche, puis nettoyage de la petite plante récoltée.
Une douleur irradie du petit orteil droit : fracture probable ; une autre douleur, lourde, sur le côté du tibia gauche : gros hématome en formation.
Je rejoins péniblement la voiture. Aucun moyen de me faire soigner sur place ! Je m'accroche…
Je repars, malgré la douleur, chercher mares et bas-fonds inondés, où je reprends, nu-pieds, la prospection de la flore des milieux humides de l'île. Mes jambes sont devenues violettes jusqu'aux genoux.
Pendant le vol de retour, deux jours plus tard, je m'amuse du regard étonné, voire choqué, de certains passagers, qui voient une personne correctement vêtue, se traîner lamentablement sur ses pieds nus, gonflés, violets.
De retour à Paris, un médecin confirme la fracture du petit orteil droit. L'examen de la jambe gauche, très gonflée et violette, révèle une déchirure du muscle jambier antérieur. Je guérirai.
Malgré mon envasement, j'avais sauvegardé ma récolte. Plus tard j'ai confié la petite plante à un spécialiste des Cypéracées ; il l'a identifiée sous le nom de *Eleocharis cellulosa*, espèce qui n'était alors connue que des Bahamas et de quelques rares localités de la côte pacifique nord-

américaine : la plus proche des autres stations de cet *Eleocharis* était à plus de 2 000 km.
Ce fut malgré tout une belle journée.

L'ombre de la grande forêt

En forêt équatoriale, le climat, humide et chaud, varie très peu ; les arbres, luxuriants, perdent des feuilles presque toute l'année : il n'y a à peu près pas de saisons. L'épaisse litière de feuilles mortes abrite les mycéliums de nombreux champignons ; beaucoup de ces champignons peu visibles à l'œil nu, associés aux racines des arbres environnants, entretiennent des relations étroites avec de petites plantes sans chlorophylle, donc inaptes à se nourrir seules : elles vivent grâce aux végétaux qui les entourent, auxquels elles sont reliées par les filaments de champignons…

Aline. Toi qui as beaucoup couru dans nos montagnes, tu connais bien les gentianes, il y en a plusieurs centaines d'espèces dans le monde.
Toutes les gentianes ont un goût amer, la plupart ont été utilisées pendant des millénaires pour leurs propriétés apéritives et digestives, et pour leurs vertus toniques et même fébrifuges ; elles le sont encore de nos jours.
Et tu connais sûrement la liqueur, obtenue par macération des rhizomes de gentiane jaune (*Gentiana lutea*, Gentianacée), et l'alcool distillé à partir des rhizomes fermentés ; leurs goûts particuliers sont recherchés par les amateurs ; cette grande espèce est commune dans les montagnes européennes jusque dans le sud de l'Allemagne.

Albert. Je connais bien cette plante. Les racines poussent profondément dans le sol, elles peuvent en effet atteindre 1 m de longueur.
Sais-tu que pour récolter les racines de gentiane, il faut les arracher, donc, hélas, détruire la plante ? La régénération des gentianes sur les pentes est lente et un jeune plant issu de semis ne pourra être exploité qu'après une vingtaine d'années… Tu comprends pourquoi l'arrachage

est strictement réglementé : la plante figure sur la Liste rouge européenne IUCN pour la conservation de la nature.

Aline. Outre le fait qu'on doit protéger la gentiane jaune, la récolter exige de bonnes connaissances botaniques, en effet le vérâtre, *Veratrum album* (Mélianthacée), avec lequel pousse la grande gentiane, lui ressemble, mais il est hautement toxique : 1 à 2 grammes de racine séchée tuent un homme en moins de 3 heures !
Bien loin des montagnes européennes, les gentianes ont des cousines, les *Voyria* ; peux-tu les imaginer, cachées dans le sous-bois des forêts équatoriales ?

Albert. Je ne connais pas ces cousines équatoriales des gentianes que tu appelles des *Voyria.* A quoi ressemblent-elles ? Ont-elles au moins de jolies fleurs ?

Aline. Oh, oui, certaines espèces au moins ont de belles fleurs. Les *Voyria* n'ont pas de chlorophylle, ils ne sont jamais verts ; leurs feuilles sont minuscules. Ces petites plantes, blanches ou de diverses couleurs, sont nombreuses dans la forêt sombre et humide, en Amérique ; il n'en existe qu'une seule espèce en Afrique, aux confins du Cameroun et du Gabon. Les *Voyria* ont des fleurs de tailles diverses, les plus grandes atteignent 7 ou 8 cm, isolées ou en bouquets, bleues, roses, jaunes, orangées, ou blanches.

Albert. Tu as dit « sans chlorophylle » ; ces *Voyria* ne pratiquent donc pas la photosynthèse ; comment trouvent-ils les glucides, source d'énergie nécessaire à leur métabolisme ?

Aline. Eh bien, ils ont des associés qui les nourrissent.
Les *Voyria* vivent dans la litière de feuilles mortes où se développent d'innombrables filaments de champignons.
Les racines des arbres, arbustes, lianes… circulent partout dans le sol et dans la litière. Les filaments ténus des champignons sont associés aux racines des arbres qui, eux, pratiquent la photosynthèse qui fournit des glucides ; ces mêmes filaments sont également associés aux *Voyria.* Les nutriments nécessaires à la vie des *Voyria* transitent par les champignons.
Souhaitant aller voir de près ces drôles de plantes, je pars en 1975 vers le centre de la Guyane avec une collègue ; nous voulons rechercher et

récolter des plantes peu connues, dans une région peu accessible, au sein de la grande forêt amazonienne.

Albert. Comment y es-tu allée ?

Aline. En avion… un monomoteur Cessna, 4 places, nous a déposées, ma collègue Christiane et moi, à Saül, dans une courte zone débroussaillée.
Nous nous installons dans le « campement », précaire mais où nous pouvons accrocher nos hamacs. La nuit tombée, des escouades de chauves-souris tournent en silence autour de nous.
Nous passons nos journées à parcourir la forêt, en suivant des « traces », sentiers à peine discernables, ouverts par le passage occasionnel d'un chasseur ou d'un animal.
Christiane avance devant moi, attentive au sol, aux racines, au bois mort. Soudain je perçois un mouvement dans le feuillage, au niveau de son visage ; j'attrape mon amie à bras le corps et la fais tomber en arrière : un serpent ! Je le vois de près, c'est un serpent-liane arboricole (*Oxybelis fulgidus*) vert à ventre pâle, mince et souple, long d'un mètre environ, il chasse de petits animaux, lézards, grenouilles, oisillons au nid, qu'il tue grâce à son venin ; il mord très rarement l'homme, il est d'ailleurs peu dangereux en raison de la position de ses crochets venimeux, au fond de la bouche, à l'arrière du maxillaire supérieur. Il suit son chemin dans les branchages. Rassurées, nous reprenons notre recherche des petites plantes du sous-bois.
Une touffe d'*Heliconia bihai* (Héliconiacée), haute de 2 m ; grandes feuilles semblables à celles d'un bananier ; inflorescence dressée, formée de quelques grandes bractées charnues disposées dans un plan. Les grandes bractées, en forme de barque, sont pleines d'eau croupie : petits marécages dans lesquels se dressent des fleurs en tube vert vif long de 3 ou 4 cm ; chaque tube contient un nectar abondant que les colibris viennent boire.
En examinant ces fleurs qui émergent de l'eau, j'aperçois quelque chose qui bouge… une grenouille jaune et noire, longue de 3 cm. Ses doigts terminés par des pelotes élargies lui assurent une bonne adhérence sur les feuilles lisses.

Albert. Je crois que ta grenouille est un dendrobate, *Dendrobates tinctorius*.

Aline. Oui, c'est l'un de ces Amphibiens inféodés au milieu forestier équatorial sud-américain ; ils arborent des couleurs très diverses. La femelle pond dans le sous-bois humide, puis le mâle, seul, surveille les œufs ; dès leur éclosion, les petits têtards montent sur le dos de leur père, qui grimpe alors dans les arbres ; lorsqu'il trouve un « mini-marécage perché », que ce soit un creux de branche ou, plus souvent, une rosette de Broméliacée dont la coupe est pleine d'eau, il y dépose les têtards.

Albert. Ton dendrobate, l'as-tu touché ? J'ai lu que la peau de ces petites grenouilles colorées sécrète un poison violent, un curare ?

Aline. En effet ces petites grenouilles peuvent être dangereuses ; la plus redoutable d'entre elles, qui mérite bien son nom, *Phyllobates terribilis*, dispose d'assez de toxines pour tuer plus de dix hommes. Les Amérindiens de la forêt amazonienne écrasaient ces petits dendrobates pour enduire la pointe de leurs flèches de chasse ; les petits animaux chassés, une fois blessés, tombaient aussitôt, paralysés. Les curares n'étant pas actifs par voie digestive, le gibier pouvait être mangé… à condition de n'avoir pas de petites blessures aux gencives !

Albert. Des substances analogues au principe paralysant des dendrobates sont connues, et exploitées en pharmacologie ; certaines proviennent de plantes dont on dit qu'elles ont une « action curarisante ».

Aline. Je reviens à mon séjour à Saül, en compagnie de Christiane.
Le petit Cessna effectue une rotation chaque semaine : c'est le seul lien avec la civilisation ; il apporte un carton de nourriture pour la vingtaine d'habitants du village et peut éventuellement transporter des passagers. Il était prévu que nous pourrions profiter de sa prochaine rotation pour rentrer à Cayenne.
Il pleut de plus en plus. Les nuages sombres s'accrochent à la cime des arbres. L'avion, qui navigue à vue, ne pourra venir nous chercher que lorsque le ciel sera dégagé. Au jour prévu pour son passage le temps est toujours aussi bouché : pas d'avion, impossible de voler ; nous resterons donc au campement, bagages bouclés. A l'époque, nous ne disposions d'aucun moyen de communiquer. Un jour d'attente, un autre jour encore… Nos provisions s'épuisent. La pluie dense humecte tout, nous avons froid.

Pendant trois jours encore nous guettons le moindre bruit de moteur… en vain.

Albert. Et de quoi vous nourrissez-vous ?

Aline. Nous ne disposons que de quelques christophines (*Sechium edule*, Cucurbitacée) que nous fournissent des habitants de Saül : la saison a été mauvaise, ils n'ont rien d'autre dans leur jardin. Nous mangeons les christophines cuites à l'eau, sans sel. Et pour dessert, chacune déguste une pastille Valda ; nous en avons retrouvé dans un fond de boite. Les christophines sont des Cucurbitacées grimpantes ; leurs fruits en forme de poire, longs d'une vingtaine de centimètres contiennent une énorme graine tendre, non comestible. La chair cuite à l'eau n'a guère de goût et ne nourrit pas, nous avons faim.
Après cinq jours d'attente, une éclaircie, enfin… peu après, ronronnement lointain d'un moteur… l'avion se pose dans des flaques d'eau sur la petite prairie entourée d'arbres qui sert de piste.
Retour à Cayenne. Au Centre ORSTOM nous pouvons utiliser un local où trier et ranger nos récoltes. Les plantes mises en presse à Saül, dans des journaux, sont très humides : nous les pulvérisons de rhum blanc pour éviter qu'elles ne pourrissent. L'ORSTOM met à notre disposition une étuve pour les faire sécher ; pendant cette opération, une odeur de rhum emplit le local... Les récoltes arriveront en parfait état au MNHN !

Albert. Depuis Cayenne, où êtes-vous allées ?

Aline. Nous sommes rentrées à Paris, au MNHN. Nous avons trié les récoltes, étudié les plantes que nous ne connaissions pas, donné des enseignements, participé à la préparation d'expositions, publié des articles sur des plantes inconnues…

Albert. Avais-tu toujours envie d'aller chercher des plantes dans des régions difficiles ?

Aline. Bien entendu, j'aimais découvrir le monde.

Albert. Pourquoi voulais-tu découvrir le monde ? Pour le plaisir du tourisme ? Pour accumuler des souvenirs insolites ?

Aline. D'abord, c'était mon métier ; je l'exerçais avec passion, c'est indispensable. La découverte d'une plante ou d'un animal, dans son milieu, ouvre des voies nouvelles vers la compréhension des relations qui régissent le monde du vivant, dans la nature.

Albert. As-tu fait d'autres voyages en Guyane ?

Aline. Mais oui, ma fonction au MNHN m'y amenait. Il y a beaucoup à étudier dans ce département.
Dans le cadre d'une nouvelle mission en Guyane, en 1977, je fais partie d'une petite équipe, nous sommes sept, dont quatre chercheurs : Fanchon, amie botaniste à l'ORSTOM ; Henri, professeur de botanique à l'Université de Toulouse, Agata, universitaire brésilienne, moi et ma fille Ariane, 5 ans ; nous sommes accompagnés de deux aides guyanais, Georges et Papillon, techniciens dévoués de l'ORSTOM.
Nous partons à trois voitures pleines de matériel. Pour atteindre le camp où nous voulons nous installer, nous quittons la route littorale à l'ouest du village de Sinnamary et prenons une piste en mauvais état, sur une cinquantaine de kilomètres. Arrivés à proximité du campement, nous garons les voitures et continuons à pied, en suivant une trace. Nous gravissons une colline en prenant garde aux épines noires longues d'une quinzaine de centimètres, coupantes et barbelées, qui arment les *Astrocaryum*, petits palmiers du sous-bois ; leurs feuilles, qui atteignent 5 m de longueur, sont insérées sur une souche, au ras du sol.
Après une demi-heure de marche, bagages sur le dos, nous arrivons enfin au camp, sommaire mais suffisant, aménagé par l'ORSTOM pour les chercheurs. La trace redescend, à mi-pente sous les arbres de la canopée, nous découvrons le camp : une zone débroussaillée qui pouvait être un village de Schtroumpfs…
Nous ferons plusieurs voyages depuis les voitures jusqu'au camp, pour transporter le matériel nécessaire, nourriture, hamacs, matériel de travail…
Le camp se compose de trois carbets dans lesquels nous logerons tous. Dans chacun d'eux : la terre nue, dûment balayée avec une palme, quelques belles grosses pierres plates sur lesquelles on pose la petite valise contenant le matériel et quelques vêtements ; la valise est en aluminium, excellente protection contre les termites et les fourmis.
Entre les carbets, trois grosses pierres accueillent la marmite sur un petit feu de branchettes. Et près du feu, un gros tronc couché sur lequel on peut s'assoir, le soir tombant, pour manger, bavarder.

Le matériel personnel, papiers, carnets et matériel photo, trouve place dans une autre petite valise métallique. Nous accrochons les sept hamacs dans les carbets.
Voilà un logement confortable, organisé pour un long séjour. L'ombre verte est notre demeure.
Au-delà des carbets, la trace, le sentier, continue à descendre jusqu'à la « crique », ruisseau d'eau rousse, transparente, qui court sur un lit de sable blanc : la « crique » est, en Guyane, le nom donné aux ruisseaux, nom probablement tiré de l'anglais « creek », ruisseau. Profonde au plus d'un mètre, la crique nous sert à la fois d'évier et de salle de bains. Sur les rives, de fortes touffes de *Thurnia sphaerocephala* (Thurniacée) : grandes feuilles linéaires dressées, inflorescences en boules ; on se glisse entre elles pour entrer dans l'eau.

Fig. 17. La crique, ruisseau à cours vif, près du camp. *ARR. del.*

Un plat de riz à l'eau bien pimenté avalé, et maintenant au hamac ! La nuit est tombée.
Dans les arbres, des grenouilles chantent avec des tintements de clochettes ; des insectes crissent ; des oiseaux sifflent ; et, de temps en temps, des hurlements graves s'amplifient, ce sont des singes hurleurs (*Alouatta macconnelli*). Ces singes roux vivent en bandes, haut dans les arbres, ils sautent de branche en branche, se rattrapent grâce à leurs

longs bras et leur longue queue préhensile. Leurs cris se répondent, certains viennent de très loin, d'autres tout près de nous ; toute la nuit, la forêt chante ; au lever du soleil, les cris s'atténuent, la forêt se fera plus silencieuse pendant le jour, les animaux dormiront à l'ombre dans les grands arbres.

Albert. Tes collègues et toi avez-vous le même sujet de recherche ?

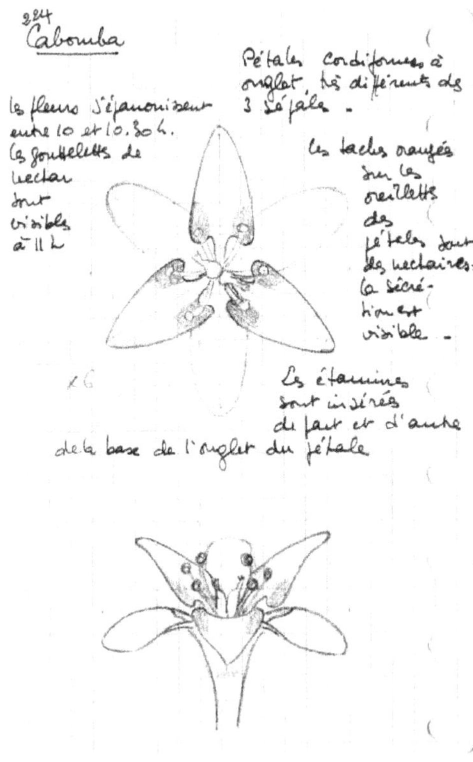

Fig. 18. Etude de terrain : la fleur de *Cabomba aquatica. ARR. del.*

Aline. Non, nous travaillons sur des sujets différents. Certains travaillent sur l'écologie de la forêt ; chacun dans son secteur étudie les êtres vivants dans leur milieu, les interactions entre eux et le repeuplement naturel.

J'étudie la flore des savanes marécageuses, hors de la forêt, à 20-25 km du camp, j'y vais chaque matin, en Renault R4 louée à Cayenne.

Dans l'eau peu profonde et tiède du marais, les petites touffes d'*Abolboda pulchella* (Xyridacées) étalent leurs grandes fleurs bleues dressées au-dessus de l'eau ; alors que les petits *Mayaca longipes* (Mayacacées) traînent dans l'eau, leurs fleurs blanches semblent posées sur l'amas de leur feuillage fin.

Les *Cabomba aquatica* (Cabombacées) bien connus des aquariophiles, montrent leurs fleurettes jaunes, larges de 1 cm ; ils ont deux types de feuilles, les unes submergées finement laciniées et les autres flottantes, étalées sur l'eau, entières et ovales.

Sur un haut-fond, un buisson dominé par quelques palmiers à feuilles digitées, des *Mauritia flexuosa* élancés, m'attire. Ce palmier, sauvage

ici, est très recherché par les habitants des villages : de ses fruits on fait des confitures et autres desserts ; les très jeunes inflorescences sont consommées comme légumes ; la sève de ce palmier donne un vin de palme.
Sous les broussailles, j'aperçois un *Voyria aphylla*, petite Gentianacée haute de 15 cm, sans chlorophylle, à fleur unique, jaune d'or : je veux la récolter. Je m'avance à quatre pattes, dans le fourré ; la progression est d'autant plus difficile que des *Scleria secans* (Cypéracées) sont enchevêtrés parmi les broussailles ; ce sont des herbes fines, longues de 2 ou 3 mètres, qui traînent, s'accrochent et grimpent dans la végétation environnante ; on les appelle « herbe-couteau » ou « herbe-rasoir » ; les feuilles de ce *Scleria* coupent, déchirent la peau qui les frôle : leurs marges sont en effet garnies de petites dents recourbées, armées chacune d'un cristal de silice transparent et très aigu. Une feuille de *Scleria* frôle le bord de mon oreille : une goutte de sang coule le long de ma joue. Je suis coincée dans les longues tiges agrippantes ; je perçois alors une odeur fade et lourde : une odeur de reptile. Un serpent ? Ariane batifole autour du fourré, je crie à Ariane « éloigne-toi »... Je regarde de mon mieux, ne vois pas de serpent. Je ne parviens pas à me dégager rapidement. Après bien des efforts, bien des griffures de *Scleria*, je me libère enfin du fourré. J'essaie de repérer un reptile ; je tourne autour du buisson, je découvre... une belle tortue charbonnière, longue de plus de 40 cm, *Chelonoidis carbonaria*, pas dangereuse, mais malodorante. Je retourne, à quatre pattes, récolter mon *Voyria*.

Nous sommes à peu près sous l'équateur, la nuit tombe vers 18h ; nous terminons souvent notre travail à la lumière des lampes à butane, tandis qu'Ariane est depuis longtemps endormie dans son hamac.
Chaque soir, chacun prépare le matériel récolté dans la journée et met au clair ses notes de terrain.
Un matin, il a plu la veille, une légère brume s'accroche aux branches. Sur le sol argileux humide, entre les carbets, nous tombons en arrêt devant des empreintes rondes, plus larges que la main : le jaguar ! Les traces sont très fraîches, la boue s'effiloche encore entre les creux laissés par les coussinets des pattes : le visiteur est venu voir les habitants encore endormis dans les hamacs, puis il est reparti tranquillement à ses affaires. Cet épisode ne surprend pas nos aides, Georges et Papillon, qui ont toujours vécu en forêt.

Albert. Et ce jaguar, l'as-tu vu ?

Aline. Malheureusement non, et les collègues, dans les hamacs voisins, non plus !
Tout au long de la journée, je parcours les grands marais inondés, de l'eau à mi-mollet ou à mi-cuisse ; touffes d'herbes dressées, tapis de plantes flottantes et, souvent les moustiques qui rendent la marche pénible. Je récolte, j'observe, je note.

Albert. Après des journées bien remplies, le soir je suppose repos et dîner en racontant chacun ses découvertes aux autres.

Aline. Chaque soir en effet nous retournons au campement. Première nécessité, une toilette rapide dans le ruisseau, au bas du campement. Puis chacun range ses récoltes dans les presses à herbier ; met ses notes au propre, rédige les étiquettes des récoltes. Chaque plante récoltée l'est en deux exemplaires ou plus, l'un sera conservé à l'herbier de Cayenne, l'autre (ou les autres) rejoindra les collections du Muséum.
La nuit arrive vite, nous terminons le travail à la lumière des lampes à butane.
C'est seulement alors que nous pensons à nous restaurer : nous n'avons, en général, rien mangé depuis le matin.

Albert. Qu'est-ce que vous mangez ? Avez-vous des conserves ?

Aline. Non, rarement des conserves, qui risquent de fermenter à la chaleur. De temps en temps, une boite de sardines à l'huile. En revanche, nous préparons chaque soir soit un plat de riz à l'eau, assaisonné de sel et de piment, soit du couac… cette semoule de manioc grillée qu'on humecte d'eau ou de thé au moment de la consommer.

Albert. Agapes arrosées de champagne ?

Aline. Ben voyons… Nous buvons du thé ou de l'eau du ruisseau, filtrée.
En trois semaines, nos récoltes ont empli les presses à herbier ; les carnets de notes sont pleins ; les lampes à butane n'ont plus guère de gaz… il est temps de retourner à Cayenne.

Albert. Vous repartez herbiers pleins, tout s'est très bien passé.

Aline. Pas si bien que ça !

Albert. Un accident au dernier moment ?

Aline. Figure-toi qu'un soir, après avoir pataugé toute la journée dans les marais, Ariane et moi sommes rentrées au camp, bien avant 16 heures ; Fanchon, déjà rentrée, nous quitte peu après pour faire quelques photos de fleurs dans la forêt, sans me dire dans quelle direction elle part. Agata la jeune brésilienne, puis Henri l'universitaire, reviennent à leur tour. Le jour baisse, Henri remarque alors : « Fanchon n'est pas rentrée ! ».
Nous patientons un moment. Peu à peu nous nous inquiétons. Que peut-elle bien faire ? La nuit tombe, nous appelons en vain : « ohé, ohé » ; un même « ohé, ohé » nous répond, venant de différentes directions. Que se passe-t-il ? Agata suggère que ce sont probablement des perroquets, ce n'est pas Fanchon.
Nous continuons nos appels, vainement… Nous allons prudemment, malgré la nuit, jusqu'à la voiture et klaxonnons en prêtant l'oreille après chaque coup de klaxon… Pas de réponse, sauf les bruits de la forêt.
La nuit est tombée depuis longtemps. Que s'est-il passé ; Fanchon s'est-elle égarée, blessée, une fracture par exemple, a-t-elle fait une mauvaise rencontre ? Il est dangereux de prendre des risques la nuit, dans une forêt où on peut rencontrer serpents, fauves, scorpions, mygales et… épines de palmiers de sous-bois ; ces épines présentent un réel danger !

Le lendemain, deuxième jour ; avant le lever du jour, après une courte nuit agitée, nous sommes debout. Nous reprenons les appels, en vain. Que faire ? Finalement, nous décidons d'aller chercher des secours.
Henri et moi allons au poste de gendarmerie le plus proche, à près de 70 kilomètres. Nous exposons la situation au seul gendarme de service, il viendra nous rejoindre dans la forêt.
Nous revenons rapidement au camp. Agata part avec une voiture pour alerter des bûcherons qui travaillent à une dizaine de kilomètres plus loin. En compagnie d'Henri, j'attends le gendarme, il arrive enfin. Nous faisons le point, se serait-elle perdue, se serait-elle blessée ?
Le gendarme, après réflexion, nous dit : « Je vais essayer d'avoir le concours de la Légion étrangère, j'ai une vacation radio d'une heure chaque jour, pendant laquelle je peux communiquer avec Cayenne ». Il nous quitte et reviendra en fin de journée pour nous informer que la Légion nous rejoindra le lendemain dans la matinée.

Nous continuons, en vain, à appeler et à klaxonner. Agata a pu mobiliser les bûcherons, ils arriveront en fin d'après-midi, une dizaine, guyanais et brésiliens. Ils discutent entre eux tout en mangeant une gamelle de riz que nous leur avons préparée. Nous organisons avec eux la recherche dans cette forêt qu'ils connaissent bien : ils se répartiront par groupes de deux hommes, chaque groupe armé d'un seul fusil ; nous convenons d'un signal, un coup de feu : retrouvée saine et sauve ; deux coups : retrouvée blessée ; trois coups : retrouvée morte. Certains de ces ouvriers bûcherons ont un fusil et des cartouches.
Georges et Papillon ont patrouillé la forêt toute la journée.
La nuit tombe, les recherches ont été vaines… nos bûcherons dormiront dans l'un des carbets.
Fanchon manque depuis 48 h.

Le troisième jour, au lever du soleil, Georges et Papillon reprennent leurs recherches dans la forêt ; nos forestiers partent au-delà de la zone déjà explorée.
En fin de matinée plusieurs camions arrivent, 80 légionnaires nous rejoignent. Je leur explique clairement la situation, comment Fanchon est vêtue, ce qu'elle a emporté, et je leur donne quelques informations sur ses habitudes de travail. Ils s'alignent tous de front, à 1,50 m l'un de l'autre, et avancent lentement.
Le temps passe. Nous sommes de plus en plus angoissés…
Deux légionnaires arrivent en courant vers moi et m'annoncent « on a trouvé un indice ; le voilà, qu'en pensez-vous ? » - Il s'agit, hélas, d'un de mes lacets, perdu quelques jours auparavant ; je leur montre ma chaussure, lacée avec une ficelle… Déception.
Tard dans l'après-midi, nous entendons un coup de fusil ; ou y en a-t-il eu plusieurs ? Henri et moi avons été incapables de compter, trop stressés.
Nous filons en direction du coup de fusil ; arrivés sur la piste carrossable, que voyons-nous ? Fanchon, à 200 m, encadrée par les deux bûcherons qui l'avaient retrouvée. Je cours vers elle, nous tombons dans les bras l'une de l'autre. Elle est fatiguée, mais saine et sauve.
Nous sommes toutes les deux très émues ; trop émues pour ressentir la fatigue de l'angoisse vécue.

Nous sommes envahis par une sorte d'ivresse joyeuse. Nous dansons presque tout au long de la petite trace qui mène au camp.

Je lui offre un grand gobelet d'eau fraîche et lui prépare un bol de couac arrosé de la sauce d'une petite boite de maquereaux au vin blanc : un mets de choix ! Elle engloutit son repas en riant ! Quel gueuleton !
Nous félicitons et remercions les deux bûcherons, heureux de l'avoir retrouvée.
Nous partageons entre tous les bûcherons le peu d'argent que nous avons sur nous, et les provisions qui nous restent, puis ils repartent vers le chantier forestier où ils travaillent.
Nous remercions les légionnaires qui nous quittent, heureux eux aussi de ce dénouement.
Réconfortée, Fanchon va prendre un bain à la crique.
Je saute dans ma voiture et file à la gendarmerie de Sinnamary pour annoncer la bonne nouvelle. A proximité, une petite épicerie ; j'ai la chance d'y trouver une, et une seule, bouteille de champagne. Tous les six, la nuit venue, nous nous partageons la bouteille en riant comme des gamins. Quelle fête !

Albert. Une aventure qui se termine bien. Mais que lui était-il arrivé ?

Aline. Tard ce soir-là, nous sommes tous assis sur les troncs qui nous servent de bancs, Fanchon raconte.
- « J'ai perdu mes repères en prenant des macrophotos, à genoux dans la litière ; au bout d'un moment, j'ai voulu revenir au campement, après avoir marché un temps, je me suis aperçue que j'étais dans une mauvaise direction, je ne me souvenais plus du chemin que j'avais pris à l'aller ; j'ai décidé : « je m'arrête là où je suis, et j'attends ». J'avais confiance en vous. »
- « Tu avais du matériel dans ton sac ? »
- « J'avais en tout et pour tout mon matériel photo et un ouvre-boite ; mais pas de boite à ouvrir ; et un grand sac poubelle destiné aux échantillons pour l'herbier ; rien à boire, rien à manger ; après avoir appelé, appelé, je me suis glissée dans le sac poubelle, au pied d'un grand arbre et j'ai essayé de dormir. Hier matin, j'ai appelé ; j'entendais bien vos appels et j'y répondais ; impossible de savoir d'où ils venaient. Tu sais que dans une forêt dense, le son se répercute dans les frondaisons sans qu'on puisse en repérer l'origine.
J'ai passé une deuxième nuit dans mon sac et j'ai appelé, appelé…
J'ai pu au moins me désaltérer en léchant, le matin, les gouttes de rosée au bout des feuilles ; mais rien à me mettre sous la dent. Et j'ai

attendu, attendu… Vous connaissant, je savais que vous n'alliez pas m'abandonner, je ne me suis pas découragée. Enfin dans l'après-midi, j'ai entendu des voix d'hommes, j'ai crié, crié, ils m'ont répondu, ils m'ont rejointe rapidement.
Je vous remercie de m'avoir cherchée et d'avoir eu l'idée d'appeler à l'aide ; merci aux bûcherons qui ont réussi à me trouver, aux légionnaires qui ont fait tant d'efforts pour me sauver. »

Albert. Une aventure dramatique, et une fin heureuse !

Aline. Le lendemain, de retour à Cayenne, j'ai acheté plusieurs cartons de bière que j'ai déposés à la caserne de la Légion.

Albert. Tu m'as dit que des forestiers vous avaient rendu un grand service au cours de la recherche de Fanchon. Qui sont donc ces forestiers ?

Aline. Ces gens sont des ouvriers locaux ou venus de pays voisins, certains sont des Amérindiens qui ont quitté leur village pour gagner un peu d'argent. Ils travaillent et vivent en forêt, loin de tout, pendant des mois.

Albert. Ils trouvent probablement des conditions de vie (et de salaire) meilleures que dans leur pays. En dehors du manioc qu'ils apportent avec eux, de quoi se nourrissent-ils, de gibier ?

Aline. Oui, ils chassent et ils pêchent. Les ressources végétales alimentaires sauvages, dans la forêt, sont presque nulles.

Albert. Durant des centaines de milliers d'années, l'homme a tué pour se nourrir, il le fait encore aujourd'hui. Comment capturent-ils le gibier dont ils se nourrissent ?

Aline. Certains d'entre eux ont un fusil et des cartouches ; mais par souci d'économie, et pour éviter le bruit des coups de feu, qui pourraient effrayer les animaux, il leur arrive de pratiquer les méthodes traditionnelles : en particulier celles mises au point de très longue date par les Amérindiens ; ils utilisent des plantes toxiques pour capturer le gibier et les poissons.

Pour chasser à l'arc, on enduit les flèches de substances paralysantes, à action de « curare » ; le curare empêche les muscles de se contracter, il tue par arrêt respiratoire. Il a l'avantage d'agir très rapidement (30 à 60 secondes). La substance curarisante est dégradée relativement vite dans l'organisme, elle est active pendant environ 6 à 12 minutes ; si la dose reçue par le gibier a été trop faible, l'animal retrouve sa vitalité.
Pour obtenir un tel poison de flèche, on emploie la sève d'une grande liane ligneuse, l'« ourari » (*Strychnos toxifera*, Loganiacée). Note que, en dépit de son nom, il ne contient pas de strychnine, mais le suc tiré de cette plante paralyse les muscles et entraîne la mort. La chair du gibier peut être consommée, elle n'est pas toxique.
Si on veut capturer des poissons dans une rivière, on pratique la « nivrée » : on immerge des rameaux écrasés de « nivrée mâle » (*Lonchocarpus chrysophyllus,* Fabacée Faboidée), grande liane ligneuse, dont la sève diffuse dans l'eau : les poissons intoxiqués surnagent ; ils sont consommables par les animaux à sang chaud et donc par les humains. La substance active, la roténone, est toxique pour les animaux à sang froid.
Le courant de la rivière dilue rapidement la substance toxique qui devient peu à peu inoffensive.

Chapitre 3

A l'autre bout du monde

Le naturaliste acquiert, par son expérience et par ses lectures, une bonne connaissance générale de la vie animale et végétale dans la nature sauvage. Malgré son savoir, l'observation des particularités biologiques de plantes ou d'animaux australiens, est toujours pour lui un émerveillement.

Aline. Habitué à explorer le monde du vivant, le naturaliste rencontre des végétaux ou des animaux, qui, même s'il ne les avait encore jamais vus, en évoquent d'autres qu'il connaît. La nature est pour lui un livre ouvert ; si l'objet de son étude n'est pas sur la « page » qu'il lit, il trouvera quelques renseignements sur une « page » voisine.

Albert. Oui, mais c'est faux lorsque notre naturaliste arrive en Australie !
Il y découvre des formes de vie inattendues, certaines presque aussi anciennes que la vie elle-même, d'autres étonnantes par l'étrangeté et l'efficacité de leurs adaptations.

Une nature surprenante

Aline. L'Australie, peu connue des Européens, trop loin, trop grande, est un pays presque mythique pour les naturalistes ; tous les trois, Claudie, toi et moi, nous y avons fait sept séjours, totalisant une dizaine de mois.
En 2004, pour chacun de nous c'est le premier contact avec l'Australie. A la descente de l'avion, à Perth, dans le Sud-Ouest de l'Australie, nous montons dans la voiture de location retenue depuis la France et nous engageons sur la route qui longe la piste.

Première rencontre : parmi des massifs d'arbustes fleuris, de grandes pelouses où picorent des dizaines de beaux oiseaux, plus gros qu'un pigeon, rose vif et gris pâle ; leur tête porte une crête de plumes érectiles, rose clair. Nous arrêtons la voiture et je m'approche doucement : les oiseaux s'éloignent un peu, sans s'envoler. Je saurai plus tard que ce sont des « cacatoès rosalbins » appelés ici « galah » (*Eolophus roseicapilla*), espèce abondante en Australie, familière avec l'homme.
Les plantes décoratives de l'aéroport sont toutes des espèces d'origine locale. Les buissons, les plantes fleuries, sont nouveaux pour nous, impossible de mettre un nom ... Il nous faut nous procurer rapidement un ouvrage de botanique sérieux.

Albert. Disons tout de suite que le comportement des Australiens à l'égard des animaux et des plantes est en général bien différent du nôtre, dans nos pays de civilisation ancienne. Il semble que le respect de la nature soit une préoccupation majeure pour bon nombre d'Australiens, qui, depuis un demi-siècle peut-être, ont pris conscience de l'originalité et de la richesse de leur patrimoine vivant. De fait, on peut rencontrer, observer beaucoup d'animaux et de plantes sauvages dans la nature.
La richesse biologique de ce pays a conduit les pouvoirs publics à établir une législation stricte en matière de protection de la flore et de la faune.
Sais-tu que l'Australie dispose de plus de 500 parcs nationaux, dont 14 font partie du patrimoine mondial de l'humanité ?
La chasse est réglementée et limitée sur tout le continent australien.

Aline. Au long de notre route, nous découvrons un petit arbuste arrondi, haut de 1 m au plus, constellé de boules de fleurs roses ; tu me demandes son nom, j'avoue que je ne reconnais même pas la famille à laquelle il appartient, la flore locale est tellement différente de celle de tous les autres pays. Je saurai plus tard que le petit arbuste est un *Pimelea rosea* (Thyméléacée).
Au cours des semaines suivantes, à l'aide de livres achetés en librairie, nous apprendrons à identifier bon nombre de plantes et d'animaux qui ne vivent nulle part ailleurs. La flore australienne est majoritairement endémique, et aussi inattendue que le sont les kangourous chez les mammifères ; certaines fleurs, souvent spectaculaires, ne ressemblent à aucune autre : des herbes banales dans la plupart des pays ont ici des parentes hérissées d'épines...

Nous apercevons un buisson massif de grands arbustes qui peuvent atteindre jusqu'à 10 m de hauteur ; leurs fleurs sont groupées en gros épis dressés en forme de pomme de pin, d'un bel orange : c'est une Protéacée ; cette famille compte en effet 2 000 espèces, principalement des arbres et arbustes de l'hémisphère austral. Ce bel arbuste est *Banksia prionotes* ; entre les fleurs tassées circulent des fourmis.

Albert. L'Australie est tellement riche en plantes et en animaux ! Son passé géologique et climatique a contribué à cette richesse et à l'originalité de sa faune et de sa flore. La diversité a pu se développer et se maintenir grâce à l'immensité du continent : 15 fois la France. Sa population n'est que de 24 millions d'habitants, contre 64 millions pour la France. En résumé : 3 habitants au kilomètre carré en Australie, contre 122 en France.
Dans les campagnes australiennes, la moindre propriété s'étend sur de nombreux hectares. Dans ces immensités peu habitées, il y a beaucoup d'animaux et de plantes souvent étranges qu'on ne trouve nulle part ailleurs, et tellement différents des nôtres.
Il existe probablement plus de 20 000 espèces de plantes à fleurs, spontanées, originaires d'Australie. En comparaison, la flore de France ne compte que 6 000 espèces environ, dont un millier d'origine étrangère.
Nous avons découvert de nombreux animaux sauvages que nous n'avions jamais vus. Ils sont, pour la grande majorité, endémiques.

Aline. En Australie, les kangourous, « mammifères marsupiaux », sont des animaux emblématiques. Les femelles portent une poche ventrale destinée à héberger le bébé dans sa première phase de développement à l'air libre.

Albert. Avant l'arrivée de l'homme sur le continent australien, les seuls mammifères placentaires étaient des chauves-souris et des rats, dont les ancêtres étaient arrivés en Australie il y a quelques millions d'années seulement. Mais il y avait déjà aussi des marsupiaux qui se sont diversifiés, ils ont adopté des modes de vie divers, adaptés à différents milieux : il y a 157 espèces de marsupiaux en Australie. Hors de l'Australie, quelques espèces existent en Amérique et en Nouvelle-Guinée.
A côté des grands kangourous qui mesurent 2 mètres, d'autres marsupiaux pèsent à peine plus de 4 grammes (comme le Long-tailled

Planigale, *Planigale ingrami*), certains vivent dans les arbres, comme le koala (*Phascolarctos cinereus)*, d'autres creusent des terriers, comme le wombat commun *(Vombatus ursinus)*.
Massif et court sur pattes, long d'un mètre, le wombat pèse jusqu'à 40 kg ; il peut cependant courir à plus de 40 km/h ; crépusculaire et nocturne, il vit en solitaire ; il se nourrit de végétaux et n'hésite pas à les déterrer pour trouver des tubercules ; il s'abrite dans de larges terriers qui peuvent atteindre 20 m de longueur. Sa poche ventrale s'ouvre vers l'arrière afin que la terre n'y pénètre pas lorsqu'il creuse un terrier. Animal puissant, le wombat est cuirassé ! Une plaque osseuse située sous la peau protège son postérieur des attaques de prédateurs.

Les reptiles sont particulièrement nombreux et diversifiés, on connaît près de 200 espèces de serpents en Australie, dont 150 venimeux ; sur les 25 serpents les plus dangereux au monde, 21 sont australiens. Parmi les reptiles, les crocodiles présentent aussi un réel danger ; le crocodile marin (*Crocodylus porosus*) du nord de l'Australie atteint 7 mètres de longueur et peut peser une tonne… il est connu comme « mangeur d'hommes » et peut courir à près de 30 km/h.

Les oiseaux aussi se sont diversifiés en Australie au cours du temps ; il y en aurait aujourd'hui environ 775 espèces, sur 11 000 connues dans le monde. L'émeu, un oiseau qui ne vole pas, atteint 2 m de hauteur et peut peser jusqu'à 40 kg ; il est le deuxième plus grand oiseau du monde derrière l'autruche, africaine.
Un autre oiseau géant qui ne vole pas, le casoar (*Casuarius casuarius*) habite les forêts humides et chaudes du Queensland, en bord de mer au nord de l'Australie. Il vit aussi en Papouasie-Nouvelle-Guinée. Le mâle porte un « casque » surélevé et une « cravate » rouge sur son cou bleu ; haut de 1,75 m, d'un poids de 75 kg, c'est un animal agressif, ses pattes sont terminées par 3 doigts, l'un d'eux porte une griffe longue de 10 cm, aussi dangereuse qu'un poignard. Il est aujourd'hui menacé de disparition.
Les oiseaux multicolores sont légion. Gros ou petits, et bien que sauvages, beaucoup semblent rechercher la compagnie de l'homme, peut-être parce qu'ils trouvent facilement de la nourriture près des habitations où l'homme les nourrit volontiers.
Tous les oiseaux sont protégés en Australie, mais certains sont parfois tués illégalement comme « nuisibles », par des cultivateurs qui se plaignent des destructions qu'ils causent.

Aline. Autour du bungalow en pleine forêt, où nous habitions dans le Sud-Australien, les cris, piaillements, sifflements commencent avant le jour. Les galahs roses et gris nous attendent tous les soirs ; ils viennent chercher des graines de tournesol ou de millet que nous leur donnons sur la terrasse, dès notre retour au chalet.
Les « rainbow lorikeets » (« loriquets à tête bleue », *Trichoglossus haematodus)*, multicolores au visage bleu, se précipitent par dizaines autour de nous sur la terrasse, se perchent sur nos épaules, nos bras, nos cheveux : ils réclament de la nourriture…
Un grand « western corella » (« cacatoès laboureur », *Cacatua pastinator*) quémande une gourmandise ; il atteint presque 40 cm de hauteur ; blanc ombré de rose sur la poitrine, yeux cerclés de bleu.
Des « kookaburras » (« martins-chasseurs », *Dacelo novaeguineae*) blancs à dos roux, munis d'un formidable bec pointu, viennent arracher les lambeaux de viande qu'on leur offre du bout des doigts, ils vont même jusqu'à tenter d'engloutir le doigt entier !
Des perroquets aux vives couleurs sont attirés par les graines que nous distribuons : des « king parrots » (« perruches royales », *Alisterus scapularis*) ; des « crimson rosella » (*Platycercus elegans*).
Un couple d'« australian magpie » (« cassicans flûteurs », *Gymnorhina tibicen*), noir et blanc, audacieux, ne se gêne pas pour entrer dans notre bungalow, et voler quelques biscuits. Posé sur la rambarde de la terrasse, le mâle dresse la tête et se met à gazouiller de douces mélodies. Malgré une certaine ressemblance, l'australian magpie n'est pas un corbeau.
Devant une maison, un couple de « sulphur-crested cockatoos » (« cacatoès à huppe jaune », *Cacatua galerita*), se nourrit en… tondant la pelouse.
Il n'est pas étonnant que les oiseaux soient si familiers, ils ont confiance en l'homme : la chasse est interdite dans la région.

Albert. Même des oiseaux sauvages, qui vivent en pleine forêt, ont parfois un comportement familier ; souviens-toi de ce martin-chasseur, le kookaburra, qui t'a privée de déjeuner !

Aline. Nous étions dans cette forêt où des botanistes avaient eu la chance de découvrir l'Orchidée à fleurs souterraines, le *Rhizanthella*, que nous n'avons pas trouvé. Il pleuvait sans discontinuer. La lassitude de la journée avançait. Nous avions décidé, malgré le mauvais temps, de nous arrêter pour casser la croûte, assis sur un tronc couché, pourri,

gorgé d'eau. Chacun de nous disposait d'un morceau de pain et d'une sardine à l'huile.
Soudain un gros kookaburra s'abat sur mon épaule gauche ; ses pattes griffues glissent sur mon blouson mouillé, s'agrippent un instant à mon poignet tandis que son grand bec pointu s'empare de MA sardine… et il s'envole !
J'ai mangé mon pain sec.

Albert. Nous nous sommes beaucoup amusés à observer les oiseaux, mais nous avons aussi découvert d'autres animaux. C'est, par exemple, dans l'extrême sud-ouest de l'Australie, dans la région de Margaret River, que nous avons eu la surprise de découvrir des écrevisses bleu-noir dans l'eau claire d'une petite rivière : des « smooth marrons » (*Cherax cainii*). La répartition de l'espèce est très limitée : la pêche dans les rivières est strictement contrôlée. Les « marrons » sont élevés et commercialisés, c'est un mets recherché, aussi délicieux que nos homards.

Aline. L'aquaculture est suffisamment développée dans la région de Margaret River pour que des œuvres d'art soient créées à l'image des « marrons » ; on voit d'immenses représentations d'écrevisses au bord des routes !
Autre richesse australienne : depuis 1788 la vigne est cultivée en Australie. La région de Margaret River est célèbre pour ses vins : elle compte plus de la moitié des meilleurs crus d'Australie ; on y cultive plus de 120 vignobles de renommée mondiale. En 2018, l'Australie a produit 1,3 milliard de litres de vin, soit le tiers de la production française.

Albert. Il n'y a pas que la vigne : l'Australie est connue pour ses élevages de bétail ; dans d'immenses pâturages, de grands troupeaux de vaches et de moutons.

Aline. A propos de vaches et de moutons, tu sais certainement ce qui est arrivé aux Anglais lorsqu'ils se sont installés en Australie, ils ont importé des vaches et des moutons en grand nombre ; hélas peu après leur arrivée, le bétail mourait de faim : il ne trouvait rien à manger dans le bush verdoyant… et pour cause. Les « herbes » australiennes du bush ne sont pas comestibles pour nos herbivores, seuls les kangourous et certains oiseaux en consomment. En effet, les herbes des prairies

européennes sont essentiellement des graminées, appréciées et bien digérées par le bétail ; en revanche, les herbes du bush forment de grosses touffes, raides, que le bétail importé d'Europe ne peut ni brouter ni digérer. Les « herbes » du bush appartiennent à des groupes différents, Cypéracées, Lomandracées ou Centrolépidacées par exemple.
Beaucoup de ces plantes à allure d'herbes sont piquantes, c'est aussi le cas des rares graminées du bush qui forment des touffes de longues épines dressées : *Triodia irritans* (dite « herbe porc-épic ») ou *T. pungens*, sont redoutables ; elles poussent entre les buissons qui portent, eux-mêmes, des feuilles épineuses raides et coriaces.
Les éleveurs ont analysé le problème et compris rapidement pourquoi le bétail mourait... de faim ; ils ont détruit systématiquement la végétation indigène, ont labouré le sol et semé des graines d'herbes des pâturages anglais, qui ont poussé sans problème.

Albert. Aujourd'hui, nous prospectons le bush sauvage, où le bétail ne pâture jamais. Nous y découvrons des Orchidées en fleurs, nous les photographions dans leur environnement, plante entière et détails des fleurs, en macrophotographie. Ces images nous permettront de les identifier à l'aide de nos livres.
Nous marchons le long de la route, près d'une carrière.

Aline. Claudie admire une touffe de *Diuris corymbosa*, Orchidée aux belles fleurs jaune et pourpre, chacune portant deux grands pétales colorés, dressés ; deux longs sépales étroits, raides et vert brunâtre, pendent, d'où le nom de « *Diuris* », « deux queues ».
Je découvre alors une étrange petite chose, juste au bord du goudron de la route : une fleur, est-ce vraiment une fleur ? Elle a quatre lobes maigres, étroits, rabattus vers le bas et un cinquième, dressé ; en son milieu trône un petit insecte poilu et brun – un insecte, vraiment ?

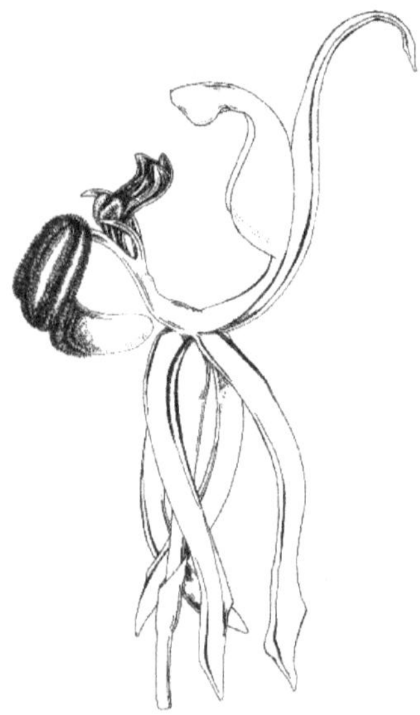

Fig. 19. La fleur étrange d'une petite Orchidée : *Caladenia barbarossa.*
Largeur de la fleur : 12 mm.
ARR. del.

Je me mets à genoux pour mieux voir ; la fleur est celle d'une Orchidée, *Caladenia barbarossa.* Le pseudo-insecte, c'est le labelle de sa fleur : une langue couverte de poils bruns qui porte une grosse glande noire, brillante, qui émet des odeurs attractives pour les pollinisateurs.
Je m'installe pour photographier le petit *Caladenia barbarossa*, il en vaut la peine.

Albert. Pendant ce temps, je découvre une belle grande Orchidée sur le talus, *Pterostylis recurva*, haute de 60 cm, c'est le plus grand des *Pterostylis*, il porte 3 à 4 fleurs en forme de cruche à eau, dressées, finement rayées alternativement de blanc, de vert et ombrées de pourpre.
Je veux la photographier, bien sûr. Je me mets à genoux et vise la fleur. Au moment d'appuyer sur le déclencheur, je tressaute… un vacarme effrayant, que se passe-t-il ?

Aline. Je sursaute aussi, un puissant grondement sourd se rapproche ; le sol vibre. Le bruit devient assourdissant ; un bruyant coup de trompe retentit. Dans un nuage de poussière, un énorme tracteur surgit, qui tire trois remorques pleines de minerai ; nous protégeons nos appareils photo de notre mieux contre la poussière et les gravillons qui crépitent. Nous cachons nos visages dans le creux de nos bras.
C'est un « road-train », train routier long de plus de 50 m, il passe à 1,50 m de nous, à 100 km/h au moins.
La poussière retombe peu à peu et nous nous remettons à nos photos.

Albert. Sur la route qui traverse l'immense désert rouge du centre de l'Australie, et seulement sur cette route, longue de 3 000 km, qui relie Adelaïde au sud à Darwin au nord, circulent des road-trains composés de 3 à 7 remorques ; les road-trains peuvent rouler à 110 km/h en transportant 200 tonnes de minerai ou de carburant, 180 vaches ou 700

moutons. Tu sais qu'à pleine charge il leur faut entre 1 et 3 km pour s'arrêter en toute sécurité.
Outre cette route, l'outback est aujourd'hui traversé par une voie ferrée.

Le pare-brise des road-trains est équipé d'une grille robuste pour le protéger des cailloux projetés par les roues et... des kangourous qui ont la mauvaise idée de traverser la route en entendant arriver le convoi. Bon nombre d'entre eux sont en effet victimes de ces convois qui ne peuvent pas s'arrêter devant un obstacle inattendu.

Aline. Des Australiens au grand cœur s'émeuvent de l'hécatombe dans bien des régions. Dès qu'un passant aperçoit un kangourou mort sur le bas-côté, il va voir si c'est une femelle et si sa poche marsupiale contient un jeune ; si le « joey » est vivant, et s'il est viable, il le recueille et l'emporte pour l'élever chez lui. On trouve dans le commerce des biberons spéciaux, à longue tétine, et du « lait maternisé bébés kangourous ».
En allant visiter une exposition de fleurs sauvages organisée dans un village, nous avons eu l'occasion de bavarder avec des botanistes amateurs locaux qui connaissaient bien les plantes de leur bush. Nous y avons rencontré des dames dévouées qui avaient sauvé des petits kangourous d'une mort certaine, en les élevant au biberon. Ils étaient enveloppés dans des couvertures, couchés dans des paniers à linge, entourés de soins vigilants.

Albert. Les sauveteurs de ces animaux emblématiques disposent de grands espaces pour relâcher les jeunes qu'ils ont élevés, ils y vivront en liberté et resteront familiers avec leurs amis humains. Nous en sommes témoins.

Aline. En effet, nous logions dans un chalet en pleine nature, les propriétaires avaient élevé en semi-liberté, deux jeunes femelles orphelines, Trixie et Blaxie ; Trixie était accompagnée de son petit qu'elle avait eu avec un père « sauvage ». Elles couraient dans le bush et s'approchaient du chalet quand elles voyaient que nous avions en main la boite de croquettes « spéciales kangourou » que nous leur offrions. Pain, fruits, sont interdits aux kangourous car ces aliments provoquent des ulcérations de leur bouche, dont ils peuvent mourir.

Albert. Ce sont des animaux curieux, qui ne sont guère craintifs. Il n'est pas rare, dans le bush, que nous rencontrions des kangourous sauvages qui regardent, sans fuir, des humains photographiant des fleurs !
Dotés de pattes arrière grandes et puissantes, ils se déplacent par sauts, en prenant appui sur leur queue ; ils posent leurs petites pattes avant sur le sol pour manger des herbes qu'ils mastiquent longuement.
Ces animaux sympathiques sont très particuliers ; ce sont des marsupiaux : le jeune, encore au stade embryonnaire, grandit dans une poche ouverte sur l'extérieur et non dans l'appareil reproducteur de la femelle.

Parmi les marsupiaux, le groupe des kangourous comprend une quarantaine d'espèces d'animaux de grande taille, munis de très longues pattes arrière, ils se déplacent en sautant. La population totale de ces animaux est estimée à 50 millions.
Les populations de certaines espèces prolifèrent tandis que d'autres déclinent ; ces dernières sont parfois menacées de disparition, d'autant plus qu'un million de kangourous sont tués légalement chaque année pour des raisons commerciales, ils proviennent de la nature ou d'élevages d'animaux de boucherie. On peut acheter leur viande dans les boucheries, elle figure sur les menus de nombreux restaurants.
Un nombre élevé de kangourous sont tués clandestinement, et 200 000 adultes sont tués par des chasseurs, sans raison commerciale, pour le plaisir. Enfin, plus d'un million de jeunes meurent chaque année après la mort de leur mère, tuée par des chasseurs ou par des véhicules.

Tout le monde connaît l'existence de la poche ventrale, poche marsupiale ou « marsupium », nécessaire au développement du jeune.
La gestation ne dure que 4 semaines ; à ce terme, le jeune, qui n'est encore qu'un embryon long de 2 cm, « voyage » en rampant sur une distance de 20 à 30 cm, jusqu'à la poche ; il s'y installe et s'accroche à l'une des 4 tétines qu'il ne quittera pas avant des mois.
Le développement embryonnaire, chez les marsupiaux, est très lent et présente des risques : le petit « voyageur » ne pèse qu'un gramme, ses yeux, ses poumons ne sont pas fonctionnels, il est encore démuni de membres inférieurs…
Des accidents peuvent survenir au cours du « voyage » de l'embryon jusqu'à la poche maternelle.
La composition du lait produit par la mère kangourou évolue au cours du développement du jeune ; il est d'abord riche en sucres, puis riche

en protéines qui favorisent le développement du cerveau, et enfin en graisses nécessaires à l'activité physique. A l'âge de 6 mois, le petit sort sa tête de la poche ; 3 mois plus tard il quitte définitivement la poche dans laquelle il glissera encore sa tête pour téter. Il deviendra indépendant à l'âge de 12 à 15 mois.
La mortalité des jeunes est élevée, compte non tenu de l'activité humaine, en raison des conditions sévères qui règnent dans le bush ; pour pallier cette mortalité, un second embryon s'installe souvent dans la poche, alors que le premier y est encore.
En raison du lent processus de reproduction et de développement des marsupiaux, les kangourous sont très vulnérables face aux mammifères placentaires. C'est l'une des causes des extinctions massives consécutives à l'arrivée des Occidentaux avec leurs animaux d'élevage (moutons), de compagnie (chats, chiens, etc.) et de chasse (lapins de garenne, renards).

Aline. L'Australie est la région du monde où l'Homme a été à l'origine du plus grand nombre d'extinctions animales et végétales. Il a introduit des mammifères placentaires dans ce monde de marsupiaux. Il a aussi tué, sans discernement ni intérêt alimentaire, pour s'amuser ou pour éliminer des prédateurs dangereux, de nombreux marsupiaux tels que le thylacine (*Thylacinus cynocephalus*), appelé aussi « loup marsupial » ou « tigre de Tasmanie » éteint (?), ou le « diable de Tasmanie » (*Sarcophilus harrisii*), en voie d'extinction.
Les plantes aussi ont été victimes de l'arrivée des Occidentaux qui ont détruit la végétation locale pour semer des pâtures artificielles. Malheureusement pour la diversité, les herbes européennes concurrencent aujourd'hui les plantes indigènes souvent menacées d'extinction.
Combien d'espèces d'Orchidées et autres espèces endémiques étranges ont-elles pu disparaître ?

Albert. Oui, hélas, beaucoup d'espèces animales et végétales endémiques sont désormais en danger d'extinction : elles sont devenues très rares car bien des actions humaines perturbent leur biologie et leur cycle de reproduction.

Aline. Et tu oublies la mort violente, de la main des chasseurs, de millions d'animaux inoffensifs tués pour le plaisir, ou par crainte injustifiée.

Albert. Je me souviens de ma première rencontre avec un animal inoffensif, un koala (*Phascolarctos cinereus*). Nous étions dans une région montagneuse des Nouvelles Galles du Sud. Une belle forêt couvrait une pente abrupte, inaccessible, je marchais le long d'une piste sur un talus étroit au bord d'un précipice, j'apercevais, à ma hauteur, des Orchidées en fleurs, accrochées haut dans les arbres. Au détour de la piste, dans un petit arbre… un koala, calmement assis à la fourche d'une branche, à deux mètres de moi ! Je m'arrête et le regarde en lui parlant doucement ; il paraît m'écouter, sans bouger. Fourrure laineuse gris cendré argenté, grandes oreilles rondes poilues, gros nez noir luisant, petites mains préhensiles griffues agrippées à la branche ; fessier rond, sans queue ; il atteint environ 80 cm de hauteur et pèse probablement moins de 15 kg.
Malheureusement, dans un bruit de tonnerre arrive un gros camion-remorque transportant des grumes. « Mon » koala lève la tête et s'enfonce dans la forêt.
Autrefois chassés pour leur fourrure, ils ont failli disparaître mais sont désormais rigoureusement protégés, quelle que soit la forêt où ils vivent ; en outre de vastes réserves ont été délimitées. Ils vivent dans les arbres dont ils ne descendent que rarement ; actifs pendant la nuit, ils dorment beaucoup, jusqu'à 20 heures par jour. Ils ont une bonne vision nocturne ; de jour, la pupille de leurs yeux est une fente verticale. Les koalas n'ont jamais eu de prédateurs naturels, ils ne craignent plus l'homme.

Aline. Nous en avons vu un bon nombre dans une forêt classée en réserve.
Comme les kangourous, ce sont des marsupiaux, les mères sont donc munies d'une poche ventrale dans laquelle les petits, qui pèsent un demi-gramme à leur naissance, restent 6 à 7 mois. Ensuite le « joey », comme on l'appelle, reste avec sa mère qui le transporte, accroché à la fourrure de son dos ; il joue près d'elle comme un trapéziste, la tête en bas, suspendu par une patte.
Durant le jour, les koalas ouvrent de temps en temps un œil pour manger quelques feuilles d'*Eucalyptus*, leur seule nourriture, plante toxique pour tous les autres animaux et l'homme : l'eucalyptol que renferment les *Eucalyptus* est proche du cyanure ; eux seuls tolèrent cette toxicité. En outre, les feuilles d'*Eucalyptus* sont très pauvres en nutriments, ils doivent en manger beaucoup pendant tout le temps où ils ne dorment

pas : le koala dévore facilement un kilo de feuilles d'eucalyptus par jour, pendant les 4 heures où il est éveillé !
Leurs mouvements sont lents, peut-être en raison d'un manque d'apport énergétique suffisant. Parmi les 800 espèces d'*Eucalyptus*, le koala choisit celles qui contiennent une faible concentration en eucalyptol.
Plusieurs substances toxiques des *Eucalyptus* ont des propriétés thérapeutiques. L'eucalyptol, contenu dans l'huile essentielle de certaines espèces d'*Eucalyptus* justifie, malgré sa toxicité, son utilisation en phytothérapie ; il est surtout employé pour lutter contre des pathologies respiratoires.

Tasmanie, dernier refuge

Albert. Une autre année, nous trois, Claudie, toi et moi, avions décidé d'aller découvrir la Tasmanie.
Situé entre l'océan Indien et la mer de Tasman, cet Etat australien, à 200 km au sud-est du continent, est à 17 000 km de chez nous ; il comprend l'île de Tasmanie et un millier de petites îles. La superficie de l'île principale est de 60 600 km^2, soit deux fois celle de la Belgique ; plus d'un tiers de l'île est classé en réserves naturelles, parcs nationaux et sites du patrimoine mondial de l'UNESCO ; elle se situe à la même latitude que le sud de l'Argentine. La Tasmanie fait face au continent antarctique situé à 4 600 km ; son climat océanique est très pluvieux : la pluviométrie annuelle, sur son massif occidental, dépasse 2,50 m. En été (décembre-janvier), la température maximale n'excède guère +20 °C ; en hiver (juin-juillet), elle descend à +4 °C, en raison des fronts froids de l'Océan Glacial Antarctique.
Des espèces disparues du continent australien ont pu subsister dans l'île de Tasmanie grâce à son isolement

Nous habitons un chalet appartenant à des fermiers charmants, sur la côte nord de l'île, près de son extrémité orientale.
Notre hôte, Tony, nous propose de nous emmener voir les ornithorynques (étym. : « bec d'oiseau ») (*Ornithorhynchus anatinus*) ; les Tasmaniens l'appellent « platypus » (étym. : « pied plat »).

Aline. Quelle chance ! Ce sont des animaux si étranges qu'ils en sont presque mythiques.
Quand le premier fut découvert par les Européens en 1798, le gouverneur de Nouvelle-Galles-du-Sud en fit envoyer une peau et des dessins en Grande-Bretagne. Les scientifiques britanniques furent d'abord persuadés qu'il s'agissait d'un canular : ils pensaient qu'on avait cousu un bec de canard sur la fourrure d'un animal ressemblant à un castor, ils essayèrent, en vain, de trouver les points de couture.
Et la surprise de ces scientifiques aurait été plus grande s'ils avaient pu supposer que cette drôle de bête poilue pondait des œufs, ce sont en effet des« monotrèmes », ce qui n'a été prouvé que près d'un siècle plus tard !

Albert. Ces animaux sont crépusculaires et nocturnes, discrets, farouches même.
Nous suivons Tony un soir, nous traversons silencieusement une grande prairie au fond de laquelle coule l'eau claire d'une petite rivière que nous longeons à pas de loup. Nous nous arrêtons à un coude. Attente en silence, dans la nuit qui tombe. L'eau coule doucement, sans rides.
Tony fait un geste du doigt ; un petit dôme sombre avance sur l'eau, précédé d'une vaguelette : la tête d'un ornithorynque ; il passe devant nous, puis disparaît dans l'ombre.
Peu après, une deuxième petite tête apparaît, puis le dos. On aperçoit son museau, ses pattes antérieures palmées brassent doucement l'eau. Il disparaît, la nuit est tombée.
Tony nous parle longuement de cette bête étrange. Queue comprise, l'ornithorynque mesure entre 30 et 40 cm et pèse jusqu'à 2,5 kg. Son bec bleuté, semblable à celui d'un canard, est dur et coriace ; sa queue plate comme celle d'un castor est riche en graisse, une réserve énergétique nécessaire en eau froide. Le mâle porte, aux pattes postérieures, un aiguillon venimeux long de 12 ou 15 mm dont la piqûre provoque un gonflement douloureux susceptible de durer plusieurs mois ou de paralyser une jambe humaine ; le venin peut même tuer un chien. L'ornithorynque l'utilise à l'époque de la reproduction, lors des batailles avec d'autres mâles, pour la conquête d'une femelle.
L'ornithorynque est le seul mammifère venimeux.

Aline. Sa fourrure conserve un film d'air qui l'isole du froid : en Tasmanie la température de l'eau des rivières peut descendre à +5 °C.

L'ornithorynque passe la majeure partie de son temps dans l'eau, sauf quand il couve ; il peut rester jusqu'à 5 minutes en apnée, en effet, les hématies de son sang contiennent une forte quantité d'hémoglobine, donc une réserve d'oxygène, et quand l'animal plonge, son cœur ralentit pour économiser sa consommation d'oxygène.
Il creuse dans la berge des terriers qui peuvent atteindre 20 m de longueur ! L'entrée, dissimulée dans un buisson, est à une trentaine de centimètres environ au-dessus de la surface de l'eau : le tunnel, horizontal, mène à une chambre non inondable.

Albert. Il se nourrit de petits animaux aquatiques.
Lorsqu'il nage, il est sourd et aveugle dans l'eau, il peut cependant chasser, de jour comme de nuit, grâce à des électro-récepteurs très sensibles situés dans la peau de son bec, un véritable 6e sens. Les monotrèmes sont les seuls mammifères à être dotés du sens de l'« électrolocalisation » (dit aussi électrolocation, ou électroperception) : cette faculté permet de percevoir des champs électriques.
Cette capacité originale ne peut se comparer à l'« écholocation » pratiquée par d'autres mammifères, comme les chauves-souris ou certains cétacés, qui émettent un signal sonore et captent son écho après que le signal a heurté un obstacle. Cependant, l'électrolocalisation n'implique aucune émission, ni sonore, ni électrique, de la part de l'ornithorynque ; en effet il détecte le champ électrique produit par les contractions musculaires des proies. On pense qu'il peut déterminer la direction de la source du signal en comparant les variations d'intensité perçues selon l'orientation de son bec.

Aline. La femelle pond 1 à 3 petits œufs arrondis, d'un diamètre de 1 cm environ, à « coquille » souple, flexible comme celle des œufs de reptiles. Elle couve couchée sur le dos au fond de son terrier ; elle a posé ses œufs sur son ventre et les couvre de sa queue. Elle veille à les maintenir humides faute de quoi la coquille pourrait se déchirer. A l'éclosion, le jeune est une sorte de petite larve rose qui pèse un demi-gramme. Cette petite larve rampe sur le ventre de sa mère, dépourvu de poche. La mère allaite ses petits en produisant du lait par des glandes, simples pores dans la peau : ses petits lèchent le lait qui suinte à la base des poils. Elle les protège de ses pattes postérieures et de sa queue.

Au retour de notre promenade vespérale, nous remercions Tony qui complète nos informations.
L'ornithorynque n'a ni poche ni mamelles, ce n'est donc pas un marsupial, c'est un « monotrème ».
Les monotrèmes sont toutefois des mammifères : ils sont homéothermes (à sang chaud), portent des poils et allaitent leurs petits ; mais… ils pondent des œufs et sont munis d'un cloaque comme les reptiles et les oiseaux.

Albert. Ils ont donc des caractères d'animaux très anciens.

Aline. On a découvert le fossile d'un monotrème dans des roches anciennes d'Amérique du Sud ; ces animaux existaient donc déjà sur l'ancien continent du Gondwana qui s'est dissocié voici 167 millions d'années, se divisant en Australie, Amérique du Sud et Antarctique. On a découvert des fossiles de l'ornithorynque actuel, vieux de 100 000 ans.

Le groupe des monotrèmes n'est, actuellement, représenté que par l'ornithorynque et quatre espèces d'échidnés, dont une seule présente en Australie ; les trois autres échidnés vivent en Nouvelle-Guinée. La femelle des échidnés pond un seul œuf qu'elle dépose aussitôt dans un repli ventral temporaire qui apparaît seulement au moment de la ponte et disparaîtra au sevrage. Le jeune se nourrit du lait qui suinte de la peau de la mère, à l'intérieur du repli.
Les échidnés australiens (*Tachyglossus aculeatus*) ne vivent pas près de l'eau, leur pelage est un mélange de poils et d'épines acérées. Animal long de 25 à 35 cm il peut peser jusqu'à 7 kg ; il se nourrit de fourmis et autres petits arthropodes qu'il capture par des mouvements rapides de sa langue collante ; ses deux narines et sa petite bouche sont situées à l'extrémité de son long museau étroit.
En dépit d'une certaine ressemblance, il ne faut pas confondre les échidnés avec les hérissons (*Erinaceus europaeus*), ces animaux sont profondément différents l'un de l'autre, les hérissons sont des mammifères placentaires !
Bien qu'en régression, l'échidné australien est encore répandu sur tout le continent et sur les îles ; selon les régions, il présente plusieurs « formes » qui se distinguent par la disposition et la longueur des épines.

Albert. La Tasmanie s'est séparée du continent australien il y a 150 millions d'années… Des plantes et des animaux, endémiques de cette île, sont peut-être des survivants d'époques lointaines ; certains animaux hors du commun, comme l'ornithorynque (monotrème) ou le diable de Tasmanie (marsupial), n'existent plus ailleurs.
Les mammifères tasmaniens sont des marsupiaux et des monotrèmes. Trois espèces de marsupiaux, tous nocturnes et carnivores, n'existent que dans cette île, mais ils ont vécu autrefois sur le continent australien d'où ils ont disparu après l'installation des Européens et de leur cortège d'animaux prédateurs.

Le diable de Tasmanie (*Sarcophilus harrisii*) est un marsupial, nous l'avons vu de près ; il a la taille d'un petit chien, le poil noir, un demi-collier blanc, une marque blanche sur les reins ; deux petites oreilles dressées et une grosse truffe luisante ; il peut peser jusqu'à 8 kg. Ses fortes griffes lui permettent de grimper aux arbres au temps de sa jeunesse.
Nous en avons vu, au soir tombant, qui dévoraient de l'intérieur des carcasses de kangourous tués, au bord d'une route. D'un chien, il n'a que l'apparence : la femelle est munie d'une poche où ses petits séjournent pendant 100 jours ; sa poche ventrale s'ouvre vers l'arrière, pourquoi ? Les petits sont ainsi protégés de la corruption quand leur mère s'enfonce à l'intérieur d'une carcasse de charogne pour se nourrir !
Le diable joue un rôle important de fossoyeur en éliminant toute trace d'une carcasse, dévorant os et fourrure en sus de la viande et des organes internes. Il mange quotidiennement environ 15 % de sa masse corporelle.
Le diable, disparu d'Australie continentale depuis plusieurs siècles est victime, depuis une vingtaine d'année, d'une maladie mortelle, contagieuse entre individus de la même espèce ; elle se traduit par une tumeur de la face. Le petit diable est désormais menacé de disparition. Cependant des recherches pour éradiquer la maladie sont en cours ; on tente de vacciner le plus grand nombre possible d'individus, avec un certain succès.

Aline. Les immenses forêts de la moitié ouest de l'île sont très humides et difficiles d'accès : il n'y a presque pas de routes. C'est dans cette région que vivait le « tigre de Tasmanie », ou thylacine (étym. :

« poche », c'est un marsupial ; *Thylacinus cynocephalus*) ; il n'a jamais été connu que de Tasmanie. On le considère éteint depuis 1936.
Il est devenu un animal mythique ; certains pensent qu'il serait encore vivant, les pouvoirs publics sont muets… Il a le statut d'animal éteint.
La silhouette du tigre de Tasmanie évoque celle d'un grand chien roux, tigré sur l'arrière-train et la queue ; de la taille d'un loup, il pesait de 20 à 30 kg. C'était un chasseur capable de s'attaquer à des proies plus grosses que lui.
Le dernier thylacine sauvage connu a été tué en 1930 selon les informations officielles… pourtant on aurait filmé un thylacine en 2016 et récemment, plusieurs témoins prétendent en avoir aperçu… dans le nord de l'Australie ; ces informations sont douteuses... Peut-être ne s'agissait-il que d'un grand chien errant.

Albert. Je comprends que pour d'évidentes raisons les pouvoirs publics ne communiquent pas, mais pourrait-il en rester quelques-uns ?

Aline. Mystère… On sait qu'il y a des patrouilles de militaires et de gardes dans la région où il vivait, est-ce un signe ?

Albert. La Tasmanie, verte, fraîche et humide, est bordée de côtes entaillées par de profonds estuaires, de fjords, d'anses ; l'une d'elles nous réservait de bonnes surprises… gastronomiques, t'en souviens-tu ?

Aline. A quelques kilomètres de notre maison de location, sur la rive d'un grand estuaire de l'océan Indien, nous avons découvert un spectacle étonnant : au bord de l'eau claire, sur des kilomètres le long de l'estuaire… des millions d'huîtres (*Crassostrea gigas*) sauvages, réellement… des millions, découvertes à marée basse. Vivantes, plus grandes que la main, fermement empilées et soudées les unes sur les autres, formant des bouquets dressés parfois hauts de plus d'un mètre.
La très grande majorité des Australiens ne mangent pas d'huîtres, nous, si ! Ils ne mangent d'ailleurs presque pas de poisson non plus. Les Australiens sont des mangeurs de viande, de bœuf en particulier, on voit, dans les prés, de grands troupeaux de bovins… Le hors-d'œuvre de notre dîner, tout au long de notre séjour sur la côte était simple, huîtres crues, huîtres cuites… Toutes excellentes.

Albert. Une autre surprise attendait Claudie : elle a rencontré un animal dont elle ignorait l'existence, non pas en Tasmanie proprement dite, mais sur l'île Bruny desservie, depuis la Tasmanie, par un ferry. Nous y arrivons tôt le matin avec la voiture et descendons vers le sud de la petite île qui compte moins de 400 km^2. Située sur la côte sud-est de la Tasmanie, elle est couverte de belles forêts humides.
Toi et moi entrons dans un bois, Claudie reste sur le chemin pour en explorer les bas-côtés qui sont parfois riches en Orchidées rares. Nous observons et photographions quelques Orchidées fort intéressantes : *Acianthus caudatus*, une tige haute de 15 cm, qui porte quelques fleurs brunâtres, de la taille d'un moustique ; *Pterostylis nutans*, dont l'unique fleur, pendante, est en forme de cloche blanc-translucide veinée de vert. Peu de temps après, nous revenons sur le chemin.
Claudie nous interpelle :
« - Je viens de voir un kangourou blanc ».
« - Ben voyons ! Pourquoi pas un brontosaure ou un diplodocus ? »
« - Mais non, je vous assure, je l'ai bien vu ! Il était tout blanc »
« - Mais oui, mais oui… Pourquoi pas un éléphant rose ?»
Nous continuons notre exploration…
Le soir, de retour à la maison que nous avions louée pour le séjour, nous allons rendre visite aux propriétaires, artistes-peintres fort sympathiques avec lesquels nous entretenons des rapports amicaux, ils nous demandent de leur raconter notre journée « - où êtes-vous allés ? »
Nous répondons : « - Bruny Island ».
Notre hôtesse, aussitôt, demande : « - A Bruny, avez-vous vu le kangourou blanc ? »
Claudie répond : « - Oui, un blanc, mais ils ne me croient pas… »
Notre hôtesse ajoute : « - Ah, vous avez eu de la chance de le voir ! Moi, je ne l'ai jamais vu ».
Il y a bien un kangourou blanc, sauvage, un mutant du wallaby de Bennett (*Macropus rufogriseus*), à Bruny Island…
Toi et moi n'avions pas l'air malins.

Aline. Quelques jours plus tard, dans un pré clôturé, nous en avons aperçu plusieurs en élevage. C'est probablement une mutation qui a pu être fixée. Il y en a aujourd'hui qui sautent dans les jardins zoologiques australiens.

Albert. Wallaby ou kangourou, comment les distingue-t-on ?

Aline. Le groupe des kangourous, au sens large, compte 57 espèces représentées par des animaux dont les pattes arrière de grande taille sont adaptées au déplacement par sauts. Les kangourous au sens strict sont regroupés dans le genre *Macropus* (« grands pieds »), groupe au sein duquel on distingue les animaux de grande taille, les « kangourous », de ceux qui sont plus petits, les « wallabies » : kangourous et wallabies sont des noms communs, pratiques dans le langage courant.

Le « kangourou roux » (*Macropus rufus*) est l'emblème de l'Australie ; c'est le plus grand, le mâle pèse jusqu'à 85 kg, sa taille atteint 1,80 m. Il peut faire des bonds de 13 m de longueur, court à la vitesse de 20 à 30 km/h sur de longues distances, et peut faire des pointes à 90 km/h.
Le plus petit des kangourous, le « rat-kangourou musqué » (*Hypsiprymnodon moschatus*) des forêts pluviales du nord de l'Australie, pèse moins de 700 grammes, il grimpe sur les basses branches des arbres.
La plupart des espèces de kangourous sont adaptées aux conditions de vie extrêmes du bush, sécheresse, chaleur, nourriture peu abondante, prédateurs, incendies spontanés ou provoqués… Une autre menace, les dingos, chiens sauvages, et les chiens ensauvagés après leur introduction par l'homme.

Albert. En France aussi il y a des kangourous. Ils vivent en forêt de Rambouillet dans les Yvelines ; ce sont des « wallabies de Bennett », petits kangourous hauts de 1 m et pesant jusqu'à une quinzaine de kilos. Ils ont appris à cohabiter près des humains depuis une quarantaine d'années. Mais pourquoi sont-ils là, me diras-tu ? Eh bien c'est une longue histoire...
Dans les années 70, la réserve zoologique de Sauvage, située dans le village d'Emancé, abritait des kangourous. Mais un jour, ils se sont évadés par une brèche dans le grillage. Depuis ces wallabies se sont reproduits, habitués à ce milieu dans lequel ils trouvent des herbes et des fruits sauvages à leur goût, un climat qui leur convient et ne sont chassés par aucun prédateur. Ils sont aujourd'hui plus d'une centaine…
Les wallabies vivent désormais dans les Yvelines en toute tranquillité, pour le plus grand bonheur des habitants qui les protègent et les nourrissent en hiver, et bien entendu pour satisfaire la curiosité des touristes.
Ces animaux vivent entre 12 et 15 ans. On n'a donc pas fini de les voir sauter dans les Yvelines.

Au milieu de nulle part

Aline. Nous sommes tous les trois en Australie du Sud, en 2006.
Une petite piste traverse une forêt d'*Eucalyptus* ; les arbres, hauts d'une vingtaine de mètres, ont un feuillage dense qui bruisse faiblement au vent. Peu de plantes dans le sous-bois, pourtant je remarque quelques Orchidées ; nous partons prospecter dans des directions différentes : vous deux partez d'un côté de la voiture garée sur la piste et moi de l'autre côté ; rendez-vous à la voiture dans une demi-heure.
Je marche lentement dans la forêt, observant attentivement ici et là ; je m'agenouille devant une touffe de *Diuris orientis,* Orchidée aux fleurs jaune d'or ombrées de pourpre ; voici une belle fleur à photographier... La fleur a deux « oreilles » dressées, ce sont les deux pétales. Deux sépales verts pendent au-dessous ; le troisième sépale s'est faufilé entre les bases des pétales, il s'épanouit comme une ombrelle au-dessus du cœur de la fleur.
Je m'écarte un peu et me penche sur un *Isopogon* (Protéacées), aux fleurs roses rayonnantes qui dominent un enchevêtrement de feuilles divisées, piquantes. Puis je continue mon « exploration » ici et là.
Je ne surveille pas l'heure, trop occupée par l'observation de fleurs et par les photographies que j'en prends ; je ne sais d'ailleurs plus exactement où je suis... Heureusement j'entends votre appel : un bref « ohé », sur un ton aigu qui se propage bien dans la forêt. Je réponds « ohé », range le matériel photo ; j'entends à nouveau « ohé » et je pars en direction de l'appel pour regagner la voiture.
Un autre appel, je presse un peu le pas. Je ne peux pas être loin de la voiture puisque je me suis attardée pour prendre des photos. D'autres appels se succèdent, mais j'ai l'impression que la distance qui nous sépare est de plus en plus grande, pourtant je marche de plus en plus vite en direction de ta voix... Je m'essouffle... Il me semble impossible d'avoir parcouru une telle distance à l'aller, qu'est-ce qui m'arrive ?
Et voilà que j'entends un coup de klaxon dans mon dos, et un nouvel « ohé » face à moi, à l'opposé du coup de klaxon. Je rêve ou quoi ?
Du calme ! Sans aucun doute, j'ai le choix entre deux appels, lequel est le bon ? Klaxon ou « ohé » ? L'un, le klaxon, ne peut venir que de la voiture ; je fais donc demi-tour. L'autre « ohé » s'éloigne peu à peu de moi... J'arrive enfin à la voiture où vous m'attendiez, un peu inquiets.

Je suivais probablement un perroquet qui répétait « ohé » et s'éloignait, d'arbre en arbre, plus vite que je ne marchais.

Albert. Un autre jour, nous sommes partis vers le nord, vers l'Outback, où nous avons pu admirer de superbes oiseaux.

Aline. Nous roulons des heures avant d'atteindre les Flinders Ranges, aux collines hérissées de crêtes qui s'étendent sur 4 200 km^2. La piste de terre longe un petit bois d'*Allocasuarina verticillata* aux fines ramules pendantes, où nous remarquons de nombreux corbeaux noirs, l'« Australian Raven » (*Corvus coronoides*).
Nous roulons lentement pour observer les plantes. Soudain un aigle immense apparaît, le « Wedge-tailed Eagle » (*Aquila audax*), son envergure atteint 2,30 m ; il fonce sur la voiture et virevolte à moins d'un mètre au-dessus du toit ; nous voyons son ventre brun très sombre et ses ailes à extrémité digitée relevée. Soudain un corbeau qui, malgré son mètre d'envergure, semble petit, attaque l'aigle à la tête à plusieurs reprises, en zigzagant. L'aigle s'enfuit en direction du bois d'*Allocasuarina*, à une centaine de mètres ; dès qu'il en atteint la lisière, une meute de corbeaux fond sur lui et le harcèle ; nous découvrons leurs nombreux nids en haut des arbres, ce qui explique leur hargne pour défendre leur territoire et les petits au nid. L'aigle s'élève et disparaît au loin.

Albert. Nous étions curieux de découvrir la nature australienne en partant du littoral sud, pour explorer l'Outback, région aride qui couvre une grande partie de l'Australie centrale ; c'est un semi-désert grand de 800 000 km^2, par comparaison la surface de la France métropolitaine n'est que de 550 000 km^2. On y voit quelques touffes grisâtres, quelques buissons ; entre eux le sol sableux, rougeâtre, est nu.
La diversité des substrats géologiques qui s'échelonnent sur 2,5 milliards d'années, a permis la constitution de gisements miniers de grand intérêt : or, nickel, plomb, fer, manganèse, aluminium, uranium, etc. On y trouve aussi de l'opale et du pétrole. L'exploitation minière est la principale activité économique de cette vaste région.

Aline. Nous continuons notre route en direction de Blinman, à 30 ou 40 km au nord des Flinders Ranges, dernier village avant l'Outback ; nous y avons retenu un cottage, pour y passer deux semaines.

A l'approche du petit village, nous découvrons une foule joyeuse, une quarantaine de personnes peut-être, jeunes, filles et garçons ; notre voiture traverse lentement ce groupe et… nous sommes bombardés de petites boules de pain ; c'est la fête au village, avec sa tradition ! Deux équipes s'affrontent, c'est à celui qui lancera une boule de pain le plus loin.

Albert. L'assistance est très étonnée, heureuse, interrogative, de voir arriver des étrangers chez eux, des Français ; « d'où venez-vous, que faites-vous, combien de temps resterez-vous ? »
Nous bavardons un moment puis on nous invite à aller voir le concours de cuisine aborigène qui met en œuvre les techniques culinaires utilisées par les premiers habitants de l'Australie ; il se tient dans le bush, en lisière du village.
Chaque concurrent a creusé dans le sol un trou profond et large de près d'un mètre, un feu est allumé au fond, entretenu par de grosses bûches qui produisent une masse de braises rouges. Sur ces braises, on pose une marmite en fonte, contenant viande, légumes, aromates. Après une longue cuisson, chaque concurrent présente son plat à un jury, qui décerne un prix. C'est la technique classique encore utilisée aujourd'hui par les gardiens de troupeaux, dans l'Outback, lorsqu'ils ont chassé un émeu, un kangourou ou un chameau.
L'un des concurrents nous hèle, ils sont trois copains qui boivent un verre de vin : « have a drink with us ! ». L'invitation à boire un verre avec eux nous fait plaisir. L'un d'eux porte un béret orné d'une cocarde tricolore : couvre-chef inconnu ici ! Ils ont une bouteille de vin rouge, du Nuits Saint Georges ! Nous trinquons ensemble. Ils nous montrent la page d'une revue australienne donnant la recette du bœuf bourguignon qu'ils sont en train de préparer. Ils savent qu'il faut ajouter du vin à la sauce, ce qu'ils s'empressent de faire ; mais ils n'ont qu'une bouteille, très entamée… Merci messieurs, et bonne chance !

Aline. En arrivant au cottage, le jardin est déjà occupé : une bande d'émeus (*Dromaius novaehollandiae*) au plumage vaporeux batifolent sans se déranger. Il y a papa, majestueux, gris-brun, haut de 2 m, il pèse peut-être plus de 50 kg et nous savons qu'il peut courir à 55 km/h, avec des pointes à 70 km/h. Long cou marqué d'une « cravate » bleu sombre ; c'est le mâle qui a couvé les œufs et s'occupe de ses 10 petits qu'il élève seul. La maman, plus grande et plus lourde que le mâle, s'est contentée de pondre les gros œufs bleu-vert et s'en est–allée–à ses

affaires : nous ne la verrons pas. Elle reste cependant souvent près de sa famille, prête à intervenir violemment, griffes en avant, sur tout intrus pendant que le père couve ; néanmoins ces oiseaux sont pacifiques. Les petits, perchés sur de hautes pattes, portent une livrée rayée de brun et de blanc.
Près du seuil du cottage, un « lézard » pataud et grassouillet, long de plus de 40 cm, large de 8 cm, garde l'entrée ; son corps est couvert de grandes écailles, sa grosse tête est triangulaire et sa queue courte aussi épaisse que son corps, on hésite presque entre sa tête et sa queue, il a une allure bizarre ; c'est un scinque, le *Tiliqua rugosa*. Pour signifier son désaccord de nous voir prendre possession des lieux, il ouvre sa large gueule rose et projette en avant sa langue bleue en signe de menace, ce qui justifie son nom local de « Blue Tongue » ; il n'a pas de dents, il ne cherche donc pas à mordre et s'en va lentement : ses pattes très courtes, terminées par des « mains » à 5 petits doigts, ne lui permettent pas de courir vite.

Albert. Ce scinque, qui ne nous craint pas, viendra chaque jour, en fin d'après-midi, nous rendre visite ; il apprécie les fines tranches de pomme que nous lui offrons du bout des doigts.

Aline. Le cottage isolé où nous sommes installés date probablement du début du 20e siècle ; ni cuisine, ni eau potable, ni salle de bain… Mais, pour notre grand plaisir, une série de livres vieux de plusieurs dizaines d'années : nous y trouvons des éléments de l'histoire de Blinman.
Blinman est une toute petite ville située à l'entrée du grand désert. Sa population totale, en comptant les fermes disséminées, est aujourd'hui en 2006, de 151 habitants, dont seulement 26 dans la ville. On y trouve un petit hôtel bien tenu pour les conducteurs de road-trains, c'est leur dernière étape avant les 2 000 km de l'Outback ; c'est là qu'il y avait le seul téléphone de la région avant l'arrivée des téléphones portables.

Le premier Européen s'est installé ici, au milieu du 19e siècle, pour élever des moutons, sans grand succès d'ailleurs, étant données l'aridité des terrains et l'absence de végétaux appétants pour le bétail. Mais on a rapidement trouvé du minerai de cuivre qui a été exploité pendant une vingtaine d'années, jusqu'à son épuisement ; la mine a employé jusqu'à 1 500 hommes, venus de Grande-Bretagne, logés sur place avec leurs femmes et leurs enfants.

Les familles habitaient dans des cavités creusées dans le sol, couvertes d'une tôle. Les conditions de vie et de travail, très dures, abrégeaient la durée de vie des mineurs et de leurs familles ; nous avons vu des tombes, près de notre cottage : une jeune femme morte à 21 ans, en 1866, à la naissance de son deuxième fils ; son premier enfant était mort un an avant elle, à l'âge de 6 mois ; son second enfant a survécu deux mois à sa mère…
La galerie descendait à une profondeur de près de 200 m, sans équipement mécanique, donc par des échelles. Il fallait remonter le minerai dans des seaux, à la main.
Ces gens devaient couper tout ce qui pouvait brûler, arbres et arbustes, pour alimenter les chaudières des machines qui concassaient le minerai, et les feux domestiques. La végétation s'est donc rapidement dégradée, les sols se sont chargés en éléments minéraux.
La petite bibliothèque conservée dans notre logement nous révèle le Blinman du 19e siècle ; autour de la ville, on cultivait du blé et des légumes, on récoltait un excellent foin sur des prairies artificielles ensemencées de graines européennes ; l'agriculture et l'élevage étaient florissants. Mais la destruction de la végétation du bush a entraîné la disparition du sol humifère en quelques dizaines d'années, faute de renouvellement de l'humus. Aujourd'hui, la région est presque désertique, le sol trop pauvre, trop sec et chargé de sels minéraux est incultivable et impropre à l'élevage.
Désormais d'immenses surfaces sont couvertes de sel qui s'envole avec le vent et va stériliser les sols plus loin : la désertification de l'Outback progresse, le désert gagne peu à peu vers le sud.

Albert. L'Outback paraît désertique, mais en réalité de nombreux animaux, oiseaux, serpents et autres reptiles y vivent.
La maigre végétation peut nourrir quelques kangourous, des émeus et… des dromadaires. Au milieu du 19e siècle, la forêt avait été rasée pour fournir du combustible ; l'exploitation minière exigeait des moyens d'acheminement des minerais et du bois nécessaire à la fonte des minerais. La chaleur du soleil, la pauvreté de la végétation et le relief des pentes caillouteuses accidentées limitaient l'utilisation des chevaux, incapables de gravir les fortes pentes caillouteuses avec une lourde charge. Les chevaux étaient réservés aux travaux agricoles.
Dès 1840, les Anglais ont eu l'idée d'importer des dromadaires qui les aideraient à transporter le bois et le minerai, et à explorer l'immense arrière-pays australien. Rien de tel qu'un camélidé pour transporter son

matériel lorsqu'on s'aventure sur un territoire aussi vaste, aride et désertique que l'Outback. Les conduire demandait un savoir-faire que nul Australien n'avait, on fit donc venir des chameliers afghans ; certains sont restés et fait souche, il y a aujourd'hui de petits villages « afghans » dans l'Outback.
Dans les années 1920 environ apparurent enfin les camions automobiles ; on libéra les dromadaires, qui partirent s'ensauvager dans l'Outback ; aujourd'hui ils concurrencent les kangourous car la nourriture est rare dans ce semi-désert ; on y trouve également des chevaux sauvages, anciens chevaux domestiques relâchés, ainsi que de nombreux chiens domestiques abandonnés, des dingos, porcs, chats, renards ou lapins, tous revenus à l'état sauvage. On estime, aujourd'hui à 300 000 le nombre de dromadaires ensauvagés, vivant dans l'Outback. Les pouvoirs publics tentent de réguler cette population.

Aline. Dans le village de Blinman, on trouve quelques vestiges de jardins, des arbustes contournés de *Santalum acuminatum* (Santalacée), appelé « quandong », qui produisent des fruits rouges de 2,5 cm de diamètre, recherchés car ce sont les seuls fruits sauvages comestibles de la région ; on les mange frais, ou en petites tartes, mais on en fait surtout une confiture appréciée, en particulier par les auteurs… Comme toutes les Santalacées, ses racines parasitent celles d'une plante voisine : ici, elles sont connectées à celles d'un buisson bleuté de l'Outback, *Maireana aphylla* (Amaranthacée), que le quandong parasite, au moins au début de son développement.
Au nord de Blinman, nous avons vu, sur un ressaut rocheux, un arbuste à petites feuilles rondes et jolies fleurs roses maculées de pourpre : un *Gossypium sturtianum* (Malvacée), voisin des cotonniers. Sur la pente rocailleuse, des buissons bas couverts d'épis longs de 10 ou 12 cm, dressés, hérissés de poils roses : des *Ptilotus exaltatus* (Amaranthacée). Un peu plus loin, au pied d'une falaise, pousse un autre arbuste qui attire l'attention. C'est un *Petalostylis labicheoides*, qui porte, sur un pétale jaune vif, une macule rouge en forme de cœur ; c'est une Légumineuse (Fabacée Césalpinioïdée)…

Albert. Ce matin-là, nous cherchions des fleurs que nous n'avions pas encore vues. Un léger bruit dans les feuilles sèches… c'est un grand serpent brun orné de chevrons noirs, le taïpan du désert (*Oxyuranus microlepidotus*), le « Fierce Snake », le « serpent féroce ». Long de 1,50 m, il ondule entre les touffes sur le sable nu, puis disparaît. Ce serpent se nourrit d'oiseaux et de rongeurs. Il est bien connu en raison de la dangerosité de son venin neurotoxique : une seule dose de venin pourrait tuer 100 hommes adultes…

Aline. Nous marchons avec précaution entre les touffes de *Triodia pungens* ; c'est une Graminée, une herbe comme tant d'autres, mais ses feuilles sont si dures qu'elles peuvent percer un cuir épais ou même une tôle de voiture ; la plante produit une résine qui suinte le long de ses tiges et rend ses touffes très inflammables : en période sèche elles peuvent s'enflammer au simple contact d'un pot d'échappement.

Les ancêtres

Aline. Et si nous changions d'époque ? Allons rencontrer les ancêtres, ceux qui ont permis les premiers balbutiements de la vie organisée.
Nos expériences passées, nos voyages à travers divers continents nous avaient beaucoup appris, mais l'Australie, c'est un autre monde.
Notre découverte des stromatolithes en Australie a été pour nous une plongée dans l'histoire de la vie primordiale : nous en avons vu de fossiles, fort anciens, et leurs descendants, actifs de nos jours.
Ce sont des « algues bleues » qui produisent ces concrétions calcaires appelées stromatolithes (ou stromato*lites* en anglais) ; ce terme signifie « tapis de pierre », les stromatolithes sont constitués de lamelles de calcaire superposées.
Les stromatolithes actuels se développent dans l'eau de mer, souvent sursalée, comme ceux que nous avons vus dans le Lac Thetis, sur le littoral de Western Australia. Il s'en forme aujourd'hui, semblables à ceux apparus il y a plus de trois milliards d'années.
La côte ouest de l'Australie, dans la région de Cervantes, est bordée de dunes basses qui isolent partiellement le Lac Thetis.
La berge plate, blanche et sèche, porte des blocs rocheux épars, arrondis, plus ou moins bosselés, certains brisés : des stromatolithes fossiles, récents. Sur le fond clair, dans une eau profonde de 40 à 50 cm, on voit des structures submergées, irrégulièrement arrondies : des stromatolithes actifs. Ils sont plus ou moins aplatis au sommet et rétrécis

à la base, leur diamètre est d'environ 30 à 70 cm. Leur surface grisâtre porte parfois quelques petites algues. La salinité de l'eau atteint ici 50 g/litre, elle est une fois et demie plus élevée que celle de l'Océan Indien voisin.

Albert. Le site est très protégé, une passerelle de bois guide les pas au-dessus de l'eau afin d'éviter que l'un ou l'autre de ces petits édifices ne soit endommagé : ils s'accroissent… très lentement, de l'ordre de 0,4 mm par an.

Aline. L'âge de la Terre remonterait à 4,5 milliards d'années ; 500 millions d'années plus tard, des formes de vie, bactériennes et aquatiques, seraient apparues. Encore 500 millions d'années plus tard, il y a 3,5 milliards d'années environ, certaines bactéries ont évolué et sont devenues chlorophylliennes, c'est-à-dire capables d'absorber l'anhydride carbonique (CO2) et de l'associer à l'eau pour synthétiser des glucides grâce à l'énergie solaire ; cette réaction, appelée « photosynthèse » par les biologistes, s'accompagne d'une production d'oxygène qui est libéré dans l'atmosphère. Ces bactéries ont été les premiers êtres capables de produire de l'oxygène.
Il y a donc 3,5 milliards d'années l'oxygène a commencé à s'accumuler dans l'atmosphère ; le chemin menant à la possibilité d'une vie animale s'ouvrait, grâce aux bactéries chlorophylliennes, nommées « cyanobactéries » ou « algues bleues ». La production d'oxygène continue aujourd'hui, grâce aux plantes chlorophylliennes.

Albert. A quoi ressemblent ces bactéries qui sont partout, ou presque, et qu'on ne voit jamais ?

Aline. Ce sont des cellules larges de quelques micromètres : l'une au bout de l'autre, 200 ou 250 de ces cellules atteindraient une longueur de 1 mm. Elles vivent, isolées ou associées en chaînes, dans l'eau ou sur un support humide ; certaines sont, aujourd'hui, associées à des plantes ou des animaux. Ces algues bleues s'entourent d'une gangue gélatineuse.

Albert. Les stromatolithes sont donc des édifices de calcaire construits par ces êtres minuscules, les algues bleues, qui n'ont pas cessé de se développer dans l'eau de mer, pendant des milliards d'années. Elles ont ainsi constitué des massifs sédimentaires calcaires de grande épaisseur qui contribuent aujourd'hui à la croûte terrestre. Dans les Flinders Ranges, le long du « Geological Trail », nous avons roulé sur un substrat calcaire à stromatolithes, datant de 630 à 640 millions d'années.

Aline. Il est probable que les stromatolithes furent d'abord marins ; l'oxygène qu'ils produisent a permis l'apparition et la diversification de la vie animale dans les eaux, puis sur les terres. L'oxygène atmosphérique a permis la formation de l'écran d'ozone sans lequel la vie aérienne n'existerait pas.

Albert. Il existe encore des stromatolithes actifs, mais depuis les derniers 500 millions d'années il se sont faits de plus en plus rares ; ceux qui vivent aujourd'hui sont en général de taille modeste, inférieure à 1 m de diamètre.
Je préfère l'expression « stromatolithe actif » à « vivant » : le stromatolithe est une roche, d'origine biologique certes, mais ce sont les « algues bleues » minuscules et à vie brève, qui les édifient et qui sont vivantes.

Aline. Très juste.
Dans l'Australie du Sud, nous avons suivi le « Geological Trail », route de découverte géologique ; c'est une petite piste carrossable longue d'une vingtaine de kilomètres, qui traverse des terrains qui s'échelonnent sur 130 millions d'années, dans l'extrême sud de l'Outback. Des panneaux très bien faits commentent les roches que l'on peut observer ; leur nature, leur âge, les fossiles qui les caractérisent…
Les géologues ont découvert des fossiles, le plus souvent imprimés dans des grès, qui constituent ce qu'ils appellent « la Faune d'Ediacara », datée de -635 à -514 millions d'années. Ces organismes font partie des plus anciens êtres pluricellulaires connus. Un *Dickinsonia costata*, ver plat fossile vieux de 560 millions d'années, est conservé dans la formation géologique d'Ediacara ; cet organisme discoïde, à corps mou, vivait probablement sur le fond sableux et se nourrissait de détritus. Le moulage de ce spécimen, large d'une vingtaine de centimètres, est exposé près de la piste du Geological Trail.

Albert. Si des animaux très anciens, comme les monotrèmes, vivent encore actuellement en Australie, il en est de même des végétaux : les Cycadophytes par exemple, existent depuis environ 300 millions d'années, ils sont apparus bien avant les plantes à fleurs. Le *Macrozamia riedlei*, sorte de Cycas fréquent dans les forêts australiennes, est un représentant de ces plantes ancestrales ; il ressemble à un palmier dont le tronc peut parfois atteindre 3 m de hauteur ; il y a des pieds mâles et des pieds femelles ; les cônes femelles, longs de 40 cm, évoquent d'énormes pommes de pin.

La vie rampante

Aline. Nous sommes dans l'Outback, sur une piste sableuse, rouge, qui traverse des étendues portant de rares petits arbustes et quelques touffes végétales piquantes.
Une plante qui traîne sur le sable dresse, au-dessus de ses feuilles gris-argenté, des bouquets de splendides fleurs de forme singulière d'un rouge éclatant. C'est l'emblème floral de l'Australie méridionale, *Swainsona formosa* (Fabacée, Faboidée). Ses fleurs dressées, très étroites, longues de 10 cm, sont groupées en couronne ; une ampoule noire brille au milieu de chaque fleur.

Albert. Sur le sable, entre les touffes de végétaux, un curieux petit lézard attire l'attention. Long d'une quinzaine de centimètres, beige-roux taché de brun, il va lentement, d'un pas saccadé, la queue redressée et raide ; parfois sa patte hésite, puis il repart. C'est *Moloch horridus*, le « diable cornu ». Il est couvert de grosses écailles en forme d'épines coniques, dures et aiguës, surtout développées sur sa tête : de part et d'autre du museau, il porte deux grosses épines qui lui donnent un « visage » inquiétant.

Aline. Malgré son aspect rébarbatif, il est inoffensif. Son apparence impressionnante est sa seule défense, peu de prédateurs se risquent à le capturer. Ses écailles, transformées en épines, sont si dures qu'elles résisteraient probablement à la digestion… C'est un prédateur bien paisible, il se nourrit presque exclusivement de fourmis qu'il capture de sa langue cylindrique, agile, rose et collante ; il peut en avaler un millier par repas.

Mais tous les reptiles ne sont pas aussi sympathiques !

Albert. Un matin en 2011, nous prenions des photos de fleurs dans un sous-bois clair, sur sol sableux, dans l'Etat de Victoria.
Claudie et toi étiez à un mètre l'une de l'autre ; entre vous, j'ai vu passer tranquillement un serpent long peut-être de plus de 2 m ; à mon appel, vous vous êtes, toutes les deux, figées dans une immobilité absolue.
Ce beau serpent brun-noir, luisant, peut atteindre presque trois mètres ; c'est un *Pseudechis australis*, le « Mulga snake », l'un des plus venimeux du continent. Il est connu pour sécréter une grande quantité de venin : en une morsure, il injecte une quantité de venin 65 fois supérieure à la dose létale pour un homme.
Au cours de nos marches dans le bush et les forêts, nous avons rencontré bien d'autres Mulga snakes.
Nous sommes passés à distance.

Aline. Te souviens-tu, nous avons vu un très beau serpent dans une forêt d'Eucalyptus, dans le sud-est de l'Australie. C'était un python diamant (*Morelia spilota*), orné de fines mouchetures blanches et jaunes, long de plus de 2 mètres ; nous l'avons vu ramper sur les feuilles mortes puis grimper dans des fourrés. Ce serpent, constricteur, n'est pas venimeux mais il a la réputation d'être agressif.

Albert. Il n'y a pas que les serpents qui soient dangereux en Australie, on peut même faire des rencontres… mortelles là où on croit être en sécurité, dans sa chambre par exemple !
Je me souviens qu'il t'est arrivé de partager ta chambre avec un compagnon… un peu spécial.

Aline. Tu fais sûrement allusion à cette aventure, au nord de l'île de Tasmanie ?
Nous logeons tous les trois dans un bungalow de location, près d'une petite ferme, au milieu de nulle part. Devant notre logement, une bande de poules s'ébattent.
Ma chambre est petite, étroite ; un couloir la sépare de la vôtre. Un matin, je m'éveille avec le jour, et j'aperçois sur la cloison, juste au-dessus de ma tête, une grosse ombre noire ; je regarde mieux, l'ombre est entourée de grandes pattes ; 8 grandes pattes ; une… araignée, imposante, 15 cm de diamètre, pattes comprises ; toute noire ; il s'agit en fait d'une araignée proche des mygales… cette bête est célèbre par

la dangerosité de son venin qui peut tuer un enfant ou un adulte fragile ; elle fait des victimes tous les ans. Les chélicères, robustes crochets situés près de sa bouche, lui permettent de mordre et d'injecter du venin, même à travers le cuir d'une chaussure. Alors que je la regardais attentivement avec méfiance, elle saute d'un mur à l'autre, par-dessus ma tête, en faisant un gros « ploc ».
Je me dis : « Si elle a l'idée de se cacher derrière le lit ou derrière la petite armoire… je fais quoi ? » Je décide de demander de l'aide.
J'entrouvre ma porte, je vous appelle, je ne quitte pas la bête des yeux : toujours savoir où elle est !
J'entends des grognements, vous dormez encore… la bête saute à nouveau, revient sur le mur où je l'avais découverte. Je surveille. J'ai peur qu'elle saute sur moi.
Tu arrives enfin, suivi de Claudie. Elle dit aussitôt « Je vais chercher le propriétaire, il doit savoir quoi faire ». Nous surveillons la vilaine bête noire. Claudie revient enfin accompagnée du propriétaire qu'elle vient de réveiller ; il s'est armé d'un seau et d'une matraque faite de journaux roulés serrés. La bête a sauté une fois encore, elle est sur le mur près de nous, mais elle ne bouge plus.
Le propriétaire tient le seau sous l'araignée et d'un grand coup, l'écrase ; elle tombe dans le seau, ouf !
Je sais aujourd'hui que c'était un *Atrax robustus* qui vagabonde en période de reproduction, et entre volontiers dans les maisons.

Dans l'Etat de Victoria, en Australie, nous avons rencontré une autre de ces visiteuses imprévues dans un bungalow isolé en pleine nature tout près d'une grande forêt dense peuplée d'animaux sauvages, où nous nous installions pour quinze jours. A notre arrivée, tandis que tu décharges la voiture, Claudie et moi visitons notre logement ; elle s'allonge sur ce qui allait être votre lit, je reste debout près de la porte, nous bavardons. Soudain, je vois sur le mur une grosse araignée noire que je reconnais, *Atrax robustus*, juste au-dessus de la tête de Claudie.
Je lui dis : « Ne bouge pas, je vais chercher notre voisin ». Celui-ci nous rejoint très vite, muni d'un grand saladier en verre et d'une feuille de carton rigide ; il coiffe la bête du saladier et glisse doucement le carton sous l'araignée velue, qui mesure plus de 15 cm d'envergure ; elle est capturée sans dommage pour elle ; il la libère dans les broussailles voisines, notre propriétaire-voisin est un authentique protecteur de la

nature : « bonne ou mauvaise, toute créature naturelle doit être protégée, elle a sa place dans notre monde », nous dit-il.

Albert. Sa réponse ne nous étonne pas, en effet toutes les habitations, en bordure de forêts, sont bâties sur pilotis précisément à cause des serpents et autres mygales ; on y accède par 4 ou 5 planches servant de marches. A notre arrivée le propriétaire du bungalow que nous avions loué nous invite à entrer ; en passant par l'escalier à claire-voie, j'aperçois en dessous deux grands serpents noirs, des Mulga snakes ; je l'arrête et lui dit : « attention, il y a deux serpents noirs ». Il rit et nous dit : « Ce sont des amis, ils vivent ici, ils nous protègent des autres serpents et chassent les rats, ne craignez rien ! »
Nous avons passé deux semaines en bonne intelligence avec les Mulga snakes... nous passions près d'eux, mais en respectant une distance suffisante pour qu'ils ne se sentent pas menacés.

Aline. Nous n'avons pas eu de problème avec ces reptiles, ni avec ces araignées impressionnantes ; leur rencontre a été l'occasion de mieux connaître des espèces dont nous ignorions l'existence.
Mais j'ai rencontré une fourmi, une seule, qui m'a causé bien des désagréments !

Albert. Tu t'es fait mordre, piquer ?

Aline. Oh, tu vas voir que les fourmis sont redoutables.
Nous sommes dans l'Etat de New South Wales, au printemps 2011. Dans le bush, nous trouvons une petite Orchidée, *Drakaea livida*, dont le labelle, articulé, porte un renflement poilu qui mime un insecte ; un insecte (vrai celui-là !) attiré par l'odeur du faux insecte l'agrippe et tente de l'emporter en s'envolant ; retenu par le labelle articulé, l'insecte visiteur se trouve projeté sur les pollinies qui se collent sur son dos, puis il s'envole.
Je veux photographier la fleur dans les deux positions du labelle, au repos et rabattu vers les pollinies. Je m'allonge sur le sable devant un beau *Drakaea livida* et reste longtemps couchée par terre pour prendre les photos.
Je me relève enfin, appareil de prise de vue à la main, c'est alors que je ressens une très vive douleur à la cuisse : piqûre ou morsure ? Je te lance l'appareil photo, tu l'attrapes au vol. Incapable de réfléchir ni de me contrôler tant la douleur est vive, je baisse mon pantalon. Le coupable ?

Une grande fourmi qui s'échappe alors du vêtement ; nous la voyons tous les deux, longue de 25 mm, noire et fauve dans le soleil, belle comme un bijou : un *Myrmecia nigriceps*, dite « black-headed bull-ant », une « fourmi-bouledogue à tête noire ». Elle m'a piquée ! La piqûre a provoqué rapidement l'enflure d'une zone grande comme la main, dure et violacée, qui restera douloureuse pendant des mois.

Albert. Heureusement que cette fourmi est solitaire… si tu avais eu plusieurs piqûres…
Nous avons rencontré en Tasmanie d'autres fourmis solitaires.
Une dame botaniste, croisée sur un sentier, nous avait invités à venir visiter son jardin où elle avait réuni de nombreuses espèces d'arbustes locaux. Soudain, elle nous dit « arrêtez-vous, pas un pas de plus ! ». Sur le sable, une fourmi longue d'au moins 25 mm, d'un vert-bleu vif à éclat métallique. Notre hôtesse nous explique que la piqûre, extrêmement douloureuse de cette fourmi provoque un choc anaphylactique souvent mortel si on ne peut transporter immédiatement la victime par hélicoptère vers un centre de secours.

Les indésirables

Albert. Nous photographions quelques Orchidées dans le Kalbarri National Park, en Western Australia. De grands *Prasophyllum giganteum*, hauts de plus d'un mètre, dressés, raides, portent un épi de nombreuses fleurs parfumées, tassées sur l'axe ; chaque plante a une longue feuille unique, étroite, cylindrique : une Orchidée dont la feuille est comme celle d'un oignon !

Une voiture s'arrête sur la piste à quelques dizaines de mètres de nous, son conducteur descend et nous hèle : « faites attention aux serpents, il y en a beaucoup ici ». Nous le rejoignons, il nous dit courtoisement que nous sommes dans un parc national, nous aurions dû rester sur la piste. Nous lui expliquons que nous sommes botanistes et parlons avec lui de la détermination de telle ou telle plante ; il est vivement intéressé, il n'est pas, en effet, certain du nom botanique de quelques-unes des Orchidées qui nous entourent. Il est affecté au Centre de Protection de la Nature (*Government of Western Australia, Dpt. of Environnement and Conservation*) et nous invite à venir rencontrer ses collègues.

Aline. Le lendemain matin, nous nous rendons au Centre où nous le retrouvons, nous faisons la connaissance du chef de la station et de ses collaborateurs. Nous leur parlons notamment d'un arbuste à fleurs blanches haut de 3 m, originaire des Iles Canaries, introduit il y a quelques années et cultivé comme fourrage pour le bétail ; ils n'en connaissaient pas le nom, nous le leur donnons : il s'agit de *Chamaecytisus palmensis* (Fabacée Faboidée), planté en rangs dans les prairies. Les prairies australiennes sont semées de graminées fourragères, originaires d'Europe, qui se dessèchent pendant la saison sèche, sévère dans cette région : la prairie ne nourrissant plus les vaches, elles vont alors brouter les branches bien vertes du *Chamaecytisus.*
Nous évoquons aussi l'abondance des tiques dans le bush, nous en attrapons chaque jour.
Au cours de cette conversation, nous voyons une tique se promener sur le bras de l'un de nos hôtes...

Albert. Dans cette région du Western Australia, les tiques abondent ; en revenant de nos balades botaniques, chaque soir nous accomplissons, entre nous, la cérémonie de... « la chasse aux tiques », nous les exécutons l'une après l'autre, grâce à un produit très efficace acheté dans une pharmacie locale. Il s'agit de l'huile essentielle de *Melaleuca alternifolia*, l'« arbre à thé » (« Tea tree », Myrtacée originaire d'Australie, qui n'a rien à voir avec le théier) ; il suffit de poser une trace d'huile essentielle sur une tique pour qu'elle se détache et tombe. Nous félicitons le vainqueur, celui qui en a attrapé le plus. C'est Claudie qui a eu le premier prix en battant le record absolu avec 28 tiques un même soir.
Et le lendemain, nous recommençons. Et le surlendemain...
Nous nous méfions des tiques dont certaines espèces sont responsables de transmettre la maladie de Lyme ; cette maladie infectieuse très grave et répandue sur tous les continents, ne semble pas, heureusement, fréquente en Australie.

Aline. Les petites bêtes importunes sont légion, il faut les tolérer ou… rester chez soi.

Albert. En 2007, nous sommes dans une petite île au sud-est de la Tasmanie. Humidité et fraîcheur toute l'année ; une végétation luxuriante ; de grands arbres ; d'épais tapis de mousses dans lesquels on enfonce… on mouille chaussures et pantalon : c'est Bruny Island.

L'île Bruny est en réalité formée de deux îlots reliés par une étroite bande de sable, un tombolo.
Le tombolo héberge un site important de nidification du « petit manchot », le plus petit de tous, le « Little Penguin » (*Eudyptula minor*), à dos bleu marine et ventre blanc, dont la taille ne dépasse pas 35 cm. Il creuse dans le sable, sous les végétaux, des terriers un peu plus gros que ceux des lapins. L'entrée des terriers habités est propre, on y voit des empreintes de pattes palmées sur le sable humide ; les locataires du logement sont absents, ils passent en effet toute la journée en mer pour se nourrir et ne rentrent qu'à la nuit.

Aline. Dans l'îlot du sud, près du mont Mangana qui culmine à 570 m, nous voici dans une magnifique forêt sombre, très humide, au sous-bois moussu, aux arbres petits et denses, les mousses habillent les troncs et même les basses branches.
Dans les gros coussins de mousses, de petites Orchidées plutôt étranges, hautes de 5 à 6 cm, dépassent à peine des mousses, ce sont des *Chiloglottis gunnii*. Deux petites feuilles encadrent une fleur unique, largement ouverte, vert ombré de pourpre ; le labelle, tendu en avant, porte… comme une petite bestiole noire et luisante qui évoque une fourmi. Au pied d'un arbre, je m'agenouille dans la mousse trempée. Je m'aperçois que la « bestiole » est en réalité un groupe de petits appendices dressés, élargis au sommet ; ce sont des glandes qui émettent des odeurs phéromonales attractives pour des insectes pollinisateurs.
Nous sortons les appareils photo équipés de bagues-allonges, pour prendre des macrophotos, c'est la première fois que nous voyons ce *Chiloglottis*.
Tous les deux, à genoux dans la mousse détrempée, nous photographions l'étrange fleur sous différents angles. Une goutte froide tombe sur mon cou ; puis une autre ; une autre encore ; tu en reçois aussi. Tu passes ta main dans ton cou et tu sens quelque chose de

visqueux. Je vois, sur ton cou, des… sangsues… des vers noirs, brillants, longs de 5 ou 6 cm et épais de 5 à 6 mm, qui entrent dans ton col. J'en découvre alors sur mon cou !

Albert. Les sangsues sont capables de grimper aux arbres, elles se suspendent aux branches et si elles perçoivent une émission de chaleur, même faible, à plusieurs mètres, elles se laissent tomber sur l'animal à sang chaud qui passe… afin de pomper le sang dont elles se nourrissent ; leur morsure est indolore, on ne se rend compte de leur présence que lorsqu'elles sont fixées depuis plusieurs minutes.
Ici les sangsues pleuvent des arbres. Nous en avons sur le visage, sur les mains ; elles peuvent même pénétrer dans nos vêtements par dizaines. Elles se fixent sur la peau et nous sucent le sang, impossible de les détacher. Lorsqu'elles auront terminé leur repas, elles se détacheront spontanément : la morsure laissera suinter du sang.
Heureusement, nous avons une « arme » ! Les sangsues sont sensibles au sel et nous avions emporté une petite boite de sel fin pour le piquenique. Nous saupoudrons les sangsues, elles se détachent et se laissent tomber. Enfin…
La sangsue a deux ventouses, l'une antérieure (la tête), la plus grosse, munie d'une bouche qui perfore la peau et aspire le sang, l'autre à l'arrière du corps pour se déplacer. Son déplacement est caractéristique : elle arque son corps jusqu'à amener sa ventouse postérieure au contact de l'antérieure, puis elle décolle l'antérieure, allonge son corps, avance d'un grand « pas » et recommence.

Aline. Ces petites bêtes sont de drôles d'animaux… franchement désagréables à fréquenter, mais leurs morsures ne sont pas dangereuses. On utilise même certaines espèces en médecine depuis 3 500 ans et aujourd'hui encore, pour drainer le sang de régions du corps où le retour sanguin s'effectue mal. Pour autant qu'elle soit désagréable, leur morsure n'est pas douloureuse et ne transmet pas de maladie. Les sangsues (*Hirudo medicinalis*) sont aujourd'hui encore élevées et commercialisées en France…
Rapidement nous avons rangé le matériel, en n'ayant pris que quelques photos et nous sommes enfuis...
De retour en Tasmanie, tard dans la soirée, j'ai la surprise de découvrir des choses molles et humides dans les poches de mon pantalon : quelques sangsues qui voyageaient clandestinement.

Des fleurs et leurs partenaires

Aline. Tu sais que, dès l'antiquité, on considérait que l'« âme », qu'on peut appeler aujourd'hui « énergie vitale », était le propre des humains et des animaux, êtres doués de mouvement et de sensibilité. Cette définition excluait donc les végétaux.
Cependant, toutes les plantes ont des organes susceptibles de mouvements, ils sont dits motiles : en effet, au cours de leur croissance, les feuilles se déploient, la tige s'allonge en décrivant des courbes étroites, les fleurs s'épanouissent ; chez beaucoup de plantes, feuilles et fleurs s'ouvrent et se ferment en réponse au cycle diurne. Une plante vivante est sans cesse animée de mouvements trop lents pour que nous les saisissions à l'œil nu ; leur amplitude, en effet, est trop limitée pour que nous puissions les percevoir ; les techniques photographiques ont pu les mettre en évidence : les plantes sont bien douées de mouvement. De tels mouvements, réversibles et reproductibles, provoqués par une stimulation externe, sont qualifiés de « mouvements actifs ».

Albert. Crois-tu que les plantes soient douées de sensibilité ?

Aline. Non seulement certaines plantes sont douées de sensibilité, mais elles répondent à une excitation par un mouvement.
Les feuilles du trèfle (*Trifolium repens*), de l'acacia (*Robinia pseudoacacia*, Fabacées Faboïdées) ou du pourpier (*Portulaca oleracea*, Portulacacée) sont sensibles à l'intensité lumineuse : elles se replient le soir, quand la lumière diminue, et se rouvrent le matin, après le lever du jour. Les pétales de tulipe ou d'églantine (*Rosa canina*, Rosacée) répondent, en s'épanouissant, à une légère augmentation de température.
Certaines plantes, comme la sensitive (*Mimosa pudica*, Fabacée Mimosoïdée), répondent à une secousse, même légère, en fermant leurs feuilles : elles se rouvrent après quelques minutes et sont à nouveau capables de répondre à une nouvelle secousse, mais elles cesseront vite de répondre si les stimulations sont trop rapprochées : elles se fatiguent. Cette sensibilité a justifié l'attribution à la sensitive de noms locaux évocateurs, tels que « Marie-honte », « honteuse femelle » aux Antilles, ou « trompe-la-mort » à la Réunion.

Albert. Pourquoi de tels surnoms ?

Aline. Dans l'imaginaire populaire, la feuille qui se referme a quelque chose à cacher ; ou bien, à la Réunion, la fermeture est une mort, à laquelle la feuille échappe dès qu'elle se rouvre.

Albert. Ces mouvements ont-ils une utilité pour la plante ?

Aline. On dit que lorsque les feuilles se ferment, elles disparaissent aux yeux des herbivores, qui trouveraient la plante moins appétissante.

Albert. Si certaines plantes se dérobent à leurs prédateurs, d'autres sont-elles agressives, capables de capturer activement de petits animaux ?

Aline. Bien sûr, il existe des plantes carnivores au sens propre : en un mouvement, elles saisissent une petite proie, la tuent et la digèrent.
D'autres, qui ne sont pas carnivores, attirent des insectes, les capturent, puis les relâchent indemnes. Ainsi, en Australie nous avons pu observer des fleurs qui capturent des insectes pollinisateurs par un mouvement très rapide, puis les libèrent, après que le pollinisateur a pu déposer du pollen ou en emporter. C'est un contact en un point précis de la fleur qui provoque le mouvement.

Albert. Nous sommes dans l'Etat de Western Australia, en 2004, sur une toute petite piste, dans le bush. Les buissons clairsemés, épineux, couvrent les basses collines. Le substrat, un sable siliceux, affleure nu par places. Dans ce milieu on trouve un grand nombre de plantes endémiques australiennes dont certaines, comparées à celles d'autres continents, sont des curiosités aussi inattendues que le sont les ornithorynques parmi les animaux.

Aline. C'est là que nous avons trouvé des *Stylidium* (Stylidiacée). Ce sont des plantes à jolies fleurettes qui ont éveillé notre curiosité.
Au centre de la fleur, une colonne porte à son sommet les organes reproducteurs, étamines (organes mâles) et stigmates (organes femelles). Cette colonne est douée de mouvements, au repos elle est rabattue sous les pétales ; lorsqu'un insecte frôle le centre de la fleur, la colonne se redresse puis s'abat brutalement, son sommet vient frapper l'insecte sur son dos, l'immobilise quelques minutes, le choc provoque le dépôt du pollen sur l'insecte… ou son prélèvement. Puis la colonne

se rabat sous les pétales. L'insecte indemne s'envole, avec le pollen, vers une autre fleur, qu'il pollinisera.

Albert. Le mouvement de la colonne s'effectue en une fraction de seconde. Il pourra se répéter quelques minutes plus tard, à l'occasion de la visite d'un autre insecte… Mais le temps de repos est de plus en plus long et après quelques mouvements, la colonne restera plusieurs heures en position de repos, sous les pétales !

Aline. Sur un talus sableux, je remarque un petit *Stylidium schoenoides* ; dans une touffe de feuilles étroites et dressées de petites tiges hautes de 15 cm, portent des fleurs étroites, blanc-crème, longues de 2 cm. La colonne rougeâtre est rabattue entre deux pétales : la fleur est au repos.
Et moi, au travail ! Claudie et toi, vous continuez à explorer les bas-côtés.
Je m'allonge devant les fleurs, les deux coudes bien plantés dans le sable, mon Nikon, équipé d'un bon objectif, calé devant l'œil : je vais essayer de photographier les stades successifs de fermeture et de réouverture du piège. Je reste parfaitement immobile, le doigt sur le déclencheur, pendant plus d'un quart d'heure ; tous les clichés doivent, en effet, avoir le même cadrage.
La circulation est presque nulle sur cette petite route, pourtant une voiture vient à passer. Elle ralentit et s'arrête un instant à mon niveau. Je ne bouge pas… je guette ma fleur.

Albert. Claudie et moi sommes à quelques centaines de mètres de toi, le long de la route ; nous herborisons tranquillement. A notre hauteur, une voiture s'arrête. Le conducteur, visiblement angoissé, nous interpelle et dit qu'il a aperçu une personne, probablement morte, allongée sur le talus, près de la route… nous lui expliquons que tu es en train de faire des photos, qu'il n'y a pas lieu de s'inquiéter… L'automobiliste, supposant que nous sommes tous trois des détraqués, peut-être dangereux, préfère repartir en trombe.
Il n'avait jamais vu un photographe couché à plat ventre, pour prendre une photo.
Les photos du *Stylidium* sont bonnes… et nous font toujours rire.

Aline. Si les mouvements des feuilles ou des tiges sont très fréquents dans le monde végétal, les fleurs qui emprisonnent temporairement leur pollinisateur ne sont connues que d'Australie, à l'exception de quelques espèces de *Stylidium*, en Asie du Sud-Est.

Albert. D'autres fleurs sont capables de piéger des insectes. Nous en avons vu.
Nous sommes en 2011, dans les forêts claires qui s'étendent autour des gigantesques chicots gréseux qui se dressent sur la plaine : les Monts Grampians dans l'Etat de Victoria en Australie ; ils forment une chaîne de montagnes déchiquetées, les plus hautes, couvertes d'un bush maigre, dépassent 1 100 mètres d'altitude, le milieu est aride. Le grès des falaises et des crêtes est vieux de 380 millions d'années.
Les traces des derniers feux, récents, sont bien visibles, troncs noircis, grandes traînées noires de cendres qui persistent sur le sable grossier, clair ; des plantes basses, espacées, fleurissent.

Fig. 20. La fleur épanouie d'une « orchidée-canard » s'est brusquement refermée lorsqu'un insecte s'est posé sur sa « tête » : le visiteur est enfermé temporairement. *Clichés AR.*

Aline. Je marche, appareil photo en batterie ; sur un brin d'herbe, je vois un insecte étrange. Je me penche : ce n'est pas un insecte, c'est… quoi donc ? C'est la fleur d'une petite Orchidée, *Paracaleana minor*. Elle ressemble à un minuscule canard en vol, long d'à peine un centimètre : corps vert allongé, prolongé d'un cou en ruban qui porte une longue tête brune boursouflée de glandes luisantes. Je m'approche, je frôle le petit

canard… il se roule en boule, la « tête » entre les « ailes ». Le mouvement n'a duré qu'une fraction de seconde !
Je regarde autour de moi et je vois plusieurs minuscules « canards » à l'extrémité de « brins d'herbe » - tiges florales -. Au moindre frôlement, chaque « canard » se roule en boule. J'observe de plus près : ces « canards », ce sont bien des fleurs ; la « tête du canard », c'est le labelle, dressé au-dessus d'une poche translucide. Sur le sommet de la « tête », un point sensible.
Les odeurs phéromonales émises par les glandes luisantes attirent un petit insecte qui se pose sur la « tête du canard » ; ce léger contact sur le point sensible provoque la fermeture de la fleur et l'enfermement de l'insecte : la « tête du canard » bascule instantanément et s'encastre dans la poche translucide.
L'insecte, entraîné dans le mouvement rapide, est enfermé dans la poche où il s'agite. La poche contient les organes reproducteurs de la fleur. Dans ses mouvements l'insecte, soit dépose du pollen récolté sur une autre fleur, soit en emportera.
Après quelques minutes, la fleur se rouvre ; l'insecte libéré ira se faire piéger par une autre fleur et… la pollinisera.
Chez les petits « canards » et chez les *Stylidium*, la fleur manipule activement l'insecte.

Albert. Les relations entre les fleurs et les petits animaux sont innombrables. Si les plantes ne se déplacent pas, elles entretiennent des relations avec des associés animaux qui interviennent généralement dans le processus de la pollinisation ; la pollinisation est le précurseur de la fécondation et donc de la reproduction. Le transport du pollen et son dépôt sur l'organe femelle récepteur sont ainsi souvent assurés par un partenaire de la plante.
On estime que 90% des espèces de plantes à fleurs sont dépendantes de la pollinisation par des animaux, essentiellement des insectes.
Toutefois, chez certaines plantes le pollen, transporté par le vent, parvient jusqu'à des fleurs ou… provoque le rhume des foins.

Aline. En 2010, nous sommes au milieu du littoral de Western Australia, l'Australie Occidentale ; nous séjournerons un mois et demi dans la région de Kalbarri.
Aujourd'hui, nous observons les plantes du bush dans une grande réserve ; nous nous attardons à faire des photos dans une zone sans arbres, encombrée de touffes de *Hibbertia* (Dilléniacée) à fleurs jaunes,

de *Geleznowia verrucosa* (Rutacée) aux rameaux raides à fleurs jaunes également, et de buissons échevelés de *Grevillea leucopteris* (Protéacée) à fleurs blanches.
Une partie du bush clairsemé a récemment brûlé ; le sol sableux dégagé par le feu, porte maintenant de superbes touffes d'*Anigozanthos humilis* (Haemodoracée) appelé « cat's paw » (patte de chat), hautes de 20 à 30 cm, qui fleurissent abondamment après un feu. Chaque tige porte un épi serré de fleurs disposées en deux rangs parallèles. La fleur jaune longue de 5 cm, couverte de poils denses, en tube étroit arqué, se termine par 6 petits lobes triangulaires, étalés : pétales et sépales ; dans la fleur, une grosse goutte de nectar.

Albert. Nous avons découvert d'autres *Anigozanthos* : près d'un fossé, une touffe d'*Anigozanthos manglesii* atteint un mètre de hauteur ; le sommet incliné de la tige rouge porte une dizaine de fleurs vert émeraude à base rouge vif, longues de 5 cm, toutes dressées, disposées comme les doigts d'une main ouverte.
A. manglesii, le « kangaroo paw », est la fleur emblématique de l'Australie Occidentale.

Aline. La fleur en tube arqué, fendu sur sa face inférieure, renferme une grosse goutte de nectar que des oiseaux nectarivores, des « honeyeaters » (littéralement « mangeurs de miel »), viennent aspirer : leur comportement n'est pas sans rappeler celui des colibris. Gros comme des moineaux, les honeyeaters ont un bec long, mince, légèrement courbé.
L'oiseau nectarivore reste un bref moment en vol stationnaire devant la fleur d'*Anigozanthos*, glisse son bec fin dans le tube plein de nectar ; sa tête frôle les étamines et se charge de pollen, puis l'oiseau s'envole vers une autre fleur : à l'occasion de ce nouveau repas, l'oiseau assure la pollinisation de l'*Anigozanthos*. Un bon nombre d'espèces d'oiseaux australiens sont nectarivores, ils butinent les fleurs de nombreuses plantes du bush.

Albert. L'insecte a dû successivement visiter deux fleurs pour assurer la production de graines viables.
Question que peut se poser un lecteur curieux : puisque dans la même fleur se trouvent les organes mâle et femelle, ne serait-il pas plus simple et plus efficace que la fleur se féconde avec son propre pollen ?

Aline. Si une fleur est fécondée par son propre pollen, ce qui arrive dans bien des cas, tous ses descendants lui seront semblables : ils auront les mêmes qualités, et surtout les mêmes faiblesses que la plante originelle. Si une fleur est fécondée par le pollen venu d'une autre plante de la même espèce, ses descendants seront diversifiés, les uns seront plus robustes que les autres, ou plus florifères… Le transport du pollen d'une plante à l'autre augmente les chances d'adaptabilité des descendants aux aléas de la nature. Il est garant, à long terme, de la survie de l'espèce.

Des fleurs, filles du feu

Albert. Peu après un feu de forêt, sur un sol où subsistent les cendres et le bois noirci, on peut voir s'épanouir des plantes diverses, dont de petites Orchidées : graines ou tubercules ont survécu au feu, enfouis dans le sol.

Aline. En 2010 les pentes des Monts Grampians (Australie), ont été balayées par un feu étendu.
Et puis un an plus tard, des feux passent à nouveau, modérés. A la saison humide suivante, les arbustes fleurissent abondamment, comme le *Calytrix alpestris* (Myrtacée), haut de 50 cm, couvert de petites fleurs blanc-rosé à calice rouge.
Le feu récent a noirci les grosses tiges des « black boys », ces « gamins noirs » qui dressent leurs « troncs » noirs et courts, parfois ramifiés, coiffés d'une grosse touffe de jeunes feuilles vertes, fines et souples ; le feu a brûlé les vieilles feuilles ; le « black boy » n'est pas mort. Il s'agit de *Xanthorrhoea preissii* (Asphodélacée), l'espèce la plus commune du genre, il résiste au feu. Un « black boy » peut atteindre 2 m de hauteur et vivre plus de trois siècles ; il ne fleurit parfois qu'à l'âge de deux siècles. Les innombrables petites fleurs blanches étoilées sont tassées en une colonne cylindrique haute de 1,50 m et large de 10 à 15 cm, sur laquelle grouillent des insectes.

Albert. Une touffe haute d'une cinquantaine de centimètres épanouit ses fleurs somptueuses, mauve vif, à pétales longuement frangés : *Thysanotus tuberosus* (Asparagacée) ; c'est une des plus belles fleurs de la région. Cette plante vivace, endémique, pousse aussi bien dans le bush que dans les landes ou même dans les zones arides. Ses racines portent des tubercules comestibles, que les aborigènes récoltent ; ces tubercules charnus, riches en réserves nutritives, fournissent à la plante l'énergie nécessaire pour produire les fleurs après le passage du feu. Lorsque reviendra l'hiver, avec ses pluies, les bourgeons situés dans le sol au sommet des tubercules donneront des feuilles.
Sur une pente abrupte épargnée l'année dernière par le feu, encombrée de gros rochers et peuplée d'*Eucalyptus* (Myrtacée) au tronc blanc, quelques *Banksia marginata* (Protéacée), aux inflorescences cylindriques, dressées, hérissées de fines fleurs jaune clair.

Aline. Les fruits de *Banksia*, densément groupés en épis ligneux, très durs, ne libèrent pas les graines qu'ils contiennent… sauf si un échauffement brutal et important, le feu, les fait éclater ; il provoque en effet un mouvement mécanique de la paroi du fruit qui s'ouvre et projette les graines au loin. Les graines pourront alors germer sur le sol enrichi par les cendres riches en potasse. Dans le bush où les *Banksia* poussent spontanément, les feux sauvages sont fréquents…
Les semis spontanés, dans la nature, dépendent presque uniquement du passage des feux.
Un incendie dans le bush peut donc être régénérateur : les *Banksia* ne sont pas seuls à dépendre du feu pour se reproduire, par exemple l'échauffement brutal provoque l'éclatement des gousses des *Acacia*, ces innombrables « mimosas » du bush, et la libération de leurs graines.

La nuisance/bienfaisance du feu dépend de l'époque où il passe, des conditions climatiques et de l'espèce de plante qui le subit.

Au printemps (octobre ou novembre dans la région où nous sommes), les broussailles sont encore pleines de sève, la végétation est encore fraîche, peu inflammable ; le feu passe rapidement, il nettoie le sol sans nuire aux arbres : il est peu destructeur.

En été (décembre à février) la végétation n'est pas encore complètement sèche. Le feu dégage le sol et l'échauffe suffisamment pour stimuler la floraison des plantes à bulbes. Les arbres et arbustes ne sont pas tués,

leurs rameaux seuls sont brûlés, ils seront vite remplacés. Les souches produisent de nouveaux rejets. Les herbes, dont seules les parties hors-sols ont brûlé, donnent de petites pousses et fleurissent quelques jours après l'incendie : les animaux herbivores, tels les kangourous et les cacatoès, trouvent ainsi une nourriture tendre et fraîche alors que la saison sèche est déjà bien avancée.
Un feu précoce, au début de l'été, détruit brindilles, branchettes et pailles, il débarrasse le sous-bois, il est bénéfique.

En automne (février à mai), s'il n'a pas plu depuis 4 ou 5 mois, la végétation desséchée s'enflamme spontanément d'autant plus facilement que la température est élevée et que nombre d'arbres, tels des *Eucalyptus*, libèrent des huiles essentielles inflammables. Les arbres brûlent alors entièrement, le feu fend les écorces, fait éclater les troncs, gagne en profondeur et détruit les racines : les arbres sont tués ; l'échauffement du sol est si intense que les bulbes et tubercules souterrains environnants sont détruits.
L'incendie tardif est catastrophique.

Albert. Ainsi un feu de fin d'automne peut tuer toute une forêt, alors qu'un feu de printemps ou de début d'été, bien que spectaculaire, élague les arbres, éclaircit les broussailles, favorise la floraison et la repousse des feuilles.

Te souviens-tu de ces pancartes que nous avons vues au bord de routes qui traversent des Parcs nationaux et des Réserves ? Elles mettaient en garde promeneurs et campeurs contre la possibilité d'incendies volontaires, allumés par les pouvoirs publics, « *Dpt. of Environnement and Conservation* » ; un numéro de téléphone y figurait pour obtenir des renseignements sur la date de l'intervention. Dans l'Etat de Western Australia, des parcelles de forêt, de taille limitée, sont systématiquement incendiées, sous contrôle, tous les trois à cinq ans.

Aline. Rigoureusement contrôlé et programmé, un feu favorise non seulement la régénération de la végétation, mais aussi la biodiversité : la lumière du soleil parvient mieux à la surface du sol ; les plantes dont les bourgeons sont situés sous la surface du sol, comme les plantes à bulbes, se multiplient à la faveur de ce débroussaillage. Les floraisons sont plus abondantes, ainsi que la production de graines.

La floraison de certaines petites plantes à tubercules dépend même totalement du feu : elles ne fleurissent que si le bush a brûlé. C'est le cas d'une petite Orchidée, *Pyrorchis nigricans* (« Orchidée du feu, noircissante ») par exemple. Si le feu ne passe pas, au printemps suivant la plante ne produit que des feuilles !

Albert. Nous avons vu en Australie des sous-bois bien fleuris, portant encore les marques d'un feu récent.

Aline. Les floraisons provoquées par un incendie de forêt ne sont pas propres à l'Australie. Le feu joue le même rôle dans les pays méditerranéens ou en Afrique, où j'ai vu des tapis de fleurettes dans la cendre.

Albert. Je me souviens de l'appel téléphonique d'un ami passionné de nature et d'écologie ; la forêt de pins d'Alep, à quelques kilomètres de sa maison, dans les Bouches-du-Rhône, était en feu ; il était catastrophé. Je lui ai expliqué que ce feu n'avait probablement pas tué la forêt, et qu'elle pourrait se régénérer.
Au printemps suivant, mon ami m'appelle, très excité ; il revenait de la forêt brûlée, le sol était couvert de fleurs, des iris nains, des narcisses, les souches des lentisques repoussaient, des germinations de pins étaient partout. Par chance, l'incendie était resté circonscrit, et le printemps suivant avait été suffisamment humide pour favoriser la repousse de la végétation.

Des volcans et des fleurs

Albert. La Nouvelle-Zélande est composée de deux îles principales et de nombreuses autres, plus petites. Sa superficie totale est de l'ordre de la moitié de la France métropolitaine, et la population néozélandaise n'est que de 4,6 millions d'habitants – moins de 7 % de la population française, c'est dire que la plupart des régions sont inhabitées, elles sont d'ailleurs inhabitables, les pentes sont inaccessibles et le volcanisme omniprésent.

La Nouvelle-Zélande est sur la « ceinture de feu » du Pacifique, à la jonction de deux plaques tectoniques ; elle présente une activité sismique élevée et un volcanisme actif permanents : on enregistre en Nouvelle-Zélande jusqu'à 15 000 (quinze mille) tremblements de terre par an ; on applique donc aux constructions des normes antisismiques très strictes. En juin 2020, la terre a tremblé : un important séisme a secoué le nord-est du pays, causant des dégâts heureusement limités.

Aline. On compte, en effet, plus de 70 volcans, dont 40 sont actifs. Les tremblements de terre, les éruptions et les tsunamis sont fréquents. L'Etat a donc mis en place une organisation des secours : en cas d'alerte, les habitants des villages sont appelés à se rassembler sur un espace public dégagé, dédié à cet effet, signalé par une pancarte « RESCUE ZONE » (« zone de sauvetage ») ; des hélicoptères pourraient les évacuer vers des centres de secours. La Défense civile néo-zélandaise organise régulièrement des exercices d'alerte au séisme et au tsunami pour les populations côtières, et pour les écoles.

Albert. Sur la chaîne montagneuse, certains volcans fument continuellement, je dirais volontiers qu'ils ne dorment que d'un œil. Le jour de notre arrivée sur l'île du Nord, nous voulions gagner en voiture notre résidence provisoire, mais la route était coupée en raison du risque d'explosion d'un volcan proche de quelques kilomètres ; nous avons dû faire un grand détour en contournant le volcan qui fumait à grosses volutes.

Aline. Le volcanisme est visible, même dans les grandes prairies artificielles qui couvrent des collines ; des fumées blanches à odeur de soufre, ces fumerolles chaudes qui contiennent de la vapeur d'eau, des acides et de multiples minéraux.
Les vaches ne s'approchent pas des fumerolles : elles sont entourées de fourrés de genêt à balais (*Sarothamnus scoparius*, Fabacée Faboïdée), naturalisé, qui envahit les zones où les vaches ne s'aventurent pas.
Certaines fumerolles sont captées : sur les collines courent d'énormes tuyaux d'acier inoxydable qui transportent les vapeurs brûlantes vers les usines géothermiques productrices d'électricité.

Albert. Dans cette région le volcanisme actif se révèle en de nombreux lieux ; sur les pentes, des panaches de vapeur suivent le cours de ruisseaux d'eau chaude.

Des sites aménagés, pour la surveillance du volcanisme ou pour le tourisme, permettent de voir de près des bouches volcaniques dites « trous du diable », où bouillonnent des eaux et des boues ; des gaz brûlants et malodorants s'en échappent.
Des cratères récents sont remplis d'« eau juvénile » bouillante ; elle provient directement des profondeurs du manteau terrestre.

Fig. 21. L'« Etang de Champagne », entouré d'une forêt de pins ; de ses eaux brûlantes et bouillonnantes s'échappent des vapeurs mortelles. *ARR. del.*

Aline. Dans la région de Rotorua, nous faisons le tour de « Champagne Pool », l'« Etang de Champagne », cerné de pentes couvertes de forêt sombre ; apparu il y a 700 ans, il mesure 65 mètres de diamètre et 62 mètres de profondeur. La surface de l'eau est à 74 °C ; en profondeur l'eau est encore plus chaude. L'eau, chargée de nombreux minéraux, bouillonne : de l'anhydride carbonique s'échappe de l'étang. Un nuage corrosif de vapeurs bleues, soufrées, chlorées et d'anhydride carbonique, flotte sur sa surface : par prudence, nous ne nous en sommes pas approchés. Ses berges sont bordées de concrétions vivement colorées contenant or, argent, mercure, soufre, arsenic, thallium, etc. L'antimoine lui donne la couleur orange.

En cheminant sur une pente de tuf volcanique accidentée, nous passons près d'un petit lac encaissé dont la couleur vert vif est due à du soufre colloïdal et des sels ferreux.

Albert. Les geysers sont nombreux dans la région de Rotorua, certains lancent leur jet d'eau chaude à 2 ou 3 mètres, d'autres, comme le Geyser Pohutu, à 30 mètres ; ils entrent en action à intervalles à peu près réguliers, le Pohutu entre en éruption 20 fois par 24 heures…

Aline. L'ensemble volcanique de l'île du Nord est le plus jeune du monde ; il est situé sur une faille longue de 17 km, apparue lors de l'éruption du Tarawera en 1886.
La route qui mène au Tongariro National Park traverse des montagnes couvertes de boisements de pins ; dans ces forêts artificielles, la flore est très pauvre. John, un botaniste de rencontre, nous a raconté pourquoi on a créé, en Nouvelle-Zélande, ces immenses plantations de *Pinus radiata* (Pinacée), espèce originaire de Californie :

> « Il y a près d'un siècle, de fortes éruptions ont émis de grandes quantités de cendres : ce sont les couches de cinérites, épaisses parfois de plusieurs dizaines de mètres, qu'on voit près du lac Taupo. Les cinérites sont des cendres volcaniques à grain fin, plus ou moins compactées.
>
> « Pour élever des troupeaux, les nouveaux occupants de la Nouvelle-Zélande ont détruit la végétation locale et ensemencé d'immenses prairies en Graminées européennes. Ces sols volcaniques riches, les pluies fréquentes et fraîches étaient favorables au développement de ces prairies artificielles dont les moutons se nourrissaient volontiers. »
>
> « Hélas, les moutons mouraient au bout de 6 mois, malgré la qualité des pâturages ; on introduisait d'autres moutons, ils mouraient aussi… »
>
> « On a enfin analysé le sol : il contient un taux élevé de sélénium, dont les cendres volcaniques sont riches. Le sélénium, toxique à fortes doses, se concentre dans certaines herbes qui empoisonnaient alors les moutons. Les éleveurs, contraints d'abandonner l'élevage du mouton, tentèrent de… planter des pins. Ils ont obtenu un succès d'autant plus grand que les pins, qui s'avèrent bien supporter le sélénium, ont une croissance rapide. Au cours des dernières décennies, ils ont accru les surfaces plantées en pins dans la région

du lac Taupo ; la production de grumes est en grande partie exportée vers l'Extrême-Orient et l'Australie. »

Albert. Ces pins qui prospèrent en Nouvelle-Zélande représentent une ressource importante pour ce pays.

Aline. La Nouvelle-Zélande bénéficie d'un climat frais et très humide. Sur les pentes escarpées, les forêts naturelles sont constituées d'arbres endémiques feuillus, des *Nothofagus* (Nothofagacées), arbres voisins de nos hêtres (Fagacées).
Certaines espèces de *Nothofagus* atteignent une grande taille, les autres, cantonnées aux hautes altitudes, restent des arbres bas. Dans le sous-bois, les mousses sont innombrables, certaines tapissent le sol, d'autres pendent aux branches ; une belle mousse forme des ombrelles dans le sous-bois sombre.
Aux basses altitudes, sur le bord de la route, une Orchidée (*Thelymitra longifolia)* produit des fleurs blanc-grisâtre ou blanc-rosé. Les troncs portent des draperies d'une Orchidée épiphyte à fleurs jaunes et feuilles fines, *Earina mucronata*. Les branches portent de grosses touffes de *Collospermum hastatum*, une Astéliacée à longues feuilles étroites et dressées : le diamètre d'une touffe dépasse souvent un mètre.
Quand on approche des 1 000 m d'altitude, la forêt devient très dense, humide et sombre.
Dans le sous-bois encombré de branches pourrissantes, nous découvrons de très petites Orchidées, des *Adenochilus gracilis* à petites fleurs blanc verdâtre, dont le sépale médian, vert, long et pointu, est rabattu comme une visière au-dessus du cœur de la fleur abrité ainsi des gouttes de pluie. Caché parmi les débris végétaux, un *Chiloglottis cornuta*, Orchidée haute de quelques centimètres, dont la fleur verte porte un groupe de glandes luisantes.
Mais les arbres ne couvrent pas les hauts sommets. Vers 2 000 m d'altitude, une pelouse rase et rocailleuse remplace la forêt ; de jolies plantes basses fleurissent, adaptées aux conditions rudes de l'altitude, des *Ourisia vulcanica* (Plantaginacée) à fleurs blanches, des *Gaultheria colensoi* (Ericacée) à feuilles minuscules finement denticulées, des *Dracophyllum reversum* (Ericacée) aux fleurs tachetées d'orangé, des *Parahebe lyallii* (Plantaginacée), proches parentes des véroniques.
A cette altitude souffle souvent un vent glacial, apportant des bourrasques de pluie mêlée de grêle.

Albert. Quelques forêts de basse altitude sont classées en réserves. On y trouve des espèces particulièrement rares.
Dans la forêt de Waipoua, nous avons vu un arbre impressionnant par sa taille et la rectitude de son tronc, c'était un « kauri », *Agathis australis,* un conifère dont les feuilles plates sont semblables à des feuilles d'olivier ; l'espèce est endémique de l'île du Nord. L'âge de cet arbre est, selon les estimations, compris entre 1 250 et 2 500 ans, et il peut vivre encore longtemps ; on le considère comme le plus vieux survivant de l'espèce. Dans la tradition du peuple maori il est considéré comme une divinité et a reçu le nom de « *Te Matua Ngahere* », le « *Père de la forêt* ». Il est haut de plus de 51 m ; son tronc seul, parfaitement lisse et droit, atteint près de 18 m de hauteur et sa circonférence est proche de 14 m : il est comparable à celui d'un grand *Sequoia* ; il atteint sa taille maximum à l'âge de 800 ans. L'espèce a presque disparu à la suite d'une exploitation intensive aux 19e et 20e siècles, on a, en effet, utilisé les troncs pour faire des mâts de bateau ; dans cette réserve, on a planté quelques jeunes individus, très protégés. Malheureusement une maladie du kauri, due à un insecte phytophage, sévit depuis une cinquantaine d'années, elle peut causer la mort de l'arbre ; elle est propagée par les chaussures des randonneurs ou par des mammifères. C'est pourquoi les visiteurs doivent aujourd'hui emprunter une passerelle surélevée pour s'approcher de l'arbre.
La ramure de ce géant porte de nombreuses plantes épiphytes.

Nouvelle-Zélande, l'île aux trésors

Des formes de vie particulières, souvent anciennes, se maintiennent en Nouvelle-Zélande, comme d'ailleurs en Tasmanie, à la faveur de l'isolement insulaire, de la diversité des biotopes et de l'absence de prédateurs jusqu'à une date récente. De nos jours, l'Homme néo-zélandais se préoccupe désormais de la sauvegarde des espèces menacées. En effet, en Nouvelle-Zélande comme en Tasmanie, les îles ont une superficie limitée, ce qui rend les nombreux biotopes qui y sont installés particulièrement vulnérables.

Aline. Un jour, notre attention est attirée par une touffe d'herbe bleutée haute de plus d'un mètre, hérissée de longues pointes acérées : des centaines de feuilles, dressées autour d'une inflorescence entourée de bractées ramifiées longues de 10 à 15 cm, aussi redoutables que les feuilles. Les divisions de ses feuilles, très étroites et raides, se terminent par de fortes épines crénelées, capables de traverser le cuir des bottes. La plante dont on n'ose pas s'approcher, un vrai buisson d'épines, un monstrueux porc-épic végétal : *Aciphylla squarrosa* (Apiacée).

Nous sommes près de l'entrée d'un établissement, le Pukaha Mount Bruce National Wildlife Centre, nous profitons de l'occasion pour le visiter.
C'est ici que nous voyons un étrange animal, *Sphenodon punctatus,* le « tuatara », nom maori qui signifie « épineux » ; considéré comme un messager divin, il a reçu un autre nom maori, « taonga », ce qui signifie « trésor particulier ». Derrière une vitre, on peut observer un fossile vivant, un animal fascinant qui évoque un lézard ; il n'a pratiquement pas évolué au cours de son histoire qui a commencé il y a 220 millions d'années, donc avant le début de l'ère Secondaire. Il peut vivre 60 ans et plus ; gris-roux, long de près de 50 cm, un mâle, plus grand que la femelle, peut peser plus de 1 kilogramme ; une grosse tête coiffée d'une crête épineuse qu'il érige pour impressionner un adversaire ; de gros yeux surmontés d'une crête orbitale ; une peau bosselée ; de grandes griffes. Il n'arrête de grandir que vers l'âge de cinquante ans. Jeune, le tuatara porte un troisième œil, sur le front : cet organe, qui comporte une lentille, une rétine et un système nerveux, est apte à percevoir les impressions lumineuses. Ce n'est pas un lézard, mais le dernier survivant des Sphenodontidae qui ont disparu voici 60 millions d'années, peu après l'apparition des premiers mammifères ; c'est le dernier vestige reptilien des dinosaures. L'ancienneté du tuatara justifie les efforts considérables qui sont déployés pour assurer sa survie dans de petites îles inhabitées et sans aucun prédateur.
Le tuatara est nocturne et se nourrit d'insectes. Il a la particularité de mâcher ses proies, tandis que les reptiles actuels les avalent sans les broyer.

Albert. Et si nous parlions maintenant de cet oiseau rare, étrange, qui ne vit qu'en Nouvelle-Zélande ? Il ne vole pas…

Les scientifiques, les pouvoirs publics et les habitants soucieux de la conservation des espèces menacées font des efforts considérables pour assurer sa survie.
C'est lui, l'oiseau emblématique de la Nouvelle-Zélande : LE kiwi !
Emblématique, mais qui a bien failli disparaître, comme ce fut le cas pour le Moa, un oiseau aptère haut de 3,60 mètres, exterminé au 13e siècle à l'arrivée des ancêtres des Maoris.
Les kiwis n'ont pas de queue ; leurs ailes sont très réduites, ils sont inaptes au vol car leurs plumes sont fines comme des cheveux : ils semblent porter une fourrure plutôt qu'un plumage. Leur bec blanchâtre, fin, droit, atteint 20 cm de longueur ; il est démesuré pour un animal qui mesure 40 cm hors bec ; à l'extrémité du bec deux narines, petits trous ronds, lui permettent un odorat particulièrement développé grâce auquel il débusque et se nourrit des petites bêtes cachées dans la litière.
Animaux nocturnes, les kiwis restent cachés le jour dans le terrier qu'ils ont creusé avec leurs fortes pattes munies de griffes puissantes. Ils se nourrissent d'invertébrés, vers de terre, larves ou araignées, qui vivent dans le sol et dans la litière de feuilles mortes, mais aussi, à l'occasion, de fruits, de petites grenouilles ; ils ne distinguent pas leurs proies dans l'obscurité, mais les détectent grâce à leur odorat, à leur ouïe particulièrement fine et aux vibrisses, longs poils sensibles, divergents, qu'ils portent à la base du bec. Chez les oiseaux, le sens de l'odorat est limité ; l'importance qu'il revêt chez les kiwis singularise ces oiseaux étranges !

Aline. Jusqu'à une date récente, on reconnaissait trois espèces de kiwis, l'une, à plumage brun uni (*Apteryx mantelli*) assez largement répandue, et deux espèces rares à plumage tacheté (*A. owenii* et *A. haastii*).
L'espèce à plumage uni, *Apteryx mantelli*, a été divisée au début des années 2000 en trois espèces, chacune sur l'une des îles principales, île du Nord, île du Sud et île Stewart.

Albert. Dans l'île du Nord où nous sommes, le « kiwi brun de l'île du Nord » (*A. mantelli*) est encore sauvage dans plusieurs réserves ; ses populations ont cessé de régresser vers 1995, depuis que l'élevage des jeunes en pouponnières est devenu la règle, jusqu'à ce qu'ils soient aptes à vivre en forêt.

En raison de leur mode de reproduction, les kiwis sont particulièrement vulnérables aux prédateurs « modernes », mammifères ou oiseaux.
Les femelles sont en moyenne 20 à 30 % plus grosses que les mâles, leur poids varie entre 2 et 3,8 kg, leur taille atteint 50 cm.
Le couple se forme pour la vie ; la femelle pond un seul œuf qui pèse près de 500 grammes, soit presque 20 % de son propre poids. La couvaison, assurée par le mâle, dure 70 à 90 jours ; ensuite, le poussin élevé par son père pendant quelques semaines prend son autonomie ; il continue de grandir pendant 5 ans.
Le kiwi vit de 30 à 60 ans, la menace des prédateurs pèse sur lui toute sa vie. Il ne pourra se reproduire qu'à l'âge de 6 ou 8 ans environ. Sans intervention humaine, ses chances de survivre jusqu'à la maturité sexuelle sont très faibles.

Aline. Les kiwis ont été des proies toutes désignées pour nourrir les premiers humains qui ont débarqué en Nouvelle-Zélande, il y a un millénaire environ. Mais ce sont les prédateurs, introduits volontairement ou non par les Européens, rats échappés des cales des navires, renards et furets importés pour la chasse, hermines introduites pour faire face à la prolifération de souris et de lapins, chats et chiens errants échappés… qui ont bien failli exterminer les kiwis.
Ils n'ont en effet aucun moyen de défense. Non seulement les adultes sont menacés, mais leur reproduction est critique, les œufs et les jeunes étant longtemps exposés à la prédation.
Pour sauver les kiwis, l'Etat finance des centres de protection et d'élevage.
C'est dans un Centre National d'Etude et de Protection que nous avons pu voir de près quelques kiwis bruns de l'Ile du Nord. Ils sont élevés dans un vaste bâtiment ouvert au public ; une galerie permet aux visiteurs de les observer derrière une grande vitre épaisse, dans une semi-obscurité, sans les déranger. Une pseudo-forêt reconstituée, inspirée de la vraie forêt où ils vivent, est leur terrain de jeu. Les kiwis chassent la nuit et dorment pendant la journée. Pour permettre au public de les observer, le rythme jour/nuit est inversé artificiellement ; seule la zone qui leur est réservée est éclairée par quelques lampes rouges qui ne les dérangent pas, mais permettent aux visiteurs de les voir vivre comme en liberté.
Cet espace et ce rythme inversé permettent aux chercheurs de les étudier à vue, et aux visiteurs de les observer longuement : un bon moyen de

sensibiliser le public, et notamment les enfants des écoles, à leur protection.
Devant nous, un gros kiwi sort d'un terrier et marche tranquillement dans les feuilles mortes, puis se met à fouiller dans la litière, il y enfonce entièrement son bec et fait des mouvements rapides de ses grosses pattes, en émettant des petits grognements comparables à ceux d'un hérisson. De son long bec, il peut fouiller profondément la litière de feuilles mortes. Voici qu'il relève la tête pour avaler la proie qu'il a capturée, il fait quelques cabrioles et rentre précipitamment dans son terrier.

Albert. A propos de protection, voici un bel exemple. Un soir John, notre voisin botaniste, vient nous présenter une amie, Nichole, qui habite en face ; elle ne vient pas seule, elle est accompagnée de Tessa, grosse chienne pacifique et sociable, très poilue.
Nichole et Tessa travaillent toutes deux au *Department of Conservation* où elles sont en charge de la sauvegarde des kiwis.
Chaque nuit, à la lampe électrique, Nichole parcourt la forêt avec Tessa, dressée à la détection des terriers de kiwis ; lorsque Tessa repère un terrier au fond duquel il y a un œuf, elle se met en arrêt ; Nichole rampe alors avec, pour tout équipement, sa lampe électrique, se saisit délicatement de l'œuf ; elle l'apportera le lendemain au centre d'élevage où il sera aussitôt mis en couveuse. Le personnel de la pouponnière du Centre élèvera les poussins avec compétence, jusqu'à leur âge adulte. Puis ils seront réintroduits dans une nature sécurisée, dans des lieux protégés, certains tenus secrets.
Les terriers habités sont munis d'un émetteur qui permet de les localiser et de surveiller l'activité et la santé des animaux qui y vivent.

Aline. Les parcs où des réintroductions sont pratiquées sont appelés « sanctuaires » ; l'accès à un sanctuaire est limité à quelques zones ouvertes aux visiteurs, dont le nombre est restreint. Des patrouilles surveillent les sanctuaires de jour comme de nuit. Ces lieux protégés sont soit de petites îles comme l'île Kapiti, soit des forêts entourées de clôtures de fort grillage dont la base est profondément enterrée. Les animaux indésirables ont été éliminés de ces aires. Il y a peu de risque que des prédateurs y soient réintroduits car la surveillance des gardes-forestiers est active ; dans son ensemble, la population est sensibilisée à la conservation, à la protection et au respect du patrimoine naturel dont ils sont fiers. Les enfants des écoles vont sur le terrain,

accompagnés par leurs professeurs, pour découvrir la nature et être sensibilisés à la protection.
La sauvegarde de la plupart des espèces endémiques repose sur les sanctuaires financés par le gouvernement néo-zélandais et par d'autres organismes.
La nature néo-zélandaise est protégée sur près de 60 000 km^2, soit deux fois la superficie de la région Provence-Alpes-Côte d'Azur. Le *New-Zealand Department of Conservation* gère 14 parcs nationaux, auxquels il faut adjoindre des parcs forestiers, des réserves publiques et privées. Certaines réserves, abritant des animaux et/ou des plantes en grand danger d'extinction, sont interdites au public.

Albert. Il y a en Nouvelle-Zélande d'autres oiseaux remarquables menacés d'extinction, en particulier des perroquets ; c'est le cas du rarissime « Kéa » (*Nestor notabilis*), gros oiseau haut de presque 50 cm, vert sombre, bon voilier, son envergure est d'environ 90 cm ; il est réputé pour sa sociabilité, son intelligence et… son aptitude à se nourrir, entre autres, de charognes ! Il n'existe que sur l'île du Sud, où il habite entre 1 000 et 2 000 m d'altitude, sur des pentes rocheuses au climat rigoureux : c'est le seul perroquet montagnard du monde, c'est aussi le seul perroquet carnivore connu. Bien entendu, l'espèce est rigoureusement protégée.
Une autre espèce très protégée, le « Kakapo » (*Strigops habroptila*) haut de 60 cm, est la seule espèce de perroquet inapte au vol ; il est nocturne. Nous avons vu ce grand oiseau vert vif, dans un élevage : il marche au sol et sur les branches.

Aline. Un autre oiseau, le « Weka » (*Gallirallus australis*), de la taille d'une poule, ne vole pas mais est capable de nager ; il a failli disparaître ; il est sauvegardé dans quelques sanctuaires. Très familier, il venait picorer entre nos pieds des miettes de notre casse-croûte, lorsque nous étions sur l'île Kapiti, classée « sanctuaire ».

Le très rare « Takahé » (*Porphyrio hochstetteri*), lui aussi inapte au vol, évoque une grosse poule d'eau à face rouge, haute de plus de 60 cm, au plumage vert et bleu ; comme la poule d'eau, il appartient à la famille des Raliidés. Initialement connu de l'île du Sud, on le pensait éteint depuis 1894, mais un ornithologue a retrouvé quelques individus en 1948. Depuis, rigoureusement protégée, dans des sanctuaires répartis sur les deux îles principales et sur de petites îles sécurisées, une petite

population se reconstitue ; en 2017 on l'estimait à près de 350 individus. La reproduction est surveillée dans la nature, on laisse un œuf fécondé à chaque femelle qui couve ; les œufs excédentaires sont mis en couveuse, une fois éclos les jeunes ne sont pas nourris à mains nues, mais à mains gantées, revêtues de marionnettes qui évoquent un « Takahé » pour éviter l'imprégnation humaine, car ils seront relâchés dans la nature, dans une zone protégée !
Dans le parc-sanctuaire de Mount Bruce Wildlife Centre, nous avons aperçu un beau Takahé dans un grand enclos entouré de solide grillage enterré sur une soixantaine de centimètres : aucun prédateur ne peut le franchir.

Albert. Nous voyons des oiseaux et des animaux extraordinaires, mais nous sommes venus ici surtout pour voir des plantes…

Aline. Oui, nous voyons de belles plantes, en particulier dans les sanctuaires. Beaucoup d'arbustes à fleurs rouges où volent des oiseaux qui recherchent du nectar : si les oiseaux perçoivent mal les odeurs, ils sont particulièrement attirés par la couleur rouge, qui leur signale la présence de fleurs, et donc de nectar.
Le « tui » (*Prosthemadera novaeseelandiae*), bel oiseau gros comme un merle, à plumage irisé sombre et « médaille » de plumes blanches sous la gorge, se balance aux branches d'un petit arbre dont le tronc se desquame, *Fuchsia excorticata* (Onagracée), pour aspirer la grosse goutte de nectar contenue dans chaque fleur.
Des oiseaux nectarivores volettent dans des *Rhabdothamnus solandri* (Gesnériacée) ; ces arbustes hauts de 2 mètres portent des fleurs en trompettes, rouges striées, pleines de nectar ; le *Rhabdothamnus* est le seul représentant spontané de la famille des Gesnériacées en Nouvelle-Zélande. Ce bel arbuste est en voie d'extinction.

Protégeons la nature

En Australie et en Nouvelle-Zélande, les pouvoirs publics sont fiers du caractère exceptionnel de la faune et de la flore de leurs pays, et conscients de la fragilité des biotopes. Des dispositions importantes ont été prises, des financements dégagés, en vue d'assurer la sauvegarde et la pérennité d'espèces menacées d'extinction. Des zones protégées accueillent des plantes et des animaux en danger, ils peuvent s'y reproduire spontanément, ou avec l'aide de l'homme au cas de besoin ; des scientifiques y assurent un suivi des populations et veillent au maintien de l'équilibre écologique.

Aline. Rappelons-nous que la flore d'Australie est d'une richesse exceptionnelle, ainsi par exemple, le nombre d'espèces d'Orchidées sauvages est peut-être de 1 400, la plupart sont endémiques. Malheureusement, certaines espèces d'Orchidées sont en voie de disparition : l'extension des pâturages artificiels et des immenses cultures de céréales, après destruction de la végétation spontanée, y contribue.

Nous avons eu la chance de visiter longuement une institution d'Etat, vouée à la sauvegarde d'Orchidées en péril.

Souviens-toi, c'était à Horsham, dans l'état de Victoria ; nous étions reçus par Wendy, la responsable du « Projet national de sauvegarde des Orchidées menacées », et Noushka, sa collaboratrice. Cette structure, indépendante et bien financée, est installée dans un grand ensemble agronomique consacré à l'amélioration des semences (*Grains Innovation Center*).

Dans un laboratoire spacieux, très bien équipé, nos hôtesses sèment et cultivent des Orchidées menacées de disparition, puis les réimplantent dans le milieu d'où elles proviennent ; mission qui exige des compétences et des moyens avancés.

En effet, les graines des Orchidées, extrêmement petites, ne contiennent qu'un groupe de quelques cellules ; elles sont démunies de réserves nutritives : elles ne pourraient germer sans le concours des filaments microscopiques d'un champignon. Au moins au début de sa vie, chaque espèce d'Orchidée doit obligatoirement être associée au mycélium d'une unique espèce de champignon... ses filaments envahissent la graine et lui fournissent les éléments nutritifs qui lui permettront de germer.

Nos hôtesses entretiennent des cultures de nombreuses espèces de ces champignons, dits « symbiotiques », nécessaires aux Orchidées, toutes dûment identifiées par leur ADN.

Voici la méthode que suivent les responsables :

- récolter dans la nature des fruits mûrs d'une Orchidée en péril ;

- désinfecter les graines de l'Orchidée ;
- préparer un milieu de culture stérile, en boite de Pétri ;
- l'ensemencer avec le champignon adéquat ;
- préparer un grand pot empli de la terre du site d'origine, ensemencée avec le champignon dédié à l'Orchidée, y planter un jeune arbuste de petit développement, prélevé sur le site d'origine ;
- quand le champignon est développé dans la boite de Pétri, déposer sur le milieu de culture les graines de l'espèce d'Orchidée à multiplier ;
- les graines de l'Orchidée vont germer sur la culture stérile, les petites plantes se développeront avec leur champignon symbiotique, pendant 6 mois à un an, selon l'espèce ;
- lorsque les jeunes Orchidées seront assez développées, elles seront transférées dans le grand pot, à côté de l'arbuste ; elle s'y développeront pendant trois ou quatre ans ;
- enfin, jeunes Orchidées, arbuste et champignon associés, seront replantés ensemble, sur le site d'origine.

Nous passons un long moment en compagnie de ces scientifiques, heureuses de partager leur passion avec nous. Elles vivent une vocation et expriment le bonheur de se dévouer en participant activement à la survie d'espèces en danger. Elles disposent d'un budget satisfaisant.
Le lendemain nous allons faire quelques emplettes au *Visitor Center* de Horsham ; la libraire du lieu, nous entendant parler français entre nous, nous dit : « ah, vous êtes les Français qui avez visité le laboratoire de sauvegarde des Orchidées ! » ; preuve de l'intérêt que de nombreux Australiens portent à la protection de la nature.

Albert. Le Gouvernement australien se préoccupe, en effet, de la protection et de la conservation des espèces animales et végétales menacées, par une approche scientifique et des moyens modernes ; il y consacre un budget significatif d'investissement et de fonctionnement. Réjouissons-nous que la protection de la nature au niveau mondial soit désormais une préoccupation majeure, reconnue par des instances politiques et économiques. Elle est acceptée, et souvent souhaitée de nos jours par le grand public.

Aline. Cette attitude positive à l'égard de la protection de la nature est en effet relativement nouvelle, en voici un exemple.

En 1962 j'ai participé à une réunion scientifique tenue au Muséum National d'Histoire Naturelle de Paris ; les orateurs étaient Théodore Monod, Membre de l'Institut, Paul-Émile Victor et Jacques-Yves Cousteau, la réunion était présidée par Roger Heim, Membre de l'Institut, alors directeur du MNHN et l'un des fondateurs, en 1948, de l'UIPN (*Union Internationale pour la Protection de la Nature*), aujourd'hui **UICN** (*Union Internationale pour la Conservation de la Nature et de ses ressources*), dont il fut le président de 1954 à 1958 ; l'UICN est l'une des principales organisations non gouvernementales (ONG) mondiales consacrées à la conservation de la nature.
Au cours de cette réunion, les quatre intervenants ont insisté d'une part, sur la fragilité de la vie sauvage, et d'autre part, sur la nécessaire protection des eaux, douces et marines, de la planète. A l'époque, les scientifiques dans leur ensemble ne se sentaient pas vraiment concernés. La nécessité de la protection de la nature n'était pas encore d'actualité. On n'avait pas encore pris conscience de la vulnérabilité de la nature et de la nécessité de la protéger.
Enfin, plus de 10 ans plus tard à Washington, un accord intergouvernemental a été signé, créant la **CITES** (*Convention on International Trade in Endangered Species of wild fauna and flora)*, la « Convention internationale du commerce des espèces de faune et de flore sauvages » menacées d'extinction, signée par 175 Etats le 3 mars 1973. Elle est entrée en vigueur deux ans plus tard, le 1er juillet 1975.
D'une façon générale, la CITES a pour objet de faire cesser le trafic d'espèces sauvages et de garantir que le commerce international licite des spécimens d'animaux et de plantes sauvages, ne menace pas la survie des espèces auxquelles ils appartiennent.

Chapitre 4

Îles du Pacifique

Comme la vie est belle et variée quand elle est protégée des armes et des ordures !
Des petites îles volcaniques, isolées dans le plus grand des océans, le Pacifique, abritent une nature dans laquelle la biologie s'exprime librement.

Feux dans l'océan

Albert. Je suis allé plusieurs fois à Hawaï, curieux de voir de près les volcans actifs et de photographier les plantes qui ont réussi à s'installer et à croître sur des coulées de lave, vieilles parfois de quelques années seulement. L'archipel des Hawaï est situé à près de 4 000 km à l'ouest du littoral californien, en plein océan Pacifique ; il est formé de 137 îles, dont 8 principales. Toutes ces îles sont d'origine volcanique, un certain nombre de volcans sont toujours en activité.
La flore indigène des îles Hawaï compte environ 1 400 espèces de plantes vasculaires, dont 1 260 sont endémiques. Ce taux remarquable d'endémisme est dû à la diversité des habitats en raison des reliefs volcaniques et de l'isolement de l'archipel.
Claudie et moi sommes allés sur l'île Maui, la seconde en superficie après Big Island.
Çà et là entre les rochers, sur les laves des hautes pentes du volcan Haleakala, dans la cendre, de grosses rosettes subsphériques larges de plus de 50 cm portent d'innombrables feuilles blanc-argent, étroites, raides, dressées, qui justifient le nom anglais de « silversword » (épée d'argent) ; c'est l'*Argyroxiphium sandwicense* sous-espèce *macrocephalum* (Astéracée), qu'on ne trouve qu'ici, au-dessus de 2 000 m d'altitude. Quelques rosettes sont en fleurs : la plante fleurit

lorsqu'elle a dépassé un âge de plusieurs dizaines d'années ; l'inflorescence forme un grand cône, haut de plus de deux mètres, composé d'une multitude de petits capitules pourpres. Après la floraison, la plante fructifie et meurt.
Le *Dubautia menziesii* (Astéracée), autre espèce endémique, bien représentée au sommet de l'Haleakala, dresse ses feuilles charnues et ses courtes branches terminées par de petites fleurs jaune-orangé.
Des bernaches « néné », des oies (*Branta sandvicensis*), trottinent parmi les rochers et les *Argyroxiphium* en broutant des brins de la végétation clairsemée ; ces palmipèdes endémiques, longs de 70 cm environ, strictement terrestres, rigoureusement protégés, sont adaptés aux pentes volcaniques qu'ils parcourent grâce à leurs pattes à palmure réduite et à fortes griffes ; ce sont de beaux oiseaux brun strié, à cou clair et tête noire. Les néné sont endémiques des îles Hawaï où elles ne vivent que sur les pentes volcaniques, entre 1 500 et 2 500 m d'altitude. Elles constituent des couples stables, comme beaucoup d'Anatidés. Cette espèce est aujourd'hui élevée afin d'en assurer l'avenir ; on peut l'observer dans plusieurs parcs zoologiques.

Douce nature

L'archipel des Galapagos est isolé dans l'océan Pacifique, à la latitude de l'équateur, à près de 1 000 km du littoral américain ; il est composé d'une quarantaine d'îles qui couvrent 8 000 km^2 et constituent une des provinces de l'Etat d'Equateur.
Les îles Galapagos résultent d'un volcanisme récent, les plus anciennes sont apparues il y a 9 millions d'années ; chacune porte un ou plusieurs volcans. Depuis leur surrection ces îles ont toujours été isolées, ce qui explique le taux élevé d'endémisme animal et végétal.

Albert. En accostant sur l'île de Santa Cruz, je descends de la barque sur un rocher ensoleillé où dorment de nombreuses otaries qui ne lèvent même pas la tête ; je pose le pied sur le rocher et… je m'étale sur une otarie qui ne bronche pas, mais amortit le choc : sans aucun dommage ni pour elle, ni pour moi, ni pour l'appareil photo. La peau des otaries

est recouverte d'une graisse protectrice : les rochers sur lesquels elles se couchent et rampent sont enduits d'une épaisse couche de graisse blanche, glissante.
Les otaries ne sont pas du tout agressives et ne craignent pas l'homme. Ce sont des mammifères marins, de l'ordre des Carnivores, on les appelle « lions de mer » en raison de leurs grandes canines, mais ils sont paisibles. Le *Zalophus wollebaeki*, otarie de plus en plus rare, ne vit qu'aux Galapagos ; elle mesure environ deux mètres. Ces otaries vivent dans l'océan et chassent souvent la nuit car elles voient dans l'obscurité ; elles se nourrissent de poissons et de calmars. Pendant la journée, elles dorment au soleil, sur les rochers.

Aline. As-tu vu ces drôles de grands lézards archaïques, descendants de leurs ancêtres vieux de 230 millions d'années ?

Albert. Bien sûr j'ai vu, et même de très près ces animaux un peu étranges, ils évoquent les grands reptiles du Secondaire avec leurs courtes têtes de dinosaures, ce sont les grands iguanes endémiques des Galapagos, d'ailleurs bien paisibles. Marins ou terrestres, les iguanes des Galapagos ne sont pas farouches, à notre approche ils ne se dérangent même pas et nous regardent passer.
Les iguanes marins, à haute crête épineuse de la tête à la queue, *Amblyrhynchus cristatus,* peuvent atteindre 1,70 m de longueur ; bien que généralement sombres ils sont diversement colorés, surtout à la saison de reproduction. Leur tête porte de larges écailles jaunes. Strictement herbivores, ils sont munis de dents aigües grâce auxquelles ils paissent les diverses algues marines dont ils se nourrissent. Grâce à leurs grandes griffes, les iguanes marins montent régulièrement sur les rochers pour se réchauffer au soleil entre deux repas.
Les iguanes terrestres, *Conolophus subcristatus*, atteignent 1,50 m de longueur ; jaunes tachetés de roux, à dos noir ou brun, ils portent une courte crête sur la tête ; leur crâne est garni de fortes écailles coniques. Ils creusent des terriers dans lesquels ils passent la nuit pour conserver leur chaleur. Ils n'ont pas de dents, mais des lames cornées avec lesquelles ils croquent les jeunes raquettes et les fruits d'un cactus endémique des Galapagos, un *Opuntia* dont les épines ne semblent pas les gêner ; cet *Opuntia*, riche en eau douce en particulier, constitue 80 % de leur alimentation. Il leur arrive de croquer des insectes ou des arthropodes terrestres.

Aline. Les Galapagos sont célèbres pour leur faune, tu l'as vue de très près. Je suis sûre que tu y as vu aussi des plantes remarquables…

Albert. On a recensé sur les îles près de 900 espèces de plantes spontanées, dont 228 sont endémiques ; toutes ont des affinités sud-américaines.

Aline. L'*Opuntia echios,* une Cactée, nourriture favorite des iguanes terrestres et des tortues, joue un rôle essentiel dans l'équilibre écologique des îles. Chez cette espèce, cinq variétés se sont différenciées, elles se ressemblent mais on peut les distinguer les unes des autres par leur morphologie et leur répartition géographique.
L'*Opuntia echios* variété *echios*, qu'on peut observer sur les îles Baltra, Daphne, Plaza Sur et Santa Cruz, atteint la hauteur de 12 m et développe un tronc à écorce rougeâtre et lisse, dont le diamètre peut dépasser un mètre ; il porte des raquettes longues de 40 à 50 cm, armées d'épines longues de 12 cm ; au sommet des raquettes s'épanouissent des fleurs jaunes qui atteignent 10 cm de diamètre, elles donnent des fruits épineux, verdâtres ; une plante redoutable.
La variété *barringtonensis*, plus grande, ne croît que sur l'île de Santa Fe.
La variété *inermis*, dont les épines sont très courtes, sur Isabela.
La variété *gigantea*, très grande et sculpturale, sur Santa Cruz.
La variété *zacana*, la plus petite, n'atteint pas 2 m de hauteur, elle est sur Seymour Norte.
L'*Opuntia echios* est un exemple d'évolution ; les faibles différences qui distinguent les variétés les unes des autres montrent qu'il s'agit d'une différenciation récente. L'isolement de l'archipel a favorisé l'émergence de variétés distinctes à l'intérieur d'une espèce d'*Opuntia*, d'ailleurs limitée aux Galapagos. Des peuplements de cet *Opuntia* se sont trouvés isolés sur des îles ; sur chaque île, les cactus se reproduisaient entre eux ; de légères différences dans la taille des plantes, dans les épines… sont devenues des caractéristiques héréditaires de chacun de ces peuplements insulaires : ce sont les variétés que l'on distingue dans l'espèce *Opuntia echios*.
L'exemple de l'*Opuntia echios* rappelle celui des « pinsons » qui, dès 1835, avait éveillé Charles Darwin à la notion d'évolution qu'il a présentée clairement en 1859 ; elle ne fut pas admise par les scientifiques de l'époque. En revanche, la *théorie de l'évolution* de Darwin est aujourd'hui acceptée par la communauté scientifique.

Albert. Parmi les espèces endémiques, le cotonnier de Darwin, *Gossypium darwinii* (Malvacée), croît sur plusieurs îles, l'arbuste porte de grandes fleurs jaune clair à œil pourpre ; le *Miconia robinsoniana* (Mélastomatacée), arbuste haut de 2 à 5 mètres, peuple les hautes pentes humides et brumeuses.

Une espèce endémique m'intéressait particulièrement et j'ai eu la chance de la voir, c'est *Tillandsia insularis*, une Broméliacée aux petites fleurs blanches. On la trouve sur plusieurs îles où elle croît en épiphyte sur de petits arbres ou des buissons ou encore sur des branches tombées au sol. Le genre *Tillandsia* est spécifiquement américain. Je travaillais à cette époque à une monographie de ce genre, parue en 2001 (Belin ed.). On connaît environ 2 400 espèces de Broméliacées, la moitié sont épiphytes ; la famille n'existe à l'état sauvage qu'en Amérique, exception faite de ce *Tillandsia* et d'une espèce de *Pitcairnia*, africaine.

La faune est très riche, les animaux sauvages ne sont pas farouches et se laissent approcher. La Tortue Géante des Galapagos (*Geochelone elephantopus*) mesure 1,20 mètre, pèse plus de 200 kg et vit en moyenne 150 ans. Dans la Réserve marine des Galapagos, on a identifié plus de 300 espèces endémiques de poissons et quelques mammifères, tous marins, tels que les otaries ; en outre des dauphins, des baleines et des requins vivent autour de ces îles. On a recensé par ailleurs près de 1 600 espèces d'insectes…

Il n'y a pas de mammifères terrestres endémiques sur les îles ; il n'y a que des rats et des chèvres introduits et en cours d'éradication.

En revanche, on a identifié 58 espèces d'oiseaux, dont 28 endémiques. Les fous à pieds bleus (*Sula nebouxii*), longs de 90 cm, ont des ailes réduites mais sont d'excellents nageurs, ils plongent verticalement dans l'eau, comme le font les cormorans aptères (*Phalacrocorax harrisi*).

Les frégates superbes (*Fregata magnificens*), dont l'envergure atteint 2 m, couvent sur leurs nids, elles ne bougent pas quand on passe à moins d'un mètre d'elles ; à notre approche, les mâles au plumage noir, perchés sur un buisson, gonflent leur sac gulaire rouge vif situé sous leur cou. Les femelles, un peu plus grandes qu'eux, sont noir et blanc.

Pas de doute, les îles Galapagos, c'est le paradis des naturalistes.

Au cours de notre retour vers Baltra, nous avons eu un moment de vive émotion : nous avons rencontré des orques. Dos noir, ventre blanc. *Orcinus orca*, l'orque épaulard, est un mammifère cétacé carnivore, muni de dents ; il atteint presque 10 m de longueur et peut dépasser le

poids de 10 tonnes. Un nouveau-né pèse 200 kg, et mesure plus de 2 mètres... On les considère comme des super prédateurs, elles ne connaissent aucun ennemi naturel : les orques se nourrissent de poissons ou de mammifères marins et même de baleines, elles dévorent les otaries, les morses, les phoques ; elles chassent en groupes organisés. Leur longévité est grande, 50 ans pour les femelles, 30 ans pour les mâles. Elles ne craignent pas les humains.
Nous naviguions à petite allure, en observant paisiblement l'océan, lorsque le capitaine nous crie :

> « Vite tout le monde assis sur le pont. Silence. Pas un mot, pas un bruit, pas un geste, les orques sont là, elles tournent autour du bateau, il ne faut pas attirer leur attention ».

Effectivement, une troupe d'une dizaine d'orques approche, sautant plus haut que le pont du bateau ; elles montrent leur ventre blanc en entier. Si l'une d'entre elles saute sur le bateau… nous allons au fond.
Les orques tournent autour de nous pendant un quart d'heure, puis toute la troupe s'en va. Enfin !

Chapitre 5

Sauvegardons la planète

Un engagement universel

Pendant plus d'un demi-siècle nous avons eu le privilège de connaître un monde sauvage dans des conditions que les nouvelles générations ne peuvent même pas imaginer. Nous avons vécu des modes de vie et de travail d'une autre époque. Nous avons vu la nature reculer, la vie sauvage se réduire, l'impact de l'homme s'aggraver, le climat changer, la sécheresse s'étendre…

Cependant les difficultés, le temps, n'ont pas entamé notre enthousiasme ; découvrir, mieux connaître la nature, la vie : une passion.

Cette passion partagée est portée par les prises de conscience qui se font jour çà et là dans le monde : une soixantaine d'organisations intergouvernementales ou gouvernementales, et plus de 200 associations non gouvernementales comme l'UICN, le WWF… agissent pour protéger la vie sauvage.

L'**UNESCO** (*United Nations Educational, Scientific and Cultural Organization / Organisation des Nations Unies pour l'Education, la Science et la Culture*) est une agence de l'ONU (*Organisation des Nations Unies*) créée en 1945, qui compte 195 états. De nombreux sites naturels sont aujourd'hui inscrits au Patrimoine mondial de l'UNESCO.

> « Grâce au soutien de la Convention du Patrimoine mondial, les sites naturels les plus importants bénéficient d'une reconnaissance internationale ainsi que d'une assistance technique et financière pour faire face à des menaces telles que l'empiétement agricole, les espèces exotiques [invasives] et le braconnage. » (repris de UNESCO, WEB)

L'**UICN** (*Union Internationale pour la Conservation de la Nature*), créée en 1948, s'est donnée pour mission :

> « ...d'influencer, d'encourager et d'assister les sociétés du monde entier, dans la conservation de l'intégrité et de la biodiversité de la nature, ainsi que de s'assurer que l'utilisation des ressources naturelles est faite de façon équitable et durable ».

« Organisation non gouvernementale mondiale pour la conservation de la nature », l'UICN réunit plus de 1 100 ONG (Organisations Non Gouvernementales) et plus de 10 000 experts. Elle est présente dans plus de 50 pays et a aidé plus de 75 états à mettre en place des stratégies en matière de conservation et de diversité biologique. L'UICN est l'organisme référent auprès du « Comité du patrimoine mondial des sites naturels ».

Le **WWF** (World Wildlife Fund for Nature), créé en 1961 pour la protection de l'environnement et le développement durable. Le WWF a pour but la protection de la faune, de ses habitats, de la nature en général. C'est l'une des plus importantes ONG environnementalistes avec plus de six millions de contributeurs à travers le monde, travaillant dans plus de cent pays, et soutenant environ 1 300 projets environnementaux.

Des associations privées jouent un rôle majeur dans la protection des milieux naturels, de la faune et de la flore ; c'est le cas, notamment, de la **LPO** (Ligue pour la Protection des Oiseaux), créée en 1912 pour s'opposer au massacre des macareux moines par les chasseurs. Elle compte plus de 50 000 membres, elle est le représentant officiel en France de « BirdLife International », depuis plus d'un quart de siècle. A travers de multiples actions, elle contribue à initier le grand public à la protection de la vie sauvage.

La sensibilisation du grand public à la fragilité de la vie sauvage et à l'évolution inquiétante du climat se fait jour peu à peu. Espérons une prise de conscience universelle, suivie d'un sursaut des puissances dirigeantes, qui contribueraient activement à l'approfondissement des connaissances de toutes les facettes de la nature vivante et à la sauvegarde des animaux sauvages, des plantes et de leur environnement.

Humain, Animal, proches cousins…

Albert. Les animaux, même sauvages, ne sont pas, a priori, dangereux pour l'homme ; il est possible qu'ils nous considèrent comme des animaux dont il faut se méfier en raison de notre port dressé, mais nous ne sommes pas des proies désignées ; ils n'attaquent que pour se défendre quand ils sont menacés ou se croient menacés, ou pour se nourrir.

Aline. On dit qu'ils connaissent « l'odeur de la poudre » que portent les armes qui ont servi et les vêtements de ceux qui ont tiré ; les animaux seraient plus méfiants, voire plus agressifs, s'ils reconnaissent cette odeur. Je n'ai jamais été agressée par des animaux sauvages, toi non plus d'ailleurs, je pense. C'est peut-être parce que nous n'avons jamais été armés.

Nous ne nous sommes jamais sentis gravement menacés par des animaux ; nous avons toujours respecté des règles de prudence qui impliquent, en fait, la compréhension de leurs comportements : ne pas les effrayer ni les menacer, ne pas violer le territoire où ils se sentent en sécurité, ne pas montrer un intérêt ou une curiosité à leur égard. En un mot, nous devons nous montrer humbles face à eux, respectueux et modestes.
L'Humain dans la nature ne doit pas manifester qu'il s'y sent étranger ; il peut vaquer tranquillement à ses affaires, fureter çà et là à la recherche de quelque fleur intéressante, comme s'il cherchait un peu de nourriture ; parler à voix feutrée pour ne pas perturber l'équilibre sonore qui règne dans les forêts ; éviter de faire craquer des branches ; ne pas lancer ni même brandir un objet dans la direction d'un animal…

Faisons en sorte que l'Animal ait l'impression que l'Humain fait partie de son environnement naturel.
L'Humain, un animal parmi les autres…

Repères bibliographiques

ALIMEN, H. & P. LECOQ – *Bulletin de la Société Préhistorique de France*, tome 50 (1953).

ANDERSON, E.F. – *The Cactus Family*. Portland, Oregon, 776 p. (2001).

AUBRÉVILLE, A. – *Flore forestière soudano-guinéenne*. Paris, 523 p. (1950).

AUCT. PL. – *L'Herbier du Muséum, l'aventure d'une collection*. Paris, MNHN, 160 p. 2013.

BOTINEAU, M. – *Guide des plantes toxiques et allergisantes*. Paris, 240 p. (2011).

BRICE, J. – *The Platypus*, What is it? Australia, 29 p. (2000).

BURKILL, H.M. – *The Useful Plants of West Tropical Africa*. Kew, 6 vol. (1985-2004).

COMBIER, M. – Note sur les pegmatitoïdes de Gorée et de l'île aux Serpents. *Bull. Dir. des Mines de l'A. O. F.*, 10, p. 55-108.

DEJOUX, C. & A. ILTIS edit. – *El Lago Titicaca*. ORSTOM, Paris, 584 p. (1991).

DURAND, J.-R. & C. LÉVÊQUE edit. – *Flore et faune aquatiques de l'Afrique sahélo-soudanienne*. 2 vol., Paris (1980-1981).

GRANT, T. – *The Platypus, A Unique Mammal*. Sydney, 92 p. (1995).

GUILER, E.R. – *The Tasmanian Devil*. Tasmania, 28 p. (1992).

GUILER, E.R. – *The Tasmanian Tiger in Pictures*. Tasmania, 28 p. (1993).

HEATHER, B.D. & H.A. ROBERTSON – *The Field Guide to the Birds of New Zealand*, éd. révisée. Rosedale, New Zealand, 440 p. (2005).

HUTCHINSON & DALZIEL – *Flora of West Tropical Africa*, ed. 2. 3 vol., London (1954-1968).

ICONES PLANTARUM AFRICANARUM – 6 fascicules, IFAN, Dakar, 144 planches (1953-1964).

ICONOGRAPHIA CORMOPHYTORUM SINICUM – 8 vol. (en chinois) (1987).

JAEGER, P. – *La vie étrange des fleurs*. Paris, 192 p. (1959).

MASCLEF, A. – *Atlas des plantes de France*. 2 vol., Paris (1891).

MCNAMARA, K. – *Stromatolithes*. Western Australia Museum, 88 p. (2009).

MENKHORST, P. & F. KNIGHT – *A Field Guide to the Mammals of Australia*, ed. 2. Oxford, 275 p. (2004).

NATIONAL AUDUBON SOCIETY – *Field Guide to North American Birds*. New York, 823 p. (1998).

OWEN, D. – *Thylacine*. Crows Nest NSW, 228 p. (2003).

RAGAB, H. – *Le Papyrus*. Orman, Le Caire, 217 p. (1980).

RAYNAL-ROQUES, A. – Les plantes aquatiques, in J.R. Durand & C. Lévèque, édit., *Flore et Faune aquatiques de l'Afrique sahélo-soudanienne*, 90 p. (1980).

RAYNAL-ROQUES, A. – Las Plantas Superiores. in C. Dejoux & A. Iltis, edit., *El Lago Titicaca,* 8 p. (1992).
RAYNAL-ROQUES, A. – *La Botanique redécouverte.* Paris, Belin, 512 p. (1994).
ROGUENANT, A. – *Les Tillandsia et les Racinaea.* Paris, Belin, 816 p. (2001).
ROGUENANT, A., A. RAYNAL-ROQUES & Y. SELL – *Un amour d'Orchidée.* Paris, 480 p. (2005).
RAYNAL-ROQUES, A. & A. ROGUENANT – *Dessiner et photographier les fleurs.* Paris, 160 p. (2015).
ROGUENANT, A., M. LECOUFLE & A. RAYNAL-ROQUES – *Les Broméliacées.* Paris, 651 p. (2016).
SERLE, W. & G.J. MOREL – *Les oiseaux de l'Ouest africain.* Neuchâtel, 332 p. (1988).
SIMPSON, K. & N. DAY – *Field Guide to the Birds of Australia.* Camberwell & London, 382 p. (2004).
THOMÉ, Pr.Dr. – *Flora von Deutschland,* ed. 2. 4 vol., Cöln (1885).
TISON, J.-M. & B. DE FOUCAULT – *Flora Gallica.* Mèze, 1196 p. (2014).
WATTS, D. – *Tasmanian Mammals,* éd. révisée. Tasmania, 119 p. (2002).

Structures éditoriales du groupe L'Harmattan

L'Harmattan Italie
Via degli Artisti, 15
10124 Torino
harmattan.italia@gmail.com

L'Harmattan Hongrie
Kossuth l. u. 14-16.
1053 Budapest
harmattan@harmattan.hu

L'Harmattan Sénégal
10 VDN en face Mermoz
BP 45034 Dakar-Fann
senharmattan@gmail.com

L'Harmattan Cameroun
TSINGA/FECAFOOT
BP 11486 Yaoundé
inkoukam@gmail.com

L'Harmattan Burkina Faso
Achille Somé – tengnule@hotmail.fr

L'Harmattan Guinée
Almamya, rue KA 028 OKB Agency
BP 3470 Conakry
harmattanguinee@yahoo.fr

L'Harmattan RDC
185, avenue Nyangwe
Commune de Lingwala – Kinshasa
matangilamusadila@yahoo.fr

L'Harmattan Congo
67, boulevard Denis-Sassou-N'Guesso
BP 2874 Brazzaville
harmattan.congo@yahoo.fr

L'Harmattan Mali
Sirakoro-Meguetana V31
Bamako
syllaka@yahoo.fr

L'Harmattan Togo
Djidjole – Lomé
Maison Amela
face EPP BATOME
ddamela@aol.com

L'Harmattan Côte d'Ivoire
Résidence Karl – Cité des Arts
Abidjan-Cocody
03 BP 1588 Abidjan
espace_harmattan.ci@hotmail.fr

L'Harmattan Algérie
22, rue Moulay-Mohamed
31000 Oran
info2@harmattan-algerie.com

L'Harmattan Maroc
5, rue Ferrane-Kouicha, Talaâ-Elkbira
Chrableyine, Fès-Médine
30000 Fès
harmattan.maroc@gmail.com

Nos librairies en France

Librairie internationale
16, rue des Écoles – 75005 Paris
librairie.internationale@harmattan.fr
01 40 46 79 11
www.librairieharmattan.com

Librairie l'Espace Harmattan
21 bis, rue des Écoles – 75005 Paris
librairie.espace@harmattan.fr
01 43 29 49 42

Lib. sciences humaines & histoire
21, rue des Écoles – 75005 Paris
librairie.sh@harmattan.fr
01 46 34 13 71
www.librairieharmattansh.com

Lib. Méditerranée & Moyen-Orient
7, rue des Carmes – 75005 Paris
librairie.mediterranee@harmattan.fr
01 43 29 71 15

Librairie Le Lucernaire
53, rue Notre-Dame-des-Champs – 75006 Paris
librairie@lucernaire.fr
01 42 22 67 13

www.ingramcontent.com/pod-product-compliance
Lightning Source LLC
LaVergne TN
LVHW010104061026
849532LV00002BA/547
* 9 7 8 2 3 4 3 2 1 1 0 0 8 *